医用电气设备的安全防护

（第2版）

主　编◎陈宇恩

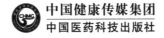

中国健康传媒集团
中国医药科技出版社

图书在版编目（CIP）数据

医用电气设备的安全防护/陈宇恩主编.—2版.—北京：中国医药科技出版社，2023.6
ISBN 978-7-5214-3967-0

Ⅰ.①医… Ⅱ.①陈… Ⅲ.①医用电气机械—安全技术 Ⅳ.①TH772

中国国家版本馆CIP数据核字（2023）第109105号

责任编辑 吴思思
美术编辑 陈君杞
版式设计 也 在

出版 **中国健康传媒集团** | 中国医药科技出版社
地址 北京市海淀区文慧园北路甲22号
邮编 100082
电话 发行：010-62227427 邮购：010-62236938
网址 www.cmstp.com
规格 787×1092mm $\frac{1}{16}$
印张 16 $\frac{3}{4}$
字数 418千字
版次 2023年6月第2版
印次 2023年6月第1次印刷
印刷 三河市万龙印装有限公司
经销 全国各地新华书店
书号 ISBN 978-7-5214-3967-0
定价 **92.00元**

获取新书信息、投稿、
为图书纠错，请扫码
联系我们。

编 委 会
（第2版）

第 2 版前言

《医用电气设备的安全防护》一书自 2011 年 1 月出版后，受到相关领域专家、同行和读者们的关注，更有一些院校将本书作为教材使用。医用电气设备安全理念在 2010 年后发生了深刻变化，涉及范围更广，要求也更科学合理；第 3 版 IEC 60601（9706）系列标准将于 2023 年正式实施。以上这些因素都给了编者修订本书的契机和动力。

推动战略性新兴产业融合集群发展，构建新一代信息技术、人工智能、生物技术、新能源、新材料、高端装备、绿色环保等一批新的增长引擎。这些高质量发展是现阶段我国制造业的发展方向，而医疗装备正是这些新技术集中应用的载体。

本书介绍的是医用设备的安全防护，安全性是高质量医疗设备的最基本体现，本书有助于医疗设备（系统）相关从业人员建立安全防护的理念和知识，侧重阐述如何实现安全，与医用电气设备安全标准解读不完全相同，希望本书能给读者在安全防护理念的建立起到一定的帮助作用。

在第 2 版编写过程中，有 6 位富有经验的年轻同志作为本书副主编，参与修订工作，他们是广东省医疗器械质量监督检验所吴少海高级工程师、李诗高级工程师、陈美巧工程师、赵嘉宁工程师、张斌斌工程师和广州彩虹卫生服务中心何玲萍副主任医师，分别完成了第十一章（张斌斌）、第十二章（李诗、何玲萍）、第十四章第七节（赵嘉宁）和第八节（吴少海）、第十七章（陈美巧）的编写工作。在此，对他们的辛勤付出表示衷心感谢。

限于编者水平，本书难免存在不足及疏漏之处，恳请各位专家、同行批评指正。

陈宇恩
2023 年 1 月于广州

第1版前言

医用电气设备在现代人的生、老、病、死过程中发挥了重要作用，人们在追求健康的同时，其安全保障无疑是前提条件。

生物医学工程学科是一个交叉的应用学科，它涉及电子、计算机、机电、材料、通讯、卫生、生物等各个学科，几乎所有物质和方法都可以应用于医疗上，医疗方法的多样性造就了医用电气设备的安全防护要求的复杂性，主要涉及防电击、能量危害、着火、超温、机械危险、辐射危险、化学危险、生物材料的兼容性、软件系统和功能安全等。

我国医疗器械行业经过改革开放后得以发展迅速，但医用电气设备安全理念的参考资料却较少，多是一些性能设计的书籍。本书在编写过程中，参考了大量的基础安全标准和专业安全标准，经过整理后，提炼出适用于医用电气设备研发、认证检测、学习研究和应用等题材，尽量用通俗的语言来表述。

本书共分14章，前3章为基本安全的概念，概述了安全防护的基本规则和安全分类。第4~6章为防电击，主要描述了接地、漏电流限值和绝缘配合要求。第7章为机械防护，第8章为辐射防护，第9章为温度防护。第10章为报警系统，主要描述了各类设备报警的共性要求。第11章为功能安全防护，用几种不同类型设备的功能安全防护为例来体现功能防护的理念。第12章为医用实验室设备，主要分析了实验室设备和医用电气设备的区别，并用几类实验室设备的功能安全要求进行举例。第13章为问答和范例，列举了一些具体的问题，并给出解决方法。第14章为风险管理。

本书由国家食品药品监督管理局广州医疗器械质量监督检测中心组织编写，在此，感谢广州医疗器械质量监督检测中心给我帮助的各位领导及同事。本书在编写过程中参考了大量基础标准，非常感谢那些为我国标准化事业做出贡献的人。本书有些参考资料因查不到原文的作者，为此我深感遗憾。

鉴于医用电气设备的复杂性、标准的局限性和编者能力的有限，本书中的一些观点未必正确，恳请读者批评指正。

陈宇恩

2010 年 11 月于广州

目　录

第一章
概述

随着电子、生物、材料和医学等科技的进步，医用电气设备的应用范围越来越广，它能够实现：①对疾病的预防、诊断、治疗、监护和缓解；②对损伤或残疾者进行补偿或缓解伤痛等；③对解剖或生理过程的研究、检查、替代或调节；④对妊娠进行监护或控制；⑤生命的支持或者维持；⑥通过对来自人体的样本进行检查，为医疗或者诊断目的提供信息。然而，很多人看到的只是医用电气设备有利方面，却忽视了医用电气设备在实现医疗功能的同时，带来的一些潜在危害，这些危害有些甚至是灾难性的，因此，在"安全第一"思想指导下，医疗设备的电气安全永远是重中之重。

实现医用电气设备的安全可分三部分：一是设备的设计研发和制造的基本安全；二是安装使用的环境设施匹配性安全；三是使用安全。为实现医用电气设备安全使用，这三部分缺一不可。

设备的有效性、成本控制和安全性是市场认可的根本，如图 1-1 所示，医用电气设备能够平稳运行，需要医用电气设备的安全性、成本和有效性支撑。出色的性能，是市场推广的卖点；成本控制，是市场竞争的基础；安全性相对于另外两个因素，却是保障其行稳致远的根本。

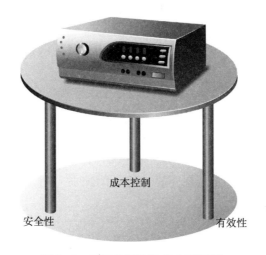

图 1-1 医用电气设备"三足定律"

第二章
安全防护理念

根据"安全是指远离危险或者风险"这一理念，安全是绝对性的，因为人员完全远离了可能导致伤害的条件和环境。如医用 X 射线设备会产生辐射，危害人体安全，而患者在家里，没有暴露于 X 射线所能达到的环境中，对 X 射线辐射的防护自然实现了安全，但这样的安全完全脱离了实际。现实的情况下，患者、操作者和医用电气设备多处于一个相关的环境中，达不到绝对安全所要求的远离危险。所以，安全通常是指远离令人难以接受的风险。在医用电气设备的安全标准中，安全是指在由于设计或者使用不恰当，或者设备出现故障而产生的，对患者、操作者、设备或者环境造成的物理损害条件下，与直接风险相关的基本安全。即有风险，但在人的认知能力范围内，经过评价，认为危险概率和严重度的乘积小到可以接受的程度，收益大于伤害，这就是安全的准则。

前面提到了基本安全，医用电气设备的基本安全是在正常状态和单一故障状态下不会引起（可以合理预见到的）安全方面的危险而提供的基本安全防护。

基本安全的要求，需要进行仔细分析，才能了解其安全防护所包含的内容：

——正常使用：按使用说明书运行，包括由操作者进行的常规检查和调整及待机状态。

——正常状态：所有提供的安全防护措施都处于完好的状态。

——单一故障状态：设备内只有一个安全方面危险的防护措施发生故障，或只出现一种外部异常情况的状态。

——安全方面的危险：直接由设备引起的对患者、其他人、动物或周围环境的潜在有害影响。

在基本安全防护当中，明确提出了设备在正常使用时能实现安全防护，在出现一个故障的时候也应该实现安全防护，即医用电气设备各方面应实现双重的防护能力，这就是安全防护的基本原则。

第一节　危险的来源

一、危险成因

影响医用电气设备安全的因素很多，主要可以概括为：

1. 医用电气设备在设计之始未能进行充分论证，以及未采取积极的防范措施来避免危险的发生，以致达不到基本安全防护的要求。

2. 在开始进行医用电气设备生产之前，未对包括硬件和软件在内设计的有效性进行充分评估。

3. 在医用电气设备生产过程中，未能保障良好的加工工艺有效实施。

4. 操作者对医用电气设备原理及其使用方法的了解程度不足，操作者的了解可能取决于培训、设备标识和制造商提供的随附文件。

5. 未能充分考虑医用电气设备附件的兼容性。

6. 医用电气设备电源的连接情况出现意外，例如：Ⅰ类设备使用了德国标准的电源插头，使设备不能与保护接地系统连接。

7. 医用电气设备预防性维护未能有效实施，例如：不按计划进行周期检查等。

8. 医用电气设备维修过程中使用了规定之外的零部件等情况，例如 Y1 电容使用 X 电容进行替代，降低了绝缘等级。

上述危险成因贯穿设备的论证、设计、评估、生产和使用各环节，所以，医用电气设备需要靠每一个环节都实现安全才能实现有效的安全防护。

二、举例

医用电气设备的品类多，功能和结构差异大，不能一一列举，以下举例仅说明医用电气设备产生的较为常见的一些危险。

1. 医用电气设备出现的零部件故障，例如：

——漏电过大、爆炸、零部件飞脱。

——由于设备功能异常、泄漏或者暴露时间过长而导致的电离或非电离辐射过量。

——接触表面温度过高，发生燃烧。

——在正常和故障条件下，出现了机械故障。

2. 医用电气设备使用了易燃材料，由于该材料被点燃而发生火灾或者爆炸。

3. 医用电气设备的不正确安装，例如：

——Ⅰ类结构的医用电气设备未能充分保护接地。

——存在可导致危险的粗糙表面、锐边、尖角。

——物理状态不稳定。

4. 医用电气设备的选择不正确。例如：进行心内手术时，使用了 BF 型或者 B 型应用部分的医用电气设备。

5. 医用电气设备的使用方法不正确。例如：在使用植入式心脏除颤器的过程中，选择了不正确的能量输出装置。

6. 医用电气设备执行预期功能时出现故障。例如：呼吸机出现患者通气故障，呼吸暂停，监测器出现报警故障等。

7. 性能参数不准确。例如：婴儿培养箱温度高于设定值、生理参数测量不准确。

8. 在正常工作需要提供能量的情况下，例如：

——心脏除颤器或者高频手术设备产生了漏电，或非预期的功能电流流过患者或者操作员等。

——患者或操作者暴露在非预期辐射环境下，患者和操作者根本没有能力感知到这些危险的存在。

9. 电磁干扰。例如：心电图机的显示器受到高频手术设备的干扰，显示器产生的强磁场对附近的医用电气设备产生干扰。

10. 产生腐蚀性、有毒或者灼热的液体或者气体，或者接触到可导致生物学危害的材料。

11. 暴露于由于使用医用电气设备而接触到的材料和副产品面前。例如：暴露在核医疗所使用的放射性材料面前。

第二节 安全防护措施

一、安全防护原则

设备从使用到最终报废的寿命期内，要实现其安全性，是系统问题的，需要整体考虑制造商和使用者所采取的措施，包括：

——如可能，需规定能消除、减小危险或对危险进行防护的设计原则。

——如果实行以上原则会削弱设备的功能，那么应使用独立于设备的防护措施，例如：安装要求等。

——如果上述方案均不可行，那么应对残留的危险采取标识和说明的措施。在使用某些医用电气设备或者进行某些手术的过程中，要求操作者了解有关注意事项要求的特殊措施，例如：在进行血液透析治疗时，中心静脉插管要求血液透析装置附加保护接地措施的说明。

为了获得全面的安全效果，应该在上述每个领域中考虑是否都需要提供充分的安全保障。

二、主要措施

安全防护的措施很多，可以采取以下的一些防护理念来实施，排前的优先选择。

1. 避免危险源的存在

在安全防护设计当中，避免危险源的存在是实现安全的最优方式。例如：使用真空加速电子来显示的显示器，会产生 X 射线辐射，为了避免辐射的出现，可以采用液晶显示，这是一种有效的避免危险源的设计方法。

2. 危险源的存在不可避免，则应采用有效防护措施

在技术或经济等因素的制约下，危险源的出现不可避免，那只能把危险源进行有效隔离。例如：

（1）对危险电压的防护（图 2-1）

图 2-1 对危险电压的防护

图 2-1 中，对使用了危险电压的部件，应使用双重防护措施进行隔离，其中一层为基本绝缘，另一层为辅助绝缘，即便出现一层防护层受损，还有另一防护层来实现安全。电击防护类

型见表2-1。

表2-1　电击防护类型

防护类型	防护能力（层）	注释
功能接地	0	作参考电位部件用，不实现电气安全防护
保护接地	1	通过保护接地的低阻抗特性实现瞬间大电流来切断保护导体，从而实现电源供应的中断
功能绝缘	0	为实现功能目的而需要的绝缘，例如：变压器绕组铜丝上的绝缘漆，绝缘能力＜基本绝缘
相反极性	1	熔断器之前的网电源电路绝缘
基本绝缘	1	在正常状态下使用，带电部分对电击起基本防护作用的绝缘
辅助绝缘	1	当基本绝缘失效时由辅助绝缘来提供对电击的防护，绝缘能力高于基本绝缘
双重绝缘	2	基本绝缘＋辅助绝缘
加强绝缘	2	单层防护＝双重

（2）对高温部件的防护（图2-2）

图2-2　使用隔离措施避免触及高温部件

在正常工作条件下可能导致高温的部件，可以使用以下的一些来实现防护：

——使用隔离措施来避免触及零部件产生的高温。

——避免使温度高于引燃点。

（3）对危险带电部件的电流限制（图2-3）

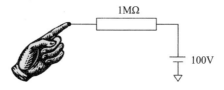

图2-3　能量限制

图2-3中，对于一些可触及部件，其电流可以用高阻抗组合进行限制，但要实现即使在某个阻抗出现短路的情况下也不会产生任何危险。

3. 在接触危险源之前切断能量的来源

某些部件，因技术能力或实际情况的需要，不可避免会触及某些危险源，那么就应采取措施，实现在接触到危险源前中断能量的来源。例如：使用紫外线来进行消毒的生物工作台，操作人员由于防护罩的保护，不会暴露于紫外线的辐射环境中，人员是安全的；在使用过程中，样品的进出，防护罩会被打开，人员就暴露于紫外线的辐射中。这就需要有相应的联锁机构，在门、盖被打开之前，切断紫外线灯的电源。

4. 限制危险源的能量和接触时间

对于某些部件，可以用限制能量或接触时间的方式来实现安全。通常情况下，最终导致的危害是由能量来决定，能量的大小和时间成正比，当接触到的部件能量低到不足以使人产生生理效应时，就实现了安全，见图 2-4。

50℃最大   1.5V

图 2-4   接触示意图

图 2-4 左边表示人能触及到的设备外壳不超过 50℃，当人的皮肤触及设备的任何材料不超过 55℃时，短时接触不会产生生理效应；右边表示人接触到隔离低压电时，由于电压较低，而且和大地不成回路，即使触摸到也不会导致危险。

5. 使用警示性标记

对于仅允许专业人员维护的特殊情况，由于这些专业人员受到过专业的培训，有一定的自我防护意识及专业技术知识，对于能触摸的危险部件的防护可以适当放宽要求，但至少应采取一层防护措施，前提是即使产生了危险也不会造成永久性伤残情况的出现。

另外，由于技术和经济因素不能实现的安全防护，可以提供明确的警示来满足安全需要。就如给路人一个明确的指示（图 2-5）。

图 2-5   警示示意图

图 2-5 中，路上有一个大坑，暂时没有能力去填充或建立防护栏的时候，至少应给出一个警示，让人绕路走。

使用警示性标记可参考 IEC 60417-1 中的相关标记。

第三章
医用电气设备的分类

医用电气设备根据产品的安全结构特征不同，进行相应的安全分类，以便研发人员对产品采取有效的防护措施，也让使用者对设备的防护能力有充分了解。根据产品安全特征，可以分为：①防电击类型分类；②作用于患者部分的防电击程度分类；③对外部异物进入防护分类；④所用设备或部件的消毒、灭菌方法分类；⑤设备运行方式分类等。各种特征分类中不同程度地对产品的结构和应用各不相同，本章对这些分类及程度一一进行详细描述。

第一节 防电击类型分类

根据目前使用的电气设备防电击类型的结构，可以分为 0 类、Ⅰ 类、Ⅱ 类和Ⅲ类共四类结构，这个数字分类并不代表其是安全等级的反映，只代表其电气结构的不同，设备按照规定的条件进行使用，都可实现安全防护。医用电气设备根据产品自身特殊的应用对象和使用环境，防电击类型分类有 Ⅰ 类、Ⅱ 类和使用电池的Ⅲ类设备（也被称为内部电源类）。

一、0 类设备

0 类设备是指其防触电仅靠基本绝缘的结构来实现。设备具有可触及的导电部分（如可导电的金属部件外壳），而且这些可触及的导电部分不与固定设施中的保护接地系统进行连接，当基本绝缘失效的时候，这些可导电的外壳就会危险带电。在此情况下，只有在特定的环境条件下，使人不能触到设备的外壳才能实现安全。所以 0 类设备在基本绝缘失效的情况下，其对人的安全防护只能完全依赖于所处的环境条件，即基本绝缘 + 特定安全防护环境 = 双重防护来实现安全（图 3-1）。

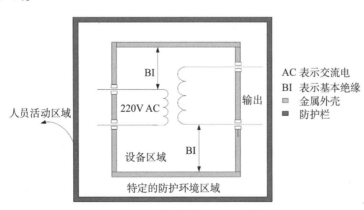

图 3-1 0 类设备安全防护示意图

在图 3-1 中，设备在正常状态下运行，金属外壳和带电部件之间的隔离强度为基本绝缘（BI），即正常状态下人触及其金属外壳是安全的，不会受到电击。当设备内部电路出现故障，基本绝缘失效时，设备的金属外壳就会危险带电，这时人如果触摸到设备的金属外壳，电流就会通过人体导向大地，从而使人触电。在此情况下，使用防护栏或其他相应的形式把人活动区域和设备隔离开来，即使设备外壳出现危险带电的情况也不会使人受到电击，从而实现安全防护。

0 类设备本身的电气安全防护要求不高，结构也相对简单，但要实现对使用人员等的保护就很大程度地需要依靠环境条件，例如：图 3-1 使用的防护栏，或者挂在屋顶上人碰不到的地方。即便如此，很多安装条件还是有制约的。如吊灯，在一般情况下，也是碰不到的，但为安全起见，现在也限制其不能设计为 0 类设备。医用电气设备更为特殊，使用的有医护人员，亦有患者，不可能将设备和人员区域分开，如果分开，设备就失去了作用。

基于上述的因素，医用电气设备不允许设计为 0 类设备的结构。

二、I 类设备

I 类设备结构对电击的防护不仅依靠基本绝缘，而且还提供了与固定布线的保护接地导线设施连接的附加安全预防措施，使设备在可触及金属部分即使在基本绝缘失效时也不会带电，即使用基本绝缘 + 保护接地 = 双重防护来实现安全防护（图 3-2）。

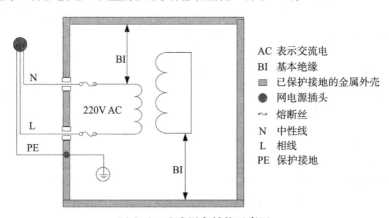

图 3-2　I 类设备结构示意图

图 3-2 是一个简单的 I 类电气设备结构示意图，图中设备内部的危险带电部件和金属外壳之间仅通过基本绝缘进行隔离，在正常的状态下，电流在相线 L 和中性线 N 之间流动，人触摸不到带电的外壳部件，对电击防护是安全的。在基本绝缘失效的单一故障条件下，相线与金属外壳短接会使金属外壳危险带电，如果采取了保护接地措施，电流会通过保护接地导线流向大地。由于保护接地导线的保护接地阻抗非常低，短路时，能瞬间产生极大的电流使熔断丝动作来切断电源供应，从而实现设备和人员的安全。另外，即使在熔断丝切断前人触摸到设备的外壳，由于人的阻抗比设备保护接地的阻抗高，流过人体的电流分量也是相对较小的，产生电击危害的风险也低很多。

I 类设备、0 类设备的金属外壳和带电部件的绝缘程度同是基本绝缘，而且同样需要外部设施来实现单一故障时的安全防护，由于保护接地系统在建筑物上是常规安装系统，不认为是特殊的防护手段，所以 I 类设备实现双重防护比 0 类设备的可操作性更强。

I 类设备的安全防护结构被很多设备所采用，尤其是功率较大和体积较大的医用电气设备普遍使用。其优点是设备外壳仅需要基本绝缘和危险带电部分隔离，容易实现，设备采用的是金属外壳，外壳的刚度也较强，对内部部件的防护较为有利。这类设备也有一些缺点，就是要求固定设施保护接地系统良好，在安装和使用的时候要检查保护接地系统的完整性。

三、Ⅱ类设备

Ⅱ类设备对电击的防护不仅依靠基本绝缘，而且还有如双重绝缘或加强绝缘那样的附加安全防护措施，但没有保护接地措施，也不依赖于安装条件的设备，即设备的结构为基本绝缘 + 辅助绝缘，或者使用加强绝缘来实现（图 3-3）。

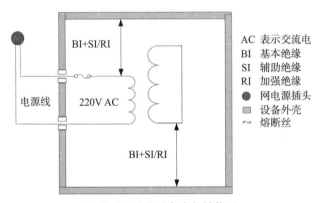

图 3-3 Ⅱ类设备电气结构图

图 3-3 中，设备的所有危险带电部件均被外壳严密的防护着，带电部件和外壳之间的爬电距离和电气间隙能达到双重绝缘或加强绝缘的要求。在基本绝缘失效的时候，辅助绝缘能提供有效的电击防护能力，所以，在非极端的情况下，设备的外壳不存在接触到危险带电的情况，也就是人受到电击的概率非常低。

Ⅱ类结构也是医用电气设备常采用的安全防护结构，多见于功率低、体积小、常搬动的设备。Ⅱ类设备安全性高，不受保护接地等设施环境的制约，对于非专业人员使用，尤其是家用的医疗设备要求采用Ⅱ类设备结构，因为很多地方的电网设施没有良好的保护接地系统。Ⅱ类设备也有一些缺点，设备部件之间的隔离要求高了，所需空间和材料的选择上难度有所增加。很多Ⅱ类设备外壳材料使用的是塑料件，其刚性、耐热和耐老化等也有较高要求。

四、Ⅲ类设备

Ⅲ类设备的防触电保护依靠安全特低电压（SELV）供电，且设备内可能出现的电压不会高于安全特低电压值。Ⅲ类设备不能够与保护接地系统相连接，除非因为其他原因（非保护自身，如为满足功能需要），所采用的保护接地手段不会导致Ⅲ类设备的安全受到损害。

注：保护接地系统可能为Ⅲ类设备带来风险，例如：保护接地引来干扰信号，保护接地系统中的漏电流导到Ⅲ设备的外壳。

这里所说的安全特低电压，不是我们常说的低于36V的交流电压。安全特低电压是在用安全特低电压变压器或等效隔离程度的装置与供电网隔离，当变压器或变换器由额定供电电压供电时，导体间的交流不超过25V或直流电压不超过60V名义电压。常见的Ⅲ类设备有USB接口充电设备，一些车载设备和使用低压电池的设备。

按Ⅲ类设备的要求，理论上可以实现较高的安全防护。但实际情况很复杂，例如：一台使用5V电源的Ⅲ类设备，接在任何一台电脑上均可使用，当中可能有部分电脑是没有经过安全认证的，如兼容机。由于电脑自身的安全没有保障，即使输出的是5V电压，这个5V电压也不能认为是安全特低电压（图3-4）。

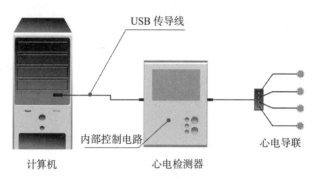

图3-4 Ⅲ类产品示意图

图3-4中，心电检测器的导联线接于人体心脏部位，人的安全保障不仅和心电检测器有关，还需要依靠计算机本身输出电流和信号的安全。在通常情况下，即使声称产品必须在安全的计算机上使用，使用人也常会忽略这些警示，从而导致危害的产生。使用电池作为电源的设备也是Ⅲ类设备的一种，由于电池的能量有限及和大地隔离等因素的影响，人为误用所导致的危害概率较低，经采取一些措施后，可以作为医用电气设备使用。

在第三版IEC 60601-1标准中，把Ⅲ类结构的医用电气设备称为独立电源供电设备，要求设备预期与独立电源连接的，电源应被规定为医用设备的一部分或设备和电源组合应被规定为医疗系统，如果规定使用特定的独立电源，那么应将医用电气设备连接到该电源进行相关试验。

从上面的分析可见，医用电气设备的电气结构常见的有Ⅰ类结构、Ⅱ类结构和独立电源供电设备（Ⅲ类）结构。

第二节　应用部分防电击程度的分类

应用部分是为了实现医用电气设备或医用电气系统的功能目的，正常使用中需要与患者进行物理接触的医用电气设备的部件。由于应用部分与人体接触的部位及接触的程度不同，其可能带来的危害也有很大的差异。为了建立一个简单的、统一的标准来区分应用部分对电击危害的防护能力，引进了应用部分防电击程度的分类方法。

医用电气设备为实现对患者进行诊断、治疗、监护和补偿或减轻疾病、伤痛、残疾等的目的，设备中的一些部件需要接触到患者进行能量或信息的传输，这些应用部件接触的程度和使用到人体的部位区别很大，有接触心脏的，有接触血液的，有接触黏膜的，有接触皮肤的，有短时接触的，有长期接触的，这些不同的接触方式和程度所带来的电击风险差异很大。国际电工委员会（IEC）相关组织（国际电工委员会 62A 工作组）根据应用部分所需要提供的防触电的能力，把应用部分分为 B 型应用部分、BF 型应用部分和 CF 型应用部分，在这三种防电击程度类型的基础上，针对外来高电压冲击的防护能力，增加了防除颤能力分类。

一些非接触式的医用电气设备，如光学成像和红外热疗等，患者可以在距离设备较远处进行信息和能量传输，这种非接触式的可以认为不具有应用部分。

如图 3-5 所示，应用部分为使用中需要与人体接触的部分和很有可能触及的部分，为了区分应用部分和可能被触及的外壳部分，需要对这些部件进行风险分析，认为患者不一定需要触及，或触及的频率和时间远低于操作者的，可以认为是设备的外壳部件，反之为应用部分。

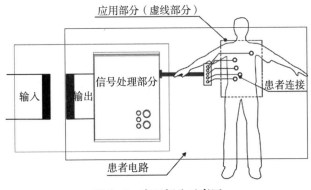

图 3-5　应用部分示意图

一、应用部分的分类

1. B 型应用部分

应用部分符合医用电气设备对电击防护能力的要求，即具有双重防护措施，尤其是关于漏电流容许值要求的应用部分（参见本书表 5-3 ）。

具有保护接地或与大地的隔离程度达不到基本绝缘（以网电源为基准）的应用部分均可看作 B 型应用部分，见图 3-6。

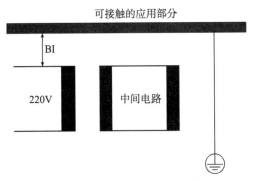

图 3-6　B 型应用部分结构示意图

图 3-6 所适用的例子有Ⅰ类电动病床，当金属床架全部采用保护接地结构时，其应用部分的防电击类型应为 B 型应用部分。

注：B 型应用部分不适用于心脏部位，也不适合用于有信号或能量传输的应用部分。

2. BF 型应用部分

应用部分对电击防护能力和漏电流的允许值均不低于 B 型应用部分，而且应用部分和其他带电电路及大地进行 F 型浮动隔离。

BF 型应用部分和 B 型应用部分主要的区别在于进行了 F 型浮动隔离，而且与网电压电路进行了双重绝缘。F 型浮动隔离是指与设备其他部分相隔离的应用部分，其绝缘应达到，当来自外部的非预期电压与患者相连并因此施加于应用部分与地之间时，通过其间的电流不超过单一故障状态时的患者漏电流的容许值。见图 3-7。

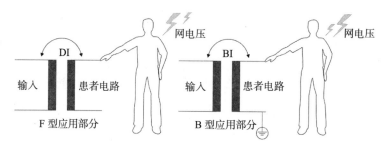

图 3-7　F 型和 B 型应用部分电路示意图

在图 3-7 中，当患者意外接触到网电压时，因为 F 型应用部分和包括大地的其他电路进行了有效的隔离，电流没有通路，网电压不会对人体构成大的伤害。在 B 型应用部分中，患者电路可能和其他电路构成回路，也包括大地，如果患者接触到网电压，就会变成电路回路的一部分，产生较大电流，从而导致电击的产生。

注：符合 F 型应用部分对网电压隔离的前提条件是患者也必须是浮动的。然而，患者接地被认为是正常状态，所以，无论是 B 型或者是 BF 型应用部分，患者触及网电压均是危险状态，这里仅为考核应用部分的绝缘能力而引入网电压的概念。

3. CF 型应用部分

CF 型应用部分在结构上和 BF 型应用部分是一致的，由于其可以直接接触到心脏部位，要求能够提供更高防电击程度等级，例如：容许流过心脏部位的交流漏电流为 BF 应用部分的 1/10。

二、防电击程度的选择

应用部分防电击程度分类对于医用电气设备的国际标准化来说，具有积极的意义，它综合了风险和成本等因素，对行业发展有促进作用。

应用部分的电流作用于人体，引起危害的严重程度主要取决于以下因素：

——电流流过人体的部位。

——流过电流的强度。

——电流作用于人体的时间。

——电流的频率。

在考虑把应用部分设计成何种防护程度时，首先要考虑其作用于人体的部位，适合直接作用于患者心脏或血管部分的应用部分，应为 CF 型应用部分。因为电流直接作用于人体心脏，很低的电流都可以引起心室纤维性颤动，作用于血管时等同于直接作用心脏。

对于非心内用途的 B 型和 BF 型应用部分，其漏电流的限值都是一样的，也就是说正常情况下都是同等的安全，但由于作用的部位和时间不一样，还需要加以区分：

——与患者的连接阻抗是否特别低？例如：接触到黏膜或穿透皮肤。

——是否采用固定方式和患者进行连接？例如：黏胶电极贴。

——使用的环境是否常有多种设备共存？考虑是否会引入其他危险因素。

——是否预期用来向患者接收或传输电能、生理信号？

——该设备是否有一种可以不存在任何技术困难或者不需花费过多费用就可以提供 F 型应用部分？

如果符合上述五种因素之一的，应将应用部分的防电击程度设计为 BF 型应用部分，如果都不适合，即可以设计为 B 型应用部分。

三、应用部分的标示

应用部分不同的防电击能力可以使用在不同的人体部位，那么就应有一种简单的方式告诉医护人员，如何判别应用部分的防电击能力，这里涉及两部分内容，一是用什么方式去标示；二是标示的位置。

1.标识的表示

固化的表达主要途径有两种，一是文字表达，二是图形表达。在全球化的今天，还没有哪种语言能成为世界语，即使应用广泛的英语，也有局限性，所以简单的意图，最好使用跨越语言界限的图形来表示。应用部分防电击程度的分类，也是使用图形来表示，见表3-1。

表 3-1　应用部分的图形标记

序号	符号	IEC 出版物	含义
1		60417-1：2000	B 型应用部分，可以接触患者
2		60417-1：2000	BF 型应用部分，可以接触患者，并和其他部分进行浮动隔离
3		60417-1：2000	CF 型应用部分，可以接触患者心脏部位，并和其他部分进行浮动隔离
4		60417-1：2000	能承受除颤电压的 B 型应用部分

序号	符号	IEC 出版物	含义
5	⊣⫿👤⫿⊢	60417-1：2000	能承受除颤电压的 BF 型应用部分
6	⊣⫿♥⫿⊢	60417-1：2000	能承受除颤电压的 CF 型应用部分

2. 标示的位置

相关的应用部分防电击程度符号应被标注在应用部分的连接点或其附近，但有些情况是例外的，例如：没有连接点，此时的标记应标在应用部分上；或者连接点被用于一个以上的应用部分，并且不同的应用部分有不同的分类，在这种情况下，应在每一个应用部分上标记相关符号。某些特殊类型的应用部分，其专用安全标准会给出相应要求。

第三节　对外壳防护程度的分类

医用电气设备的外壳应采取一定的措施，分为：①防止人接触或靠近设备的危险部件；②防止固体异物进入到设备内部；③防止由于液体进入设备内部而造成的危害。例如：人如果接触到带电部件或快速运动的零部件，会造成人员的伤害；如果有大量尘埃等进入到设备内部，在电路板等部位上日积月累，会降低电气设备的绝缘强度等；对于液体等的进入，很有可能造成短路而导致火灾等。为了明确设备防止外部异物进入的能力，引入了外壳防护等级的概念。

一、外壳防护等级的标识

对需要有外壳防护能力要求的设备，应该对其外壳的防护能力程度进行标示，标示的方法是使用国际防护 IP 代码。IP 代码是国际标准规定的为表明外壳对人接近危险部件、防止固体异物或水进入的防护等级以及与这些有关的附加信息的代码系统（图 3-8）。

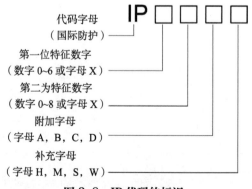

图 3-8　IP 代码的标识

图 3-8 中的各 IP 代码含义见表 3-2。

表 3-2 IP 代码各要素含义

组成	数字或字母	对设备防护的含义	对人员防护的含义
代码字母	IP	—	—
第一位 特征数字	0 1 2 3 4 5 6	防止固体异物进入 无防护 直径 50mm 直径 12.5mm 直径 2.5mm 直径 1.0mm 防尘 尘密	防止接近危险部件 无防护 手臂 手指 工具 金属线 金属线 金属线
第二位 特征数字	0 1 2 3 4 5 6 7 8	防止进水造成有害影响 无防护 垂直滴水 15° 滴水 淋水 喷水 猛烈喷水 短时间浸水 连续浸水 高温 / 高压喷水	—
附加字母 （可选择）	A B C D	—	防止接近危险部件 手臂 手指 工具 金属线
补充字母 （可选择）	H M S W	专门补充的信息 高压设备 做防水试验时试样运行 做防水试验时试样停止 气候条件	—

注："—"表示不要求。

在医用电气安全标准的通用要求中，对接近危险部件的防护有较具体的要求，这里就不再提及对人员的防护，只对固体异物和液体进入进行详细的描述。

二、固体异物进入的防护等级（表 3-3）

表 3-3 固体异物进入的防护等级

第一位 特征数字	防护等级		试验要求
	简要说明	含义	
0	无防护	—	无试验要求
1	防止直径不小于 50mm 的固体异物	直径 50mm 球形物体试具不得完全进入壳内	施加 50N ± 5N 的力，直径 50mm，没有手柄和护板的刚性球不能进入

第一位 特征数字	防护等级		试验要求
	简要说明	含义	
2	防止直径不小于 12.5mm 的固体异物	直径 12.5mm 的球形物体试具不得完全进入壳内	施加 30N ± 3N 的力, 直径 12.5mm, 没有手柄和护板的刚性球不能进入
3	防止直径不小于 2.5mm 的固体异物	直径 2.5mm 的物体试具完全不得进入壳内	施加 3N ± 0.3N 的力, 直径 2.5mm, 边缘无毛刺的刚性棒不能进入
4	防止直径不小于 1.0mm 的固体异物	直径 1.0mm 的物体试具完全不得进入壳内	施加 1N ± 0.1N 的力, 直径 1.0mm, 边缘无毛刺的刚性棒不能进入
5	防尘	不能完全防止尘埃进入, 但进入的灰尘量不得影响设备的正常运行, 不得影响安全	使用防尘箱, 可以选择施加或不施加负压
6	尘密	无灰尘进入	使用防尘箱, 施加负压

三、防止水进入的防护等级（表 3-4）

表 3-4　防止水进入等级说明

防止水进入 特征数字	防护等级	
	简要说明	含义
0	无防护	—
1	防止垂直滴水	垂直方向滴水, 水流量为 $1_0^{-0.5}$mm/min, 持续 10 分钟, 应无任何影响
2	防止当外壳在 15° 范围内倾斜时垂直方向滴水	当外壳的各垂直面在 15° 范围内倾斜时, 以水流量 $3_0^{-0.5}$mm/min 垂直滴水, 每一个倾斜位置持续 2.5 分钟, 应无有害影响
3	防淋水	各垂直面在 60° 范围内使用摆管淋水, 应无有害影响
4	防溅水	利用摆管在 180° 范围内向外壳各方向溅水应无有害影响
5	防喷水	使用喷嘴（直径 6.3mm）以 12.5L/min 的流量在离设备 2.5m 处向设备各方向喷水, 至少持续 3 分钟, 应无有害影响
6	防强烈喷水	使用喷嘴（直径 12.5mm）以 100L/min 的流量在离设备 2.5m 处向设备各方向喷水, 至少持续 3 分钟, 应无有害影响
7	防短时间浸水影响	浸入规定压力的水中经规定时间后外壳进水量不致达有害程度, 没有说明持续 30 分钟
8	防持续潜水影响	按制造商和用户协议条件, 持续潜水后外壳进水量不致达有害程度

第四节 运行模式分类

设备运行的工作制也是设备分类方式的一种，这种分类同样涉及到安全的需要。一台非连续运行的设备，如强制连续运行，可能因发热过量而导致烧毁。在国际电工委员会的第三版 IEC 60601-1 标准中，把运行的模式分类简化到两种，即只有连续运行和非连续运行，非连续运行模式可以细分为短时运行、间歇运行、短时加载连续运行和间歇加载连续运行四种类型。

一、连续运行

连续运行是指设备在额定负载下不超过规定温度限值的无时间限制的运行，见图 3-9。

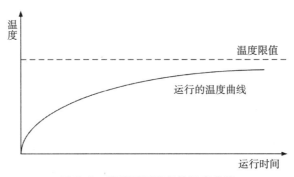

图 3-9 连续运行设备的温度曲线

从图 3-9 中可以看出，连续运行无论设备运行的时间有多长，其零部件的温度也不会超出规定的容许值。这里或许会产生一些疑问，有些设备的运行时间作了程序上的规定，例如：物理治疗设备，规定最多只能运行 60 分钟，时间到了必须重新设定，这种设备是不是因为有时间限制，就不算连续运行了？其实不然，定义中所说的无时间限制是针对温度来说，我们可以把物理治疗设备的时钟系统取消，如果长时间运行温度还是没有超过容许值，那么，这种设备还是连续运行设备。

二、短时运行

短时运行是指设备在规定周期内和额定负载条件下，从冷态开始的运行状态，且工作温度不超过规定值，各运行周期间的间歇时间相当长，足以使设备冷却到冷态（图 3-10）。

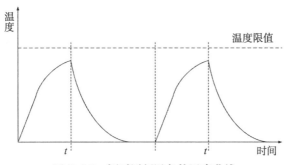

图 3-10 短时运行设备的温度曲线

三、间歇运行

间歇运行是指设备由一系列规定的相同周期组成的运行状态，每一周期均包括一个温度极限不超过规定值的额定负载运行期和随后的设备空转或切断的间歇期（图 3–11）。

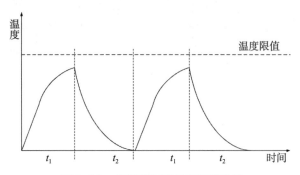

图 3–11　间歇运行设备的温度曲线

注：t_1 为运行时间；t_2 为间歇时间

四、短时加载连续运行

设备一直和供电网相连接运行，规定的容许加载时间很短，以致不会达到长时间负载运行的温度；而随后的间歇时间足够长，使设备冷却到长时间空载运行的温度，见图 3–12。

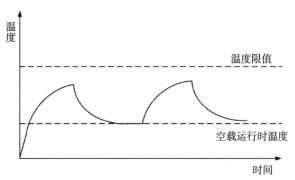

图 3–12　短时加载连续运行的温度曲线

五、间歇加载连续运行

设备一直和供电网相连接运行，规定的容许加载时间很短，以致不会达到长时间负载运行的温度；而随后的间歇时间又不够长，不足以使设备冷却到长时间空载运行的温度，见图 3–13。

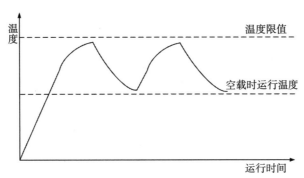

图 3-13 间歇加载连续运行温度曲线

第四章
接地

"地"是电气工程中的电位参考点（常作为零电位）。"接地"是在系统中提供一个零电位的基础上为电路或系统与"地"之间建立一个低阻抗通路。接地在电气工程学发展的初级阶段是指与真正大地连接以提供雷击放电的通路。

对电气设备来说，接地有两种不同的目的（图4-1）：①为实现电气安全防护的接地，如防电击，被称为保护接地；②为实现某种功能而进行的接地，如减少电磁干扰，这种目的的接地被称为功能接地。

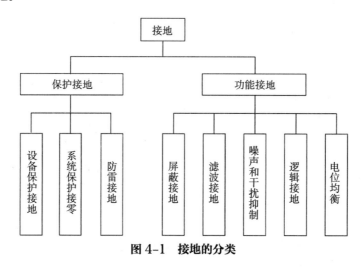

图4-1 接地的分类

第一节 保护接地

保护接地是为了实现防电击目的，而把可触及的导体部件与建筑物接地系统或大地相导通的一种电气系统结构。当电气设备绝缘损坏或产生漏电流时，保护接地能引起所配置的过流保护装置切断发生故障部分的供电，使人接触到外露的可导电部件时能免受到电击危险。另外，保护接地还能将静电荷导入大地，防止由于静电荷的积聚造成对设备或人员的伤害。

一、原理分析

在图4-2中，所用的医用电气设备为使用网电源的单相Ⅰ类设备，图4-2保护接地示意图的等效电路图见图4-3。

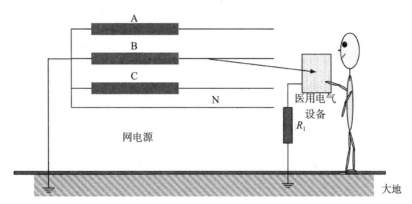

图 4-2　保护接地示意图

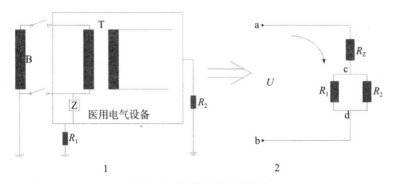

图 4-3　保护接地等效电路

B. 网电源；T. 医用电气设备网电源部分；Z. 设备电源和保护接地外壳之间的绝缘网络；
R_1. 保护接地阻抗；R_2. 人体等效阻抗；R_z. 设备电源和保护接地外壳之间的绝缘阻抗

在保护接地等效电路的图 4-3 中，设网电源电压 U 为 220V；因网电源和保护接地的外壳直接要满足基本绝缘的要求，Z 的绝缘阻抗至少要达到 0.5MΩ；R_1 为保护接地阻抗，按医用电气设备对接地阻抗的要求，不大于 0.1Ω；R_2 为人体阻抗，设为 1000Ω。在设备正常运行时，电路 a—b 之间流动电流为 0.44mA，由于 R_2 的电阻值为 R_1 的 10000 倍，流过人体的电流为 0.044μA，这电流不足以导致人体产生任何生理效应。

在人体电阻 R_2 的两端 c—d 之间，由于 R_2 和 R_1 是并联关系，c—d 之间的阻抗可以看作 0.1Ω，和 R_z 的 0.5MΩ 进行分压，基本上可以认为 c—d 之间的电压为零，从而使 R_2 不会受到高电压电击的危险。

上面所提及的是正常状态，在单一故障状态下，某器件可能会完全失效。假设 R_z 被绝缘击穿，绝缘完全失效，由于 a—b 之间的阻抗只有 0.1Ω，能够产生极大的电流，这个电流会导致电路中的过流保护器器动作，切断电源供应，从而实现电击安全防护。在保护接地系统中出现了故障电流，不论接触电压大小，切断过流保护装置的时间不能超过 5 秒。

如果设备没有保护接地系统，在 a—b 之间只有串联的阻抗 R_z 和 R_2，正常时流过人体阻抗 R_2 电流值为 0.44mA，不会导致严重后果，在单一故障情况下 R_z 的绝缘被击穿，220V 电压直接加在人体身上，流过人体的电流值可能超过 200mA、50Hz 的交流电流，这远超过了导致心脏纤颤的电流值。

以上分析可知，保护接地理论上能起到对人的防电击作用。

二、应进行保护接地的设备类型

保护接地能实现基本绝缘击穿后的安全防护，可以说，所有的电气设备都可以设计为保护接地型式，也就是 I 类结构的设备。但事实上，设备因使用的各种条件要求，设计为 II 类或其他型式会更安全一些，这里对保护接地和未保护接地的结构的优缺点进行分析。

1.保护接地的优点

根据安全的理念，设备外壳的防触电需要达到双重安全防护，即基本绝缘＋保护接地能够实现安全要求，由于基本绝缘的爬电距离和电气间隙比加强绝缘和双重绝缘要低得多，在结构上节省了空间。

电气设备的外壳，除了实现防电击之外，还有支撑设备重量和防碰撞等功能，金属部件的刚性、承重性和可塑性均具有很强的优势。

注：爬电距离和电气间隙的定义见第六章第四节。

2.保护接地的缺点

金属材料是良导体，在可接触金属部件带电情况下，会导致触电的风险。

设备的保护接地，除了设备自身保护接地系统良好之外，还必须依靠环境系统，例如：建筑物的保护接地系统的良好配合，才能实现安全的保护接地。

综上所述的优缺点，对于耗能较大，设备体大量重，电路复杂，不经常移动的设备，尽可能设计为 I 类设备。

在实际使用中，安全受到环境因素制约较多的设备，应该设计为 II 类结构设备。例如：便携式 B 超，在我国偏远地区，医生需要上门进行体检，即便 B 超设备有保护接地系统，但偏远地区可能没有良好的保护接地系统配合，这样就降低了便携式 B 超的安全性，在单一故障状态下就没有安全保障了。所以，对于一些设备功率小、体积小、内部电路所占的空间不多，尤其是经常改换使用地点的设备，设计为 II 类设备更能实现安全，特别是家用的医用电气设备。

内部电源类设备，由于电源和大地不形成回路，保护接地起不到安全防护的作用，有些产品，因功能需要，也可以和保护接地系统相连。在这里需要注意的情况是，保护接地并不一定是无任何干扰的零电位，因为在保护接地系统中，同时连接了很多大功率设备，会对系统造成干扰。另外，长长的保护接地线也有天线作用，会吸引一些干扰电波，从而影响内部电源类设备的功能。

三、保护接地系统的连接

保护接地系统能否可靠地将对地漏电流和故障电流安全导入大地，并且不会因为这些电流产生有害的热、热的机械应力和电的机械应力以及电击等危险。除了设备本身的接地系统安装合理外，还需要和环境的接地系统配合良好，这就需要设计、安装、维护各个环节有统一的认识标准。

1. 保护接地端子

医用电气设备应该有一个总的保护接地端子和建筑物保护接地系统相连接，保护接地端子应确保设备在电源接通前接通，电源切断之后才能切断（图4-4）。

图4-5所示，有相线端子、中性线端子和保护接地端子，保护接地线端子的长度应该比另两个端子更长一些，这就可以实现在电源接通前保护接地系统先连接，在电源中断后保护接地系统才断开。对于保护接地不经电源软线的情况，应该是固定安装的形式，即无论电源接通还是断开，保护接地系统都是接通的。

图 4-4　电源插头

保护接地端子表面应是导电良好的金属表面，能把电化学腐蚀减小到最低程度。具有较高的硬度，不易发生形变。

2. 保护接地导体

保护接地导体的型式有多种，例如：多芯电缆中的导体，内部的金属支撑件或金属外壳，金属编织物，导线和金属导管等。也有一些不能作为保护接地导体的金属部件，例如：金属水管，用于可燃气体或液体的金属导管，正常使用中需要承受机械应力的结构部分和使用中需要运动的部分。这些部件由于自身结构的导电连续性得不到保障或者在承载大电流时产生的火花可能导致爆炸等危险。

（1）保护接地导体载流性能

设备中的保护接地系统载流能力，主要取决于每根保护接地导线的截面积和联结的配合程度，其截面积不应低于相线或中性线的任何一根。

每根保护导体截面积的载流能力至少应满足在过流保护器件动作前，不会影响其工作的连续性。

能承受预期的故障电流，即可能出现的最大短路电流。

（2）保护接地连接

固定电源导线的保护接地端子的紧固件，应是使用工具才能将其松动。设备内部的保护接地，可以用螺钉、锡焊、钳压等可靠的压力连接。

固定电源导线的各个触点，应是使保护接地线不受外部机械应力的影响，即使是相线或中性线中任何一根断开也不会影响到保护接地线的连续性（图4-5）。

图4-5中，把保护接地导线预留得更长一些，即使电源导线的压紧部件松动了，受到应力的应该是相线 L 或中性线 N，在网电源中断前，不会导致保护接地导线 PE 的断裂。

在保护导体中，不能接入任何开关器件，以防止意外中断保护接地导线。

对于保护接地的部件，例如：设备的金属外壳，在金属表面可能具有弱导电材料的表面涂层，如果金属外

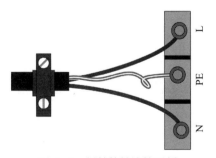

图 4-5　保护接地连接示例

壳是导体之间连接所必须时,接触时应把涂层去除,使其导电性能良好。

四、保护接地的检验

前面说了保护接地的目的所在,检验也是为了实现这个目的而开展实施的。检验的内容包括:

——检验保护接地系统的连续性。

——能否承受故障电流发热所可能出现的热效应。

——能否有一些接触不良的地方。

——机械连接是否牢固。

保护接地系统的连续性和连接牢靠等可以用结构检查来实现,但由于保护接地系统是由多部件组成的,一些连接点的电气连接良好性必须使用电流来检验。

检验时,要求设备的保护接地系统能承受 50Hz/60Hz,空载电压不超过 6V 至少 25A 电流加载 5~10 秒的能力,如果设备额定电流的 1.5 倍电流超过了 25A,那么则应承受 1.5 倍的额定电流 5 秒的能力。并要求在保护接地端子至任何一保护接地点的阻抗不超过 0.1Ω,带电源软线的设备不超过 0.2Ω。

保护接地系统中可能有较高阻抗区域,例如:连接点发生了材料氧化。在较高电压差的情况下,这些较高阻抗的连接点会产生闪络现象。在此情形下,使用低电压可以避免闪现象的发生,6V 的电压是很好的选择。根据 $0.2\Omega \times 30A=6V$ 的算法,1.5 倍额定电流超过 30A 的情况下,6V 电压测量不出超过 30A 电流的阻抗。当电流超过 30A 时,可以在保护接地系统耐受电流能力没有问题的情况下,使用 25A 电流测试阻抗。

第二节 功能接地

功能接地是为了实现电气设备正常运行的接地,主要作用包括以下内容。

一、屏蔽接地

为减少电磁信号的干扰或抑制干扰信号往外传播,避免电子设备受到骚扰,所使用的隔离或屏蔽措施。

屏蔽接地的主要注意事项:

1. 采用远离技术来减少导线间的串扰:弱信号的线路线要远离高功率的信号源,避免平行走线。

2. 抑制磁场耦合干扰,尽量屏蔽干扰源:对于变频器、热启动器等强干扰源设备最好能将其用导磁材料屏蔽。

3. 区分处理低频信号和高频信号的屏蔽接地。

4. 屏蔽接地要遵循一点接地的原则。

二、滤波接地

为了实现对电源电路和信号电路的清除杂波作用,滤波器的旁路接地。滤波是在频域上处理电磁噪声的技术，为电磁噪声提供一低阻抗的通路，以达到抑制电磁干扰的目的。切断干扰沿信号传输的路径，与屏蔽共同构成完善的干扰防护。例如：电源滤波器对 50Hz 的电源频率呈现高阻抗，而对电磁噪声频谱呈现低阻抗。当出现噪声频普信号时，干扰信号通过滤波器到地，不会影响到内部电路。

三、噪声和干扰抑制

为实现对内部噪声或干扰信号提供最低阻抗通道，在设备进行多点与功能接地相连。

四、逻辑接地

为了得到一个稳定的参考电位，将设备中的合适金属部件作为"逻辑地"，一般采用金属底板等大面积金属部件作为"逻辑地"。

逻辑接地在复杂的电子设备较为常见，为避免逻辑电路单元与模拟单元之间的串扰，往往选定该单元的金属屏蔽板（也可以是机壳）作为"逻辑地"，其与模拟地浮空。例如：开关电源的次级电路中性点与金属外壳连接，与初级中性点通过耦合电容连接来消除铃流干扰，该电容的存在实际上等效于电源相线和中性线与地之间串入一个等效阻抗。在进行安全测试时，这个功能元件可以断开，例如：电介质强度试验时，可以断开滤波电容器。

五、电位均衡

对于同时应用于同一个系统，如同时作用于患者身上时，不同的设备其电位差会有不同。通常情况下，这些不同电位差所产生的电流不足以造成电击危害，但对于一些采集低信号的设备，如心电图机，这些电位差会影响采集信号的质量。为了减少这些干扰，需要在不同设备之间实现统一的电位，这就是电位均衡。

六、功能接地形式

功能接地根据其设备结构和功能需要，接地的方式有单点接地、多点接地、混合接地和悬浮接地等方式。

1.单点接地

单点接地只有一个接地点，所有电路、设备的地线都连接到这一点上，以该点作为电路、设备的零电位参考点。单点接地有两种类型，一种是串联单点接地，另一种是并联单点接地（图 4-6）。

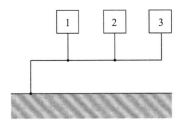

a. 共用地线串联一点接地

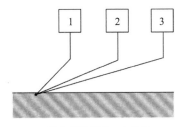

b. 独立地线并联一点接地

图 4-6　单点接地

2. 多点接地

多点接地是指某一系统中需要接地的电路都直接接到距离最近的接地面上（图 4-7）。

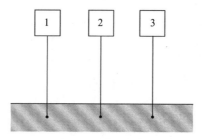

图 4-7　多点接地

3. 混合接地

如果电路的工作频带较宽，例如：在低频时需要单点接地，高频时需要多点接地（图 4-8a）；或者低频时需要多点接地，高频时需要单点接地（图 4-8b）。

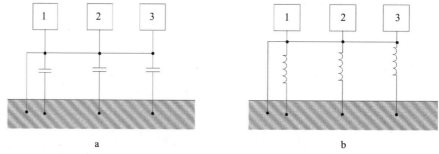

图 4-8　混合接地

4. 悬浮接地

悬浮接地就是将电路、设备的信号接地系统与保护接地系统、结构地及其他导电材料隔离。在这种情况下，设备内部各个电路都有各自的参考地，可通过低阻抗接地导线连接到功能接地，功能接地与设备及建筑物接地系统相隔离（图 4-9）。

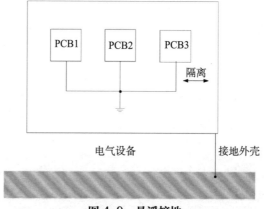

图 4-9　悬浮接地

七、功能接地范例（图 4-10）

图 4-10 是一个典型开关电源的电路图，当中因功能需要而接地的地方很多，包括相线和中性线通过电容器 C3、C4 与地之间进行功能连接；高频变压器绕组之间的功能屏蔽；其他电容器和控制芯片的功能接地等。

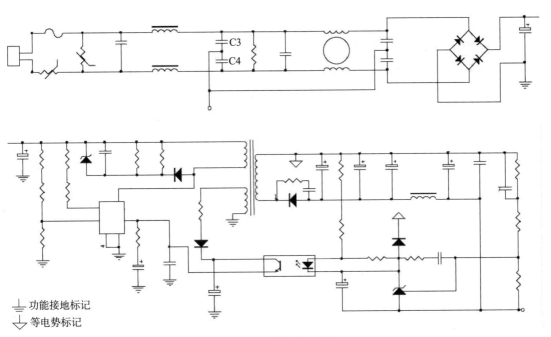

图 4-10　开关电源电路图

第五章
漏电流的限制

漏电流是衡量电击的重要指标，也是医用电气设备安全设计的重点。据有关研究资料显示，美国平均每年有 1200 多人在常规诊断和治疗过程中因意外触电，漏电流过高而受到电击伤害占主要部分，所以漏电流的限制在医用电气设备设计中是需要重点考虑的问题，也是医用电气设备常规安全检测的重点项目。本章从电流对人体的效应、漏电流限值的确定、漏电流产生的方式和漏电流的测量共四个方面进行详细分析。

第一节　电流对人体的效应

人体体液富含电解质，是良好的导电性物质，当人体构成电路中的一部分时，电流就会通过人体，引起人身的电击危险。电流流过人体肌肉时会使人感到全身发热、发麻，肌肉发生不由自主的抽搐，长时间触电甚至会失去知觉；电流经过心脏，将使触电者的心脏、呼吸功能和神经系统受伤，导致心脏停跳和呼吸停止等效应，从而导致死亡。一些高频率的电流，因为其特性，虽然不会危害人体心脏等部位，但会电灼伤人体，造成人体表面皮肤的局部烧伤。

并不是所有电流都会造成严重后果，电流的强度、频率、作用时间、流过部位、电极的接触面积和人的体质（如湿润度、压力和温度）等不同所造成的后果亦大不相同，总结为电气参数和生理参数，根据造成人体效应的不同程度可分为四种形式：感知、反应、摆脱和电灼伤。下面从一些基于得到公认的数据阐述不同形式和途径的电流可能导致人体效应的特性。

一、正弦波的电流效应

15~100Hz 的正弦波电流对人体危害最大。研究认为正弦波电流值达到 0.5mA 时，多数人会有感知，这个通过人体能引起任何感觉的最小电流叫感知阈。

当通过人体的电流增加到一定程度时，会出现丧失摆脱能力。IEC TS 60479-1-2016 认为这个丧失摆脱能力的阈值由接触面积、电极的形状和大小，以及个人的生理特点等因素决定。对于成年男士来说，该值约为 10mA，而 5mA 的阈值覆盖了全部人群。

15~100Hz 正弦波电流通过人体的效应，以时间 / 电流为坐标，可根据不同的效应划分为 4 个区域，详见表 5-1 及图 5-1。

表 5-1　15~100Hz 正弦波电流的时间／电流区域

区域代号	区域界限	生理效应
AC-1	一直到线 a 0.5mA	通常无明显反应
AC-2	自线 a 0.5mA 至线 b	通常无有害的生理效应
AC-3	自线 b 至曲线 c_1	通常不会发生器质性损伤。可能发生肌肉痉挛似的收缩，当通电超过 2 秒时呼吸困难。随着电流量和通电时间增加，使心脏内心电冲动的形成和传导有可以恢复的紊乱，包括心房纤维性颤动
AC-4	在曲线 c_1 之右	电流量和通电时间再增加，除出现区域 3 效应外，还可以出现如心室纤维性颤动、心跳停止、呼吸停止、严重烧伤等危险的病理生理效应
AC-4-1	c_1 至 c_2	心室纤维性颤动概率可增加到 5%
AC-4-2	c_2 至 c_3	心室纤维性颤动概率可增加到 50%
AC-4-3	超过曲线 c_3	心室纤维性颤动概率可超过 50%

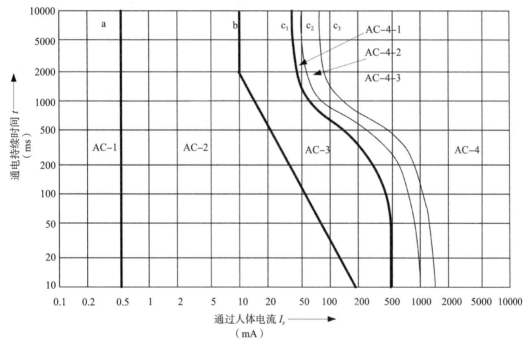

图 5-1　15~100Hz 正弦交流电的时间／电流效应区域划分

注：表 5-1 和图 5-1 的数据由正常人群实验所得

同样强度的电流通过人体不同部位引起的心室纤维性颤动效果不一样，以下通过心脏系数 F（表 5-2）和图 5-1 的数据可以计算某一通路的心室纤维性颤动电流。

表 5-2　不同电流通路的心室纤维性颤动电流的计算

电流通路	心脏电流系数（F）
左手到左脚、右脚或两脚	1.0
两手到两脚	1.0
左手到右手	0.4
右手到左脚、右脚或两脚	0.8
后背到右手	0.3
后背到左手	0.7
胸部到右手	1.3
胸部到左手	1.5
臀部到左手、右手或双手	0.7

应用心脏电流系数，可算出某一通路的心室纤维性颤动电流 I_h，这电流与从左手到双脚通路的电流 I_{ref} 有相同的心室纤维性颤动危险。即：

$$I_h=I_{ref}/F\cdots\cdots\cdots\text{（式 5-1）}$$

式中：I_{ref}——图 5-1 中左手到双脚心室纤维性颤动电流。

I_h——表 5-1 中某一通路的心室纤维性颤动电流。

F——表 5-2 中某一通路相应的心脏电流系数。

心脏电流系数只是用以对各种电流通路引起心室纤维性颤动的相对危险作大致的估算。例如：从左手到右手（$F=0.4$）流过的 10mA 电流与左手到双脚（$F=1$）流过 4mA 的电流有相同的心室纤维性颤动效应。

注：上述数据均取自正常人群，接触部位均为体外接触。可以预知，直接作用于体内或心脏部位的电流 F 系数更小。

二、直流电流的效应

通常，直流电流相对交流电流要安全。当直流电流作用于人体表面皮肤的时候，由于人体表皮相对于一个高阻抗和一个电容器的并联（图 5-8 的 Z_{p1} 和 Z_{p2} 部分），只有超过 50V 的直流电压才有可能击穿皮肤阻抗或是在直流接通和断开的瞬间，才会引起肌肉疼痛和痉挛似的收缩。当直流电作用于心脏时，也只是在纵向电流时，才会有心室纤维性颤动的危险，横向电流（如从手到手之间）不大可能发生心室纤维性颤动。但在低阻抗和长时间的作用下，直流电比交流电的危害更大，这点在第二节中进行详细描述。

三、高频电流的效应

电流对肌肉神经要达到刺激作用，一个很重要的条件就是频率范围，但频率超过中频的范围时（10 万赫兹），每个周期的作用时间小于 0.01ms，而其中阴极刺激小于 1/4（即小于 0.0025ms），两者数值均未达到神经兴奋要求，因此，在理论情况下，高频电流不会引起神经肌肉兴奋而产生收缩反应，引起心室纤维性颤动的概率较小。

虽然高频电流对神经刺激和心脏影响不大，但在其通过人体时能在人体表面组织内产生热效应。在低中频电流中，由于组织阻值较高，通过组织的电流很小，不能产生足够的热量。但在通过高频电流时，容抗 XC（$XC=1/2\pi fC$）随着频率升高下降，组织电阻也跟随降低，使通过人体的电流急剧增加。根据焦耳－楞次定律：

$$Q=0.24I^2RT\cdots\cdots\cdots（式 5-2）$$

式中：

Q——产热量；I——电流强度；R——电阻；T——通电时间。

所以，高频电流在组织内可产生较好的热效应。而且，由于高频电流的波长非常短，只能在人体表面皮肤流过，所以会对皮肤表面有灼伤的作用。

第二节　漏电流限值的确定

对于正常人群，只要微安级电流通过健康人的皮肤就能导致体内产生生理效应，而且可能会在不知不觉的情况下导致伤害。医用电气设备的应用对象为患者，患者对象中有婴儿、老年人，或是昏迷垂死之人，在身体素质上属于弱势的群体，为实现诊断治疗的目的，更可能把应用部分插入人的体内，即使更低级别的电流也会导致严重后果。为了有效地实现对患者等特殊群体的安全防护，需要制定严格的漏电流限值。

根据漏电流的流经途径和作用形式的不同，可分为对地漏电流、接触电流、患者漏电流和总患者漏电流 4 种形式。由于医用电气设备的特殊性，患者同时接触到多个应用部分时，在应用部分间形成一个电流回路，这个电流不属于漏电流，被称为患者辅助电流。

一、对地漏电流的限值

对地漏电流是经接地导线流向大地的电流，人触及保护接地的部件，因人的阻抗远大于保护接地阻抗，漏电流不会流过人体，所以不会使人受到电击的危险，为何对地漏电流在安全方面还是那么重要呢？

确实，对地漏电流与上面所说的摆脱电流、感知电流和电灼伤关系不大，但其同样会引起极大的伤害，使患者的诊断或治疗陷入困境。IEC 60364-7-710 建筑物电气装置医疗场所的特殊要求里规定：在医疗场所中，额定电流不大于 30A 的终端回路，应采用最大剩余动作电流为 30mA 的剩余电流动作保护器作为附加防护。从中可以看出，每个医疗场所必须安装有漏电保护开关，这个漏电保护开关是为防止触电或电路故障引起对泄漏电流过大，当漏电超过 30mA 时，漏电保护开关动作，切断供电电源。假设某个终端医疗场所有 10 台设备在工作，只要一台设备因故障使对地漏电流超过 30mA，就会导致剩余电流动作保护器开启。后果是整个医疗场所的所有设备因为供电中断而停止工作，在进行身体检查的无法继续，在进行心脏手术的设备停止工作，如此等等，扰乱了正常的医疗秩序。医护人员很可能因突如其来的事件而失去冷静的判断，患者更可能因此失去生命。对地漏电流会造成如此严重的后果，能否把动作电流的限值放宽呢？对地漏电流是个双刃剑。保护接地导体可能裸露在外，当出现保护接地系统中断的情况下，人接触到比 30mA 还高的电流，也会使人受到严重的电击。

在我国现行的医用电气安全要求中，医用电气设备正常使用时的对地漏电流为 5mA，单一故障时是 10mA。对于永久性安装 ME 设备的供电电路仅为该 ME 设备供电的，容许有更高的对地漏电流值。

二、接触电流限值的确定

接触电流，顾名思义，就是在设备正常使用的情况下，从设备能触及的部件（应用部分另作要求）所产生的电流经外部导电连接（即患者或操作者）而不是保护接地流入大地或其他能触及的部件的电流，或经操作者到患者身上甚至心腔内。其限值根据以下考虑：

——接触电流主要接触的人员为操作者或其他相关人员，CF 型、BF 型和 B 型应用部分的设备对操作者来说，风险是一样的，所以接触电流要求一样。

——接触的部位主要是手，接触时间不会太长。

——患者意外接触的概率不大，接触部位为皮肤或隔着衣物接触，即使接触，时间也会很短。

——可能出现电流从操作者流向患者的情况，但概率很小，而且经过操作者的人体阻抗后，电流值会下降。

1. 接触电流流经心脏引起心室颤动或心力衰竭的概率

如果在操作心内导线或充满液体的导管时不当，可以想象接触电流会达到心内某一部位。对这些装置应当始终都非常小心地操作，并使用干的橡皮手套。

心内装置和设备外壳直接接触的概率被认为是非常低的，可能是 1%。通过医务人员间接接触的概率被认为稍微高些，如 10 次中有 1 次。正常状态的最大容许漏电流为 100μA，其本身就有引起室颤的 0.05 的概率。若间接接触的概率为 0.1，则总的概率就是 0.005。虽然这个概率看起来稍高，应当提醒的是，如果正确操作心内装置，这一概率可以降低到单纯机械性刺激的概率水平，即 0.001。

在维护条件不足的时侯，接触电流增至最大容许值 500μA 时（单一故障状态）的概率，被认为是 0.1。

该电流引起心室颤动的概率取作 1。意外地直接和外壳接触的概率如前所述，考虑为 0.01，就得到总概率为 0.001，等于单纯机械性刺激时的概率。

通过医务人员将最大容许值 500μA 的接触电流（单一故障状态）引入一个心内装置的概率是 0.01（单一故障状态为 0.1，意外接触为 0.1）。因为这一电流引起心室颤动的概率是 1，所以总概率也是 0.01。这一概率也是高的，然而可以采取相应措施使其降低到单纯机械性刺激的 0.001 的概率。

2. 患者可察觉接触电流的概率

当用夹持电极接触完好的皮肤时，男人对 500μA 能觉察到的概率为 0.01，女人为 0.014。电流通过黏膜或皮肤伤口时有较强的感觉。因为分布是正态的，存在着某些患者能觉察得出非常小的电流的概率。曾报道某人能觉察到流过黏膜的 4μA 电流。

3. 限值

由上述例子表明，从外壳进入胸腔的电流在心脏部位产生的电流密度高于 $50\mu A/mm^2$（约为 1A 电流进入胸腔）时才会导致较高的风险，500μA 进入胸腔的电流在心脏部位产生的电流密度为 $0.025\mu A/mm^2$。国际电工委员会相关的 IEC 标准对医用设备的接触电流限制值一般是在正常状态为 100μA，单一故障状态下的限制值为 500μA，仅是较高风险值的 1/2000，这限值就使得接触电流的风险性相对来说是比较低的。

三、患者漏电流限值的确定

患者漏电流是与应用部分相关的电流。应用部分是医用电气设备正常使用时和患者接触的部件，例如：进行有创手术或长时间进行监护等设备，患者漏电流的风险性比接触电流高。应用部分防护程度的分类考虑了应用部分与患者的接触部位、接触程度和接触时间等不同情况，对不同的应用情况漏电流具有不同的要求。

患者与医用电气设备接触构成回路的途径主要有 3 种：一是通过设备的应用部分与患者接触构成回路；二是患者无意或有意接触到设备外壳而构成回路；三是操作者同时接触到设备和患者，操作者和设备都在设备回路中。

对于某些医用设备的应用部分，只应用在胸腔以外的部位，例如：肌肉刺激器和电动病床等，因这些设备应用部分的漏电流不直接流过心脏，设备在单一故障状态时最大容许患者漏电流为 500μA 时就不会引起心室颤动或心力衰竭，接触电流产生危害的解释可适用于这类设备的应用部分的漏电流。这些设备的应用部分结构可以设计为 B 型与 BF 型应用部分。

对于应用于心脏部位或者直接和血管连接的设备，其漏电流直接流经心脏部位，即使很低的电流也会引起心室颤动或心力衰竭。当流经心内小面积部位的电流达到 10μA 时，引起心室颤动或心力衰竭的概率为 0.002。即使电流为 0 时，也曾观察到应用部分机械性刺激能引起心室颤动。10μA 的电流值是很容易达到的，在心内操作时不会明显地增加心室颤动的危险。应用于心脏部位的应用部分在单一故障状态时最大容许值为 50μA，是以临床得到的、极少可能引起心室颤动或干扰心搏的电流值为依据的。单一故障状态时容许的电流，不大可能达到足以刺激神经肌肉组织的电流密度，如果是直流也不会达到引起组织坏死的电流密度。

对于可能与心肌接触的直径为 1.25~2mm 的导管，50μA 电流引起心室颤动的概率接近 0.01（图 5-2 及其说明）。用于血管造影的小截面（$0.22mm^2$ 和 $0.93mm^2$）导管，如直接置于心脏敏感区，则引起心室颤动或心力衰竭的概率较高。

心室颤动概率是作为电极直径和电流幅值的函数获得的。对于直径为 1.25mA 和 2mm 的电极、电流直到 0.3mA 时，心室颤动的分布呈正态。从这里可以推导出，即使电流很小，也会引起心室颤动的可能性。

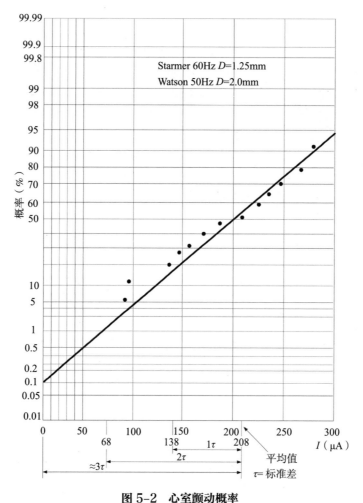

图 5-2　心室颤动概率
注：根据 Starmer 和 Watson 的论文提供了 50Hz 和 60Hz 实验数据整理而得

四、高频漏电流的限值

医用电气设备所考虑的高频漏电流主要是来自高频治疗设备应用部分产生的电流（见第十四章第四节），对于开关电源产生的高频漏电流，这里不作讨论。

五、患者辅助电流限值的确定

患者辅助电流是同一设备的不同应用部分同时应用于患者时，应用部分间存在电位差，从而造成电流流过患者，此电流预期不产生生理效应。例如：心电图机的呼吸导联，导联间存在数十微安的直流恒流源。患者辅助电流和患者漏电流都是流过患者的电流，其产生的生理效应都是相同的，所以和患者漏电流限值的要求相一致（表 5-3）。

表 5-3　在正常状态和单一故障状态下患者漏电流和患者辅助电流的容许值　　　单位：μA

电流	描述	参考条款	测量电路	B 型应用部分 NC	B 型应用部分 SFC	BF 型应用部分 NC	BF 型应用部分 SFC	CF 型应用部分 NC	CF 型应用部分 SFC
患者辅助电流		8.7.4.8	GB 9706.1-2020 图 19 d.c.	10	50	10	50	10	50
			a.c.	100	500	100	500	10	50
患者漏电流	从患者连接到地	8.7.4.7a）	GB 9706.1-2020 图 15 d.c.	10	50	10	50	10	50
			a.c.	100	500	100	500	10	50
	由信号输入/输出部分上的外来电压引起的	8.7.4.7c）	GB 9706.1-2020 图 17 d.c.	10	50	10	50	10	50
			a.c.	100	500	100	500	10	50
总患者漏电流 [a]	同种类型的应用部分连接到一起	8.7.4.7a）和 8.7.4.7h）	GB 9706.1-2020 图 15 和图 20 d.c.	50	100	50	100	50	100
			a.c.	500	1000	500	1000	50	100
	由信号输入/输出部分上的外来电压引起的	8.7.4.7c）和 8.7.4.7h）	GB 9706.1-2020 图 17 和图 20 d.c.	50	100	50	100	50	100
			a.c.	500	1000	500	1000	50	100

说明：NC= 正常状态；SFC= 单一故障状态。
注 1：关于对地漏电流见 8.7.3d）。
注 2：关于接触电流见 8.7.3c）。
注 3：d.c. 表示直流电。
注 4：a.c. 表示交流电。

[a] 总患者漏电流容许值仅对有多个应用部分的设备适用，见 8.7.4.7h）。单个应用部分应符合患者漏电流容许值。

六、总患者漏电流

患者漏电流值是针对 B 型应用部分的单一功能，或 BF 型应用部分的单一功能，或 CF 型应用部分的单个患者连接而言的，具有多个功能或多个应用部分时，总患者漏电流可能会更高。总患者漏电流容许值（表 5-3）仅对有多个应用部分的设备适用，是将所有相同类型（B 型应用部分、BF 型应用部分或 CF 型应用部分）应用部分的所有患者连接在一起测量总患者漏电流，如有必要，在进行测试前可断开功能接地。B 型应用部分的总患者漏电流的测量仅在该应用部分有两个或两个以上属于不同功能且没有直接在电气上连接到一起的患者连接时，才需要测量。这主要是由于大多数 B 型应用部分都接地，如果将接地的 B 型应用部分都接在一起进行测量，将与 B 型患者漏电流的测量相同，如果结果在患者漏电流的限值内，那么总患者漏电流也不会超标。只有存在未直接接地的 B 型应用部分，测量出来的数据才会不同。

七、无频率加权

灼伤的风险取决于电流的幅度而不是频率，因此要使用无频率加权的装置测量，在正常状态或单一故障状态下，无论何种波形和频率，用无频率加权的装置测量的漏电流不能超过 10mA 有效值，该测量装置可以为一个 1kΩ 的无感电阻和适当的测量设备。

八、交流分量和直流分量的分析

在本章第一节中提到，直流电比交流电安全，不容易产生生理效应，但在患者漏电流和患者辅助电流的限值要求中，直流漏电流正常状态为 10μA，单一故障状态为 50μA，比交流要求严格得多，而且 B 型、BF 型和 CF 型应用部分要求一致。

这可以从设备使用范围的特殊性和临床实际需要的角度考虑：①直流电会导致心跳停止；②直流电叠加到心脏或肌肉上，会使肌肉坏死。对直流电流的严格要求，主要是考虑到长时间作用产生的后果。

第三节　漏电流产生的方式

漏电流的产生主要有两种形式，一种是容性电流，即电流跨过电容器流经过的电流（本文不考虑相位差）；另一种是阻性电流，即电阻两端存在电压差，而形成的电流。

说起容性电流之前，我们先介绍电容，电容是由两个相互绝缘的导体所构成的器件。由于绝缘介质是不导电的，在外电源作用下，两极导体上能分别存贮等量的异性电荷，外电源撤走后，这些电荷依靠电场力的作用，互相吸引，能在电容两极上长时间保存下来。电容能存贮电荷，电荷是构成电流的最基本单位，电容贮存电荷的能力跟两极板的面积成正比，和距离成反比。就是说，两极板越大，距离越近，贮存的电荷就会越多。电容会贮存电荷，但电容极性之间存在电压差时，如一个电池，当两极之间构成通电回路时，就会释放电荷，形成电流。某时刻电容的电流取决于该时刻电容电压的变化率，电容的电压变化越快，则产生的电流就越大。如果是直流电压，变化率为零，即电流为零，所以电容有隔直流通交流的作用。电容和电压变化所产生的电流见式（5-3）：

$$i=2\pi fCV \qquad （式5-3）$$

式 5-3 中，2π 为系数，f 为电流的频率，C 为电容量，V 为电压。测量出 f、C 和 V 3 个参数，即可以算出漏电流值。

阻性电流的形成方式比较简单，产品设计时为了防止电流过大，可以在回路中加限流电阻，对于我们经常接触到的外壳，一般采用隔离的手段来限制漏电流，所以就不必要加限流电阻了。对于一些应用部件，是用电流来采集生理信号的，这个电流如果过大就会产生危险，这时，通常会用限流的方式来防止电流过大，使用限流电阻是最常用的方式，见图 5-5c 中的电阻部分，是典型用电阻来进行限流的方式。

下面我们用一些等效电路来对漏电流的存在进行分析。

一、对地漏电流的形成（图 5-3）

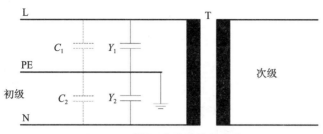

图 5-3　对地漏电流的等效电路

图 5-3 中的 Y_1 和 Y_2 表示滤波电容，C_1 和 C_2 表示分布电容。滤波电容是作为元器件存在的，但分布电容是什么器件？分布电容是指由非电容形态形成的一种分布参数，一般是指印制板或其他形态的电路形式，在线与线之间、印制板的上下层之间形成的电容。分布电容符合电容的定义，导线之间的面积和距离的关系，这种电容的容量很小，但对漏电流有一定的贡献。在对印制板进行设计时一定要充分考虑这种影响，尤其是在工作频率很高的时候。例如：开关电源的工作频率较高，其分布电容只要稍有增加，便会对地漏电流造成较大的影响。

在设备通电的时候，相线 L 和保护接地线 PE 之间存在着电压差，这个电压是一个按正弦波形式周期变化的电压，中性线 N 与地线 PE 之间的电压差为 0，反相时的情况即相反。根据公式 $i=2\pi fCV$，其中 $C=C_1+Y_1$ 或 $C=C_2+Y_2$ 的大者，可以计算出电流 i 来。电网的频率是相对固定的，为了减少漏电流，只能把电容量降下来。一是降低分布电容；二是取较低电容量的滤波电容。为了同时满足对地漏电流和电磁兼容能力的要求，在符合对地漏电流限值的情况下尽量把 Y 电容的值取得更大。

二、接触电流的形成（图 5-4）

接触电流也是可以按容性电流来分析，图 5-4 是一个接触电流等效电路图。

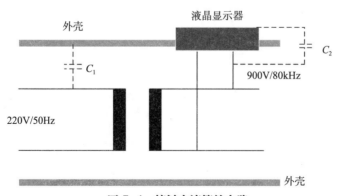

图 5-4　接触电流等效电路

我们在进行接触电流试验时，是用一张手掌大的金属箔贴着外壳进行试验的，铜箔是接地的。在导线和铜箔之间隔着空气或是一些固体绝缘体，符合电容的结构，这也是一种分布电容。在图 5-4 中，C_1 是网电源部分和外壳的分布电容，给 C_1 充电的电参数为 220V/50Hz。C_2

是逆变器和显示屏幕之间的分布电容，给 C_2 充电的电参数为 900V/80kHz。从电参数可以看出，给 C_2 充电的频率大大增加了。一般设备的接触电流，越靠近高频高压的地方，泄漏的接触电流会更大，所以液晶显示屏的接触电流比其他绝缘外壳的接触电流会更大些。

三、患者漏电流的形成

患者漏电流按流经途径有两种，一是从患者电路经人体流到大地；二是来自外部的电压从已浮地的患者经应用部分跨过绝缘层到达保护接地（图 5-5）。图 5-5a 中间电路和患者电路虽然是隔离的，但因为隔离部分存在的分布电容，在分布电容充放电的时候，使得电容的电流经患者流向大地（患者保护接地是常见现象）。即使患者和大地是隔离的，但患者电路和保护接地线路还是存在着一些分布电容，假如意外情况下，患者碰到一个非直流的电流，这个电流也会有部分通过这个分布电容而流向大地（图 5-5b）。图 5-5c 表示这样的一种结构，应用部分为达到因治疗或诊断的需要，不可避免的向患者输出一些电流，这种结构的应用部分可以和上一级回路没有隔离，但应用部分的输出端用可靠的限流电阻使输出的电流限值在某个范围以内，这个限流阻抗不能是一个，必须有多个组合，因这种情况下的患者漏电要靠限流阻抗来保证，就必须要求在某一个限流电阻失效的情况下还能把漏电流限制在合理范围之内。

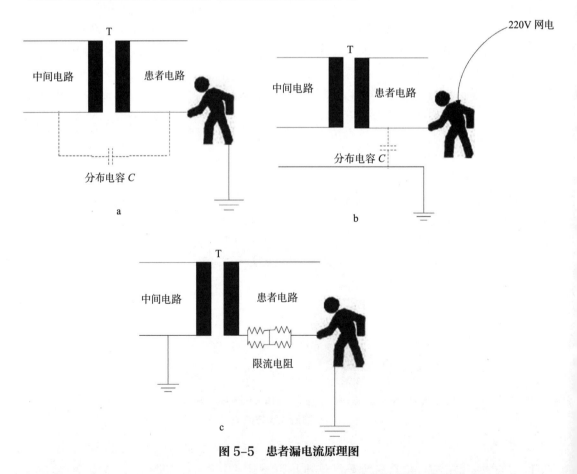

图 5-5 患者漏电流原理图

四、患者辅助电流的形成

前面提到，患者辅助电流是应用于患者身上的同一设备不同患者连接之间的电流，见图 5-6。

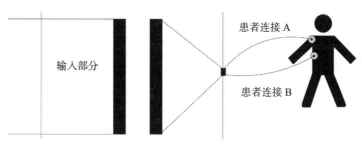

图 5-6 患者辅助电流形成示意图

图 5-6 中，患者连接 A 和患者连接 B 为同一个应用部分中的不同连接，当 A 和 B 之间存在电位差，就有电流从患者身上流过，这个电流如果预期不产生生理效应，例如：测量生理参数所需要的电路，即为患者辅助电流。对于不同应用部分之间的患者辅助电流，其电流的大小主要取决于应用部分之间的隔离程度。

五、总患者漏电流的形成

图 5-7 中包含了 A、B、C 3 个应用部分，其中 A 为 CF 型应用部分，B 和 C 为 BF 型应用部分，同类型的 B 和 C 2 个应用部分连接在一起，经过患者接地，另一方面，应用部分经过电容或者分布电容参考接地，从而形成了电流回路。

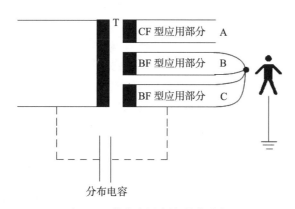

图 5-7 总患者漏电流形成示意图

第四节 漏电流的测量

漏电流越高，则伴随的风险也越高，在设计上虽可以利用各种方式或材料进行限制，但并不是所有的研发人员都有强烈的漏电流限制的意识，即使具有这些意识也未必能考虑到所有影响漏电流的因素，这就需要有一种检验产品实际漏电流的手段，可以真实反映各部分叠加起来的漏电流。下面从试验用的设备、试验部位和试验的过程分别进行阐述。

一、测量装置的选择

1. 人体等效测试网络（MD）

漏电流是从设备上经过人体到大地（或其他部件）的电流或者是从外界来的电流经人体和设备到大地的电流。由于人体在漏电流的回路中作为电路的一部分，为了较真实地反映漏电流流经人体的情况，提出了一个人体测试网络的概念（图 5-8）。

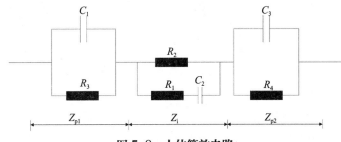

图 5-8　人体等效电路

图 5-8 中，Z_{p1} 和 Z_{p2} 部分表示人体皮肤阻抗。皮肤阻抗是由半绝缘层和许多小的导电体（毛孔）组成的电阻和电容的网络。但在接触较高电压电流时，皮肤阻抗会下降，有时可以见到电流的伤痕。当接触电压超过 50V 时，皮肤阻抗明显下降，并且在皮肤被击穿后皮肤阻抗可忽略不计。当频率增加时，图 5-8 中的 C_1 和 C_3 的通交流能力明显增强，R_3 和 R_4 的阻抗可以忽略，即皮肤阻抗也就忽略不计了。

图 5-8 中 Z_i 部分表示人体内阻抗。人体内阻抗基本上是阻性的，其数值主要由电流通路决定，但人体内阻抗也会存在较少的容性分量。

基于 Z_{p1} 和 Z_{p2} 部分的人体皮肤阻抗容易被高电压击穿而使绝缘明显降低，而且由于医用电气设备应用的特殊性，在实际中一些人体导管或电极等也会直接穿过人体皮肤和体内组织接触，所以对医用电气设备测量时的漏电流测量网络（MD）就仅取 Z_i 部分。等效电路见图 5-9。

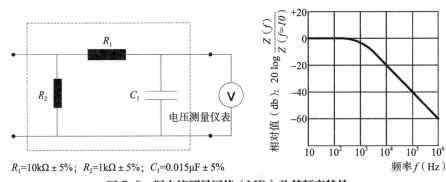

$R_1 = 10\text{k}\Omega \pm 5\%$；$R_2 = 1\text{k}\Omega \pm 5\%$；$C_1 = 0.015\mu\text{F} \pm 5\%$

图 5-9　漏电流测量网络（MD）及其频率特性

MD 测试网络在电路上比较简单，但其元器件的选型会影响到实际测量的结果，例如：元件所响应的电流形式和频率等。为满足在多数情形下的电流都可以得到较为准确的值，这就要求电阻和电容具有一致的结构，电气参数也有相同的要求。

考虑到电阻承载电流能力和频率特性等情况会影响电阻的发热，普通电阻的温度系数较高，受各方面的影响较大，容易产生测量值漂移。例如：1kΩ 线性电阻在频率为 1MHz 时，其电感使阻值增加 2%，达到 1020Ω，另外温度的增加也会使阻值呈线性增高。金属薄膜电阻具有较低的温度系数和长期的稳定性，可以很好地解决这个问题，1kΩ 金属薄膜电阻在频率为 1MHz 时，其电感使阻值误差小于 0.2%。MD 测试网络可能承受的电流一般不会超过 10mA，同时考虑到测试的时间不会太长，1W 的金属薄膜电阻可以具有足够的数据准确性。

对于电容器的选择，推荐使用具有延伸金属箔结构的薄膜电容器，其电感在 1MHz 下通常不会导致明显的误差。电容器的误差可通过并联两个或两个以上的较小的电容器来调节。

2. 测量仪表

漏电流的测量是通过测量电压和已知的电阻值来计算电流值的，为满足在频率高达 1MHz 时具有满意的性能，用来测量电压的装置应是一种具有下列特征的电压测量仪表：

（1）具有响应直流、真有效值和峰值等电流形式的能力。

（2）输入电阻不小于 1MΩ。

（3）在进行交流测量时输入电容不大于 200pF。

（4）在进行交流测量时频率范围从 10Hz 到 1MHz。

（5）浮动或差动输入在高达 1MHz 时共模抑制为 60dB。

（6）测量仪表经计量所得到的示值误差不超过 ±5%。

3. 电源要求

漏电流的测量在不同的频率和电压下测量的结果是有差异的，根据公式 $i=2\pi fCV$ 的要求，频率和电压越高，产生的电流就越大，所以要选择在设备使用时最高的电网电压和最高的频率来进行。例如：设备电压和频率的标称值为 220V 和 50/60Hz 时，应选用 242V 和 60Hz 的电源来进行试验。

4. 测量供电电路

为了最大程度的安全，测量供电电路应该使用隔离测试变压器（图 5-10），使受试设备和电网电源相隔离，并且受试设备的电源保护接地端子接地。隔离变压器的任何容性漏电流都必须考虑在内。作为受试设备接地的一种替换，测试变压器的次级和受试设备需要保持浮地，在这种情况下，不需要考虑测试变压器的容性漏电流。

对于使用不同形式的电网电源设备，如单相或三相设备，被测设备应接至相应的规定电源。对于单相医用电气设备，其电源极性是可以逆向的，测试供电电路应设计为可变相的电路。对于带内部电源的设备，试验时不得和供电电路相连。本节利用测试常见的单相供电电路作为例子进行描述，见图 5-10。

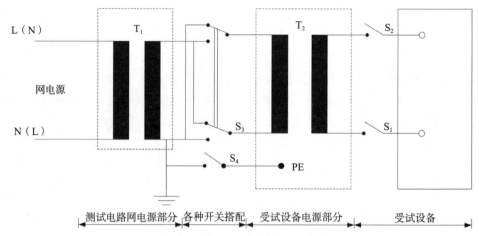

图 5-10　单相设备的测试供电电路

注：T_1 表示测试电路电网电源隔离变压器；T_2 表示设备网电源部分（可以是电源适配器、电源变压器和开关电源等）；$S_1 \sim S_4$ 表示各种状态开关

二、对地漏电流的测试

对地漏电流的试验相对较简单，主要是对地漏电流形成的复杂程度没有接触电路和患者漏电流那么复杂，就是电网电流的一部分跨过基本绝缘层到保护接地的电流。其原理见图 5-3，试验时的测试电路见图 5-11（本文用最典型的单相设备来分析）。

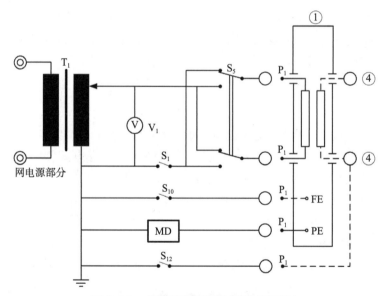

图 5-11　单相设备对地漏电测试接线图

测量的时候，要测量 S_5、S_{10} 和 S_{12} 的开、闭位置，进行所有可能的组合。一般情况，会在 S_{10} 和 S_{12} 全部打开时测量对地漏电流数值，较闭合 S_{10} 和 S_{12} 时为大，从图 5-11 中可以看出，S_{10} 和 S_{12} 闭合时会使部分对地漏电流不经过 MD 测试网络直接到保护接地，尤其是 S_{10}，设备上功能接地和保护接地有可能是相通的，不断开 S_{10} 时就会造成漏电流从阻抗较低的 FE 端流走

（具体测量组合见表5-4），造成 PE 部分的测量值偏低（断开 FE 属于正常状态）。

表5-4　图5-11的测量组合

NC（$S_1=1$）			SFC（$S_1=0$）		
S_5	S_{10}	S_{12}	S_5	S_{10}	S_{12}
1	1	1	1	1	1
1	1	0	1	1	0
1	0	1	1	0	1
1	0	0	1	0	0
0	1	1	0	1	1
0	1	0	0	1	0
0	0	0	0	0	1
0	0	0	0	0	0

注：NC= 正常条件；SFC= 单一故障条件；1= 开关闭合；0= 开关断开。

测量漏电流时，必须考虑电流反向时对漏电流的影响。可以从两方面去考虑，一是电源插头有可能分不清相线和中性线，也不排除电网相线和中性线装反的可能性；二是当电流方向不同，产生漏电流的器件和路径也不完全相同，就造成漏电流值的不同。

S_5 开关是用来控制电流变向的，S_1 开关的闭合是正常状态，断开是是单一故障状态，在对地漏电流来说，S_1 断开是唯一的故障状态。我们在测量的时候会发现，S_1 断开时漏电流应该会升高。我们可以从下图 5-12 进行具体分析。

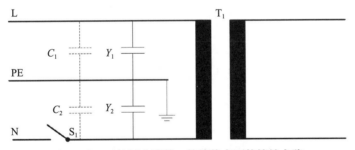

图5-12　对地漏电流单一故障状态下的等效电路

在单一故障状态下，S_1 断开（图 5-12），使 L、N 之间的阻值变得无穷大，从相线 L 至 S_1 点到保护接地线 PE 上的电压均为 242V，电容 C_1、Y_1、C_2 和 Y_2 为并联关系，电源电路到 PE 之间的总电容量 $C_{单-}=C_1+Y_1+C_2+Y_2$，计算的漏电流为 $i(t)_{单-}=C_{单-}\dfrac{du}{dt}$，因 $C_{单-}>C_{正常}$，故 $i(t)_{单-}>i(t)_{正常}$。一般情况下，应把相线到保护接地的电容值和中性线到保护接地的电容值设计成一致，即 $C_1+Y_1\approx C_2+Y_2$，所以单一故障时的对地漏电流也约为正常状态时的两倍。

另外，对地漏电流的测量还应考虑电源线的影响，最好要用匹配的电源线进行测试。上面对电容结构进行了描述，电源线的粗细和长短对分布电容有较大的影响，所以在测试的时候要考虑这方面的问题。

三、接触电流的测量

接触电流和对地漏电流的流经途径不同，对地漏电流是经保护接地导线流到大地的电流，接触电流是从接触部分流经人体到大地或其他部分的电流。人体能接触到的设备部分，就是除应用部分外的所有手指能触摸到的外壳部件。人的手是人体最灵活的部分，一般触摸设备的部位也是人的手掌，成年人的手掌面积一般约为 20cm×10cm，为了得到重复性较好的数据，在进行接触电流的试验时，用 20cm×10cm 面积的金属箔模拟人的手掌作为测试电极（测试线路见图 5-13，图 5-13 的测量组合见表 5-5）。

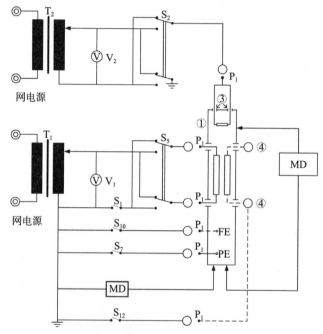

图 5-13 接触电流测量线路

表 5-5 图 5-13 的测量组合

NC $S_1=1, S_7=1$			SFC $S_1=0, S_7=1$			SFC $S_1=1, S_7=0$			SFC $S_1=1, S_7=1$		
S_5	S_{10}	S_{12}	S_5	S_{10}	S_{12}	S_5	S_{10}	S_{12}	S_5	S_{10}	S_{12}
1	1	1	1	1	1	1	1	1	1	1	1
1	1	0	1	1	0	1	1	0	1	1	0
1	0	1	1	0	1	1	0	1	1	0	1
1	0	0	1	0	0	1	0	0	1	0	0
0	1	1	0	1	1	0	1	1	0	1	1
0	1	0	0	1	0	0	1	0	0	1	0

续表

NC $S_1=1, S_7=1$			SFC $S_1=0, S_7=1$			SFC $S_1=1, S_7=0$			SFC $S_1=1, S_7=1$		
S_5	S_{10}	S_{12}	S_5	S_{10}	S_{12}	S_5	S_{10}	S_{12}	S_5	S_{10}	S_{12}
0	0	1	0	0	1	0	0	1	0	0	1
0	0	0	0	0	0	0	0	0	0	0	0

注：NC= 正常条件；SFC= 单一故障条件；1= 开关闭合；0= 开关断开。

当人的两个手掌同时接触到设备的不同外壳的部件，在不同电势的相互之间，也会经人体形成回路，所以也应考虑在两个相互绝缘的外壳部件上进行测量。

前面提过，测量接触电流时，应尽量找一些附近有高压或（和）高频的位置进行测量，还有，单一故障时对接触电流值也有非常大的影响，这里的单一故障包括断开 S_1，断开保护接地导线和在信号输入输出部分加电网电压。其中断开保护接地导线和在信号输入输出部分加上电网电压影响最大。

断开保护接地导线对接触电流的影响分两部分，一是断开保护接地线前是保护接地的可触及外壳；二是原来就没有保护接地的外壳。

在 GB 9706.1 国家标准中对接触电流是有这样的定义：从除患者连接以外的在正常使用时患者或操作者可触及的外壳或部件，经外部路径而非保护接地导线流入地或流到外壳的另一部分的漏电流。这里要明确的是，测量接触电流和对地漏电流作用的目的不一样，对地漏电流是从保护接地导线流过的电流，不会使人体受到电击。当单一故障状态时保护接地导线被断开，这时设备已经是没有保护接地，设备的外壳结构跟Ⅱ类设备的外壳结构一样，人体接触到设备部件流经人体的电流，如果不属于患者漏电流，即应是接触电流范畴。

在信号输入输出口施加 242V 电网电压是模拟单一故障时，有可能外来的电压会从信号输入输出口引入设备内部。这个外来电压最危险的情况属于电网电压，一般不会超过 250V。根据公式 $i=2\pi fCV$，当电压增高时，电流也会相应的增高。

一些使用内部电池或安全特低电压电源作为电源的设备，在我国标准中规定，只考核流过不同部分之间的接触电流。但当存在外部电压施加在地面和信号输入部分或信号输出部分之间的情况时，外部电压与设备外壳之间存在着电压差。所以，应使用 MD 在外壳和地面之间测量（图 5-13）此类电压导致的内置电源设备的接触电流。

四、患者漏电流的测量

患者漏电流的测量和接触电流的测量有相似之处，也是考虑患者漏电流到大地的影响和外来电压对患者的影响。但因为患者漏电流是直接对患者影响的，所以测量上要考虑的因素比接触电流多。例如：①对应用部分的处理；②对外来电压各方面因素的考虑；③应用部分的隔离程度；④使用部位不同等。

1.实验台要求

按现行的国家和国际标准要求，被试验的设备如果是全塑料外壳或是Ⅱ类设备，应将设备放置于面积和周长至少等于设备表面水平投影尺寸并接地的平坦金属板上（图 5-14）。由于患者漏电流的限值非常低，设备在测试时可能受高频激励的外部表面有较大的容性耦合，在这种情况下，导电板和测量电极就形成一个电容，使得测量电极的电流可能变大。

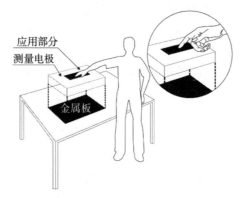

应用部分
测量电极
金属板

图 5-14　设备实验台

2. 测试电极及连接

一般的测试电极可以使用 20cm×10cm 的金属箔进行测量。当应用部分的面积大于 20cm×10cm 时，金属箔的面积应增加至与应用部分的面积相当。如果应用部分和人体体液接触或经过液体和人体接触的，则应把应用部分和测量电极浸泡在 0.9% 的氯化钠溶液中进行试验。

对于 B 型和 BF 型应用部分，应把所有连接或正常使用时的单一功能的所有患者连接在一起测试。对于 CF 型应用部分，则应依次对每一患者连接进行测试。测量总的患者漏电流时，应把同一类型（B 型应用部分、BF 型应用部分或 CF 型应用部分）的所有患者连接进行测量。

3. 从应用部分经患者到大地的漏电流测试线路（图 5-15）。

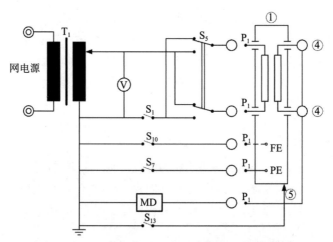

图 5-15　应用部分经患者到大地的漏电流测试线路

按图 5-15 所示的方法进行试验，在 S_1、S_5、S_7、S_{10} 开、闭的所有可能组合的情况下进行测量（表5-6）（如果设备是Ⅰ类设备，则应考虑闭合和断开S_7的情况）。对于一些B型应用部分的设备，尤其是应用部分是用保护接地来实现单一故障时实现安全，必须考虑在S_7断开时的患者漏电流，这时的患者漏电流应等于正常时的对地漏电流。例如：血液透析装置，正常时可能仅几微安，断开保护接地时的漏电流可能会达到数百微安，如此大的电流会引起较严重后果，应在检测和设计时注意这些问题。

表5-6　图5-15的测试连接组合

NC S_1=1,S_7=1		SFC S_0=0,S_7=1		SFC S_0=1,S_7=0		FC S_0=1,S_7=1	
S_5	S_{10}	S_5	S_{10}	S_5	S_{10}	S_5	S_{10}
1	1	1	1	1	1	1	1
1	0	1	0	1	0	1	0
0	1	0	1	0	1	0	1
0	0	0	0	0	0	0	0

注：NC=正常条件；SFC=单一故障条件；1=开关闭合；0=开关断开；S_7在Ⅱ类设备不适用。

患者漏电流除了因设备自身电源电压产生的漏电流外，外来电压也会导致设备的患者漏电流增大，外来的电压主要从3个部位对患者产生影响。一是外来电压经信号输入/输出口对应用部分产生影响；二是外来电压施加于设备外壳时对患者漏电流的影响；三是外来电压直接加在已浮地患者身上形成的影响。

4.外来电压经信号输入/输出口对应用部分产生患者漏电流的测试线路（图5-16）

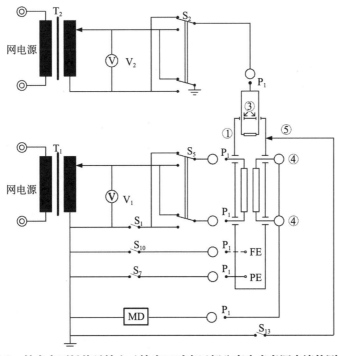

图5-16　外来电压经信号输入/输出口对应用部分产生患者漏电流的测试线路

进行测量时，应闭合 S_1 和 S_7（如果设备为 II 类时，应断开 S_7）。在 S_5、S_9 和 S_{13} 的开、闭位置进行所有可能组合的情况下，进行测量。具体测量组合见表5-7。

表5-7　图5-16的测量组合

S_5	S_9	S_{13}
1	1	1
1	1	0
1	0	1
1	0	0
0	1	1
0	1	0
0	0	1
0	0	0

注：1= 开关闭合；0= 开关断开。

当设备利用信号输入 / 输出口与其他设备通讯构成系统时，因与其构成系统的设备安全性保障不了的时候，信号输入 / 输出口就有可能因与其连接的设备安全性不足而带来危险。图5-17 中设备 A 表示医用电气设备，设备 B 为其他非医用电气设备，当设备 B 的信号输入 / 输出口和电网电源之间的绝缘强度低于加强绝缘时，T_3 部分就有可能被击穿，从而使设备 A 的信号输入 / 输出口带上网电，所以在测试患者漏电流应考虑信号输入 / 输出口施加电网电压带来的影响。如果能确定与医用电气设备信号输入 / 输出口相联设备的隔离程度，则在考虑安全性的情况下，可以不进行该项目的测量。

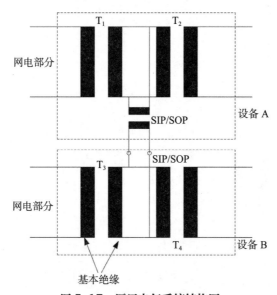

图5-17　医用电气系统结构图

注：SIP：信号输入端口；SOP：信号输出端口

5. 电压施加于设备外壳时对患者漏电流的影响

设备在使用过程中，设备的未保护接地外壳有可能意外接触到电网，从而使外壳带上网电压。如便携式的肌肉刺激器，患者使用时，有可能随意放置于一个外壳漏电的电脑机壳上，就使肌肉刺激器的外壳施加了一个外来电压。测试接线见图 5-18。

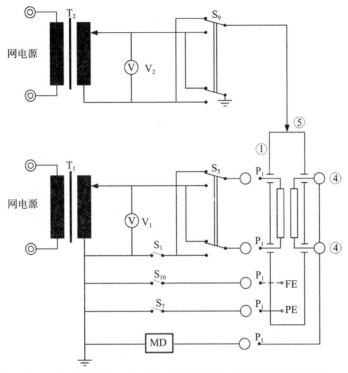

图 5-18 电压施加于设备外壳时的患者漏电流测量接线路径

进行外壳施加电网电压测患者漏电流时，应注意外来电压应施加于容易接触的未保护接地部件上。进行测量时，应闭合 S_1 和 S_7（如果设备为 II 类时，应断开 S_7）。在 S_5、S_9 的开、闭位置进行所有可能组合的情况下，进行测量。测量组合与图 5-16 相似。

6. 外来电压直接加在已浮地患者身上形成的影响

我们知道，小鸟能在高压电线上停留而不会被电击。通常情况下，人接触到电网电源的时候，会受到严重的电击甚至死亡，这是因为电流会通过人体到大地形成回路，从而使人产生触电。而小鸟是和大地隔离的，没有电流通过，所以不会导致电击产生。

在治疗的时候，如果患者和大地没有隔离，意外触电时电流只流经患者，这种情况医用电气设备是控制不了的，与设备无关。如果患者是隔离的，这在接触电网电源的时候，则电流会经患者和应用部分到保护接地或中性线，这种情况则要求设备的应用部分与保护接地和电网电源有足够的隔离程度，而且这个隔离层在电网电压下能限制漏电流不超过 5mA（CF 型设备不能超过 50μA）。测量接线见图 5-19。

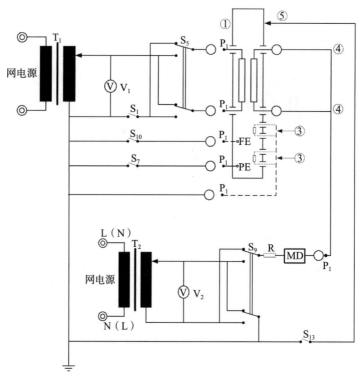

图 5-19 外来电压直接加在已浮地患者的患者漏电流测量接线路径

进行测量时，应闭合 S_1 和 S_7（如果设备为 II 类时，应断开 S_7）。在 S_5、S_9 和 S_{13} 的开、闭位置进行所有可能组合的情况下，进行测量。电阻 R 是限流用的，可以使用任意阻值的电阻器，目的是保护操作者及免除 MD 被烧毁，使流过 MD 的电流始终被限制为较低的电流值，但不应低于 5mA。图 5-19 的测量组合见表 5-8。

表 5-8 图 5-19 的测量组合

S_5	S_9	S_{13}
1	1	1
1	1	0
1	0	1
1	0	0
0	1	1
0	1	0
0	0	1
0	0	0

注：1= 开关关；0= 开关开。

7. 同类型应用部分总患者漏电流的测量（图5-20）

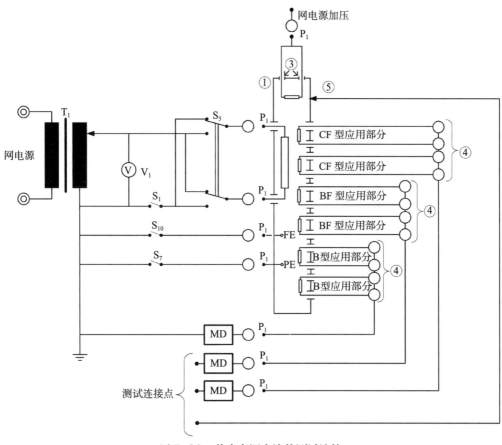

图5-20　总患者漏电流的测试连接

如图5-20所示，将同类型患者连接在一起，经过MD流到地。测量总患者漏电流时，在S_1、S_5、S_7 和 S_{10} 的开、闭位置进行所有可能组合的情况下，进行测量。图5-9~ 图5-20的符号说明见表5-9。

表5-9　图5-9~ 图5-20的符号说明

符号	说明
①	医用电气设备外壳
②	—
③	短接了的或加上负载的信号输入或信号输出部分
④	患者连接
⑤	未保护接地的可触及金属部件
T_1、T_2	具有足够额定功率值和输出电压可调的单相或多相隔离变压器
V_1、V_2	指示有效值的电压表。如可能，可用一只电压表及换相开关来代替

续表

符号	说明
S_1、S_2、S_3	模拟一根电源线中断（单一故障）的单极开关
S_5、S_9	改变电网电压极性的换相开关
S_7	模拟单一保护接地导线断开（单一故障）的单极开关
S_8	模拟单一保护接地导线断开至为医用电气设备供电的单独的电源供电装置或医用电气系统中的其他电气设备（单一故障）的单极开关
S_{10}	将功能接地端子与测量供电系统的接地点连接的开关
S_{12}	将患者连接与测量供电电路的的接地点连接的开关
S_{13}	未保护接地的可触及金属部件的接地开关
S_{14}	连接/断开患者对/被地连接的开关
P_1	连接医用电气设备电源用的插头、插座或接线端子
MD	测量装置
FE	功能接地端子
PE	保护接地端子
R	试验操作者和电路的保护阻抗，其值低至可接受高于所测漏电流的容许值的电流
……	可选择的连接

第六章
绝缘

绝缘也常被称为绝缘配合，是电气设备实现防电击安全的重要手段，在医用电气设备中，绝缘能够实现对操作者、维护人员和患者的电击防护。医用电气设备的设计、检测和认证的各个环节当中，绝缘亦是重点项目，涉及产品结构、电气参数和材料等要素。据相关的统计数据显示，在我国的电器产品中，由于绝缘系统引发的电气安全事故占了全部电气事故的一半，所以医用电气设备的绝缘配合是我们要了解的重点内容。现行用于医用电气设备的绝缘方式主要有 3 种：①使用固体材料作为介质的绝缘；②利用空气作为绝缘介质的绝缘；③利用液体材料作为介质的绝缘。使用液体作为绝缘材料多数只用于特定设备上，如 X 射线诊断设备的高压发生器中使用了绝缘油作为绝缘材料，本章不深入讨论液体绝缘的内容。

第一节　影响绝缘的因素

绝缘的意义在于现行科学技术能力和社会经济上能接受的水平限度下，根据设备的用途、使用环境和设备的预期寿命来选择设备的电气绝缘特性，只有在考虑了上述各种影响因素后，才能设计出安全的、经济的绝缘配合。影响绝缘的因素主要有 3 种情况：①设备的使用条件；②设备所处的环境；③所采用的绝缘材料或结构方式。

一、设备的使用条件

设备的使用条件主要有两方面：一是电气参数，包括所使用的电压、频率和电场形式；二是所应用的部位，例如：对操作者、患者和专业维修人员等不同部位的绝缘要求有较大的差异。

1. 与电压的关系

（1）额定的工作电压

设备在额定的工作电压下，绝缘材料的绝缘能力应该是足够的。如果使用的是固体绝缘材料，经过长时间的工作老化后，绝缘材料的绝缘能力会明显下降，当绝缘能力不足以抵抗单一故障时所产生的过电压时，正常状态下的电网波动也会将绝缘材料击穿。

（2）设备自身产生的高电压

如果设备内部有高压元件，这些高压元件产生的高电压会反过来影响设备内部系统中的其他电路。

（3）瞬态过电压

瞬态过电压与绝缘配合的关系，这与设备过电压的条件有关。在系统或设备中，存在多种过电压的形式，例如：开关的闭合或打雷都可能会引起较高的瞬态过电压。设备的过电压是通过统计的方法来评定的，反映了一种发生概率的概念，并可通过概率统计的方法来决定是否需要保护控制或需要的防护程度。

2. 与频率和电场的关系

研究指出，较低频率的电压对绝缘的影响相差不大，所以在很多电气产品中，允许使用相同数值的直流电压来检验设备绝缘能力。对于使用在高频率部位的绝缘材料，情况有很大差别，例如：开关电源中高频变压器的绝缘材料，与普通线性变压器所用的绝缘材料的介电常数要低得多。

电场的形式也会影响绝缘的要求，在海拔低于 2000m 时，均匀电场的绝缘要求高于非均匀电场；高于 2000m 时，非均匀电场的绝缘要求高于均匀电场。通常情况下，一般认为设备处在非均匀电场情况中。

3. 与应用部位的关系

绝缘所处的位置不同，应用目的不同，绝缘程度的要求也不尽相同。如对操作者的绝缘，根据 GB 9706.1—2020 的要求，其绝缘能力能符合 IT 设备外壳防护能力就可以；对于与患者接触的部件，既要符合对患者的双重防护能力，其电介质强度、爬电距离和电气间隙的要求均应高于设备外壳的防护能力；对专业维修人员，只要符合基本绝缘的要求即可。例如：一台医用电气设备的额定输入电压为 220V，进行电介质强度试验时，未保护接地设备外壳和电源部分之间试验电压为 3000V，保护接地设备外壳和电源部分之间试验电压为 1500V，电源和应用部分之间的试验电压为 4000V，可见其防护目的的不一样，绝缘要求的程度会有很大的差异。

二、环境对绝缘的影响

绝缘介质的绝缘能力和所处的环境密切相关，从目前的研究来看，气压、温度和湿度是影响绝缘性能的主要环境因素。此外，还有一些可能会影响到绝缘能力的其他因素，如粉尘的积聚会降低绝缘性能，也是我们需要注意的，在进行绝缘配合设计的时候要综合考虑各种影响绝缘的因素。

1. 气压的影响

气压对绝缘的影响已经有充分的理论依据，研究发现，当压力从一个大气压力开始下降时，绝缘材料的绝缘能力也相应下降，但这种下降是比较缓慢的，当大气压力为 500kPa 时，绝缘材料的绝缘能力降到最低点，大气压力继续下降，绝缘能力却急剧上升，在 10^{-1}Pa 时趋向稳定状态（图 6-1）。

图 6-1 中曲线所示，当气压降低到 500kPa 附近时，空气绝缘最容易被击穿，当气压继续下降时，绝缘能力却增强了。

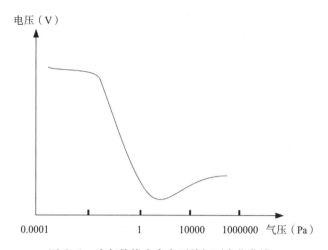

图 6-1　空气绝缘击穿电压随气压变化曲线

空气绝缘在受到高电压应力时，击穿的产生与空间中气体分子密度有很大关系，在高电压下，空气两极间的自由离子向各相应电极加速飞去，过程中会撞击分布于当中的气体分子，被碰撞的分子有可能受激发而被电离为离子，大量离子形成后，就会出现类似"雪崩"效应，最终导致击穿。在气体分子密度较高的情况下，被电离的离子于加速之初就可能撞上气体分子，由于离子加速距离短，能量不足以击破被撞的气体分子，反而降低了自身速度及改变运行方向，所以不容易导致击穿。在气体分子密度较低的情况下，离子撞上分子的概率较低，而且有较大距离让离子加速到高能状态，撞到其他气体分子时可以形成更多的离子，所以更容易被击穿。在气体分子非常稀薄的情况下，例如：接近高真空时，由于没有带电离子和分子，其击穿与气压已经无关。真空状态被击穿的原因是在极高电压情况下，一些吸附在绝缘材料的物质获得能量被解吸附，释放出气体分子而导致被击穿（图 6-2）。

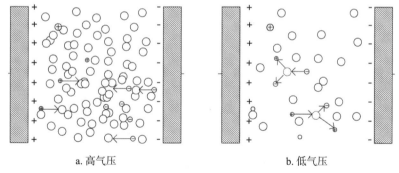

a. 高气压　　　　　　　　　　　　　　b. 低气压

图 6-2　不同密度气体电离的微观状态

在实际应用中，主要影响气体密度的因素是海拔高度，所以用海拔高度来替代单位体积中气体分子数量的不同的情况（表 6-1）。

表 6-1　海拔小于 5000m 的电气间隙倍增系数

额定操作高度（a）（m）	正常大气压力（kPa）	操作者防护的倍增因数	患者防护的倍增因数
a ≤ 2000	80.0	1.00	1.00

额定操作高度（a）（m）	正常大气压力（kPa）	操作者防护的倍增因数	患者防护的倍增因数
2000＜a≤3000	70.0	1.14	1.00
3000＜a≤4000	62.0	1.29	1.14
4000＜a≤5000	54.0	1.48	1.29

注：1. 操作者防护手段的倍增因数与 GB 4943 有关，其规定了海拔高度小于 2000m 的电气间隙。
    2. 患者防护手段的倍增因数与 GB 9706.1 有关，其规定了海拔高度小于 3000m 的电气间隙的间距。

2. 温度和湿度对绝缘的影响

温度对绝缘介质的影响很大，当温度升高时，介质中的分子获得更高的能量，其活性增强，绝缘阻抗是随温度上升而减小，容易造成被击穿。在长期的高温作用下，会促使绝缘材料产生各种化学反应，降低了材料的绝缘性能。

湿度也是影响绝缘的主要因素之一，在湿度较高的情况下，绝缘体的表面会吸附一定的水分子，甚至在材料表面上形成水膜，使其绝缘阻抗明显降低。所以在进行产品设计和检验的时候，温度和湿度是不可以忽略的因素。

3. 微环境条件

微环境污染能降低空间距离的绝缘能力，绝缘能力相同的设备，所处不同污染环境下的安全程度是不一样的，因为受到污染后的绝缘性能会明显降低。在相同的工作电压下，不同污染等级设备的电气间隙和爬电距离要求不同。根据微环境污染情况的不同，在 GB 9706.1—2020标准中，把环境污染分别分成 4 个等级（表 6-2）。

表 6-2　污染等级说明

污染等级	污染情况	出现的场合
P1	没有污染物沉积，或者只有干燥的、无导电性的污染物沉积，污染不会对安全产生影响	完全密封的元器件内部，并且不会产生导电性的灰尘（如碳粉、金属末等）
P2	只有干燥的、无导电性的污染物沉积，偶尔有冷凝现象	普通使用条件下。通常大部分设备都是在这种情况下使用
P3	出现具有导电性的污染物沉积，或者预期会出现冷凝现象，不管污染物沉积是否具有导电性	比较恶劣的使用环境，包括室外
P4	由导电性粉尘、雨水或雪花引起持久导电性的污染物堆积	非常恶劣的使用环境，由电刷产生的碳粉的整流电动机内部

三、绝缘材料及其结构方式

绝缘材料形式多样，效果也相差甚远。固体绝缘材料不同于气体，是一种一旦遭到破坏便不可恢复的绝缘介质，绝缘材料在长期的使用中，即使偶然发生的过电压事件也有可能造成永久损坏，如放电事故等。绝缘材料本身由于长期积累了各种难以避免的因素，如热应力、温度、机械冲击等应力，会加速其老化过程。绝缘材料的品种繁多，衡量绝缘材料的特性指标也很多，但不统一，给绝缘材料的选择和使用带来一定难度，这也是目前从国际上对绝缘材料的其他特性，如热应力、机械特性、局部放电等指标暂不予以考虑的原因。上述应力对绝缘材料的影响在 IEC 的出版物中已开始有了一些论述，对实际应用能起一些定性的指导作用，要实现定量的指导，还没能做到。目前，低压电器产品中作为定量指导绝缘材料的指标使用较多的有相比漏电起痕指数（CTI）值，分为三组四类，这也不是直接的解决办法。

此外，绝缘材料的结构形式也是影响绝缘性能的重要指标，例如：采用多层形式，总的厚度比单层更加薄也可以达到同样甚至更高的要求。

第二节　固体绝缘

固体绝缘材料也被称为固体电介质，本节主要介绍固体电介质击穿的原理。

一、电介质含义

电介质是指在外电场的作用下，电介质中被束缚的电荷产生位移运动，这种位移是非常小的，没有脱离原子范围，不像导体中的自由电子那样脱离所属的原子作宏观移动的物质。电介质所涉及的物质种类很广泛，包括生命物质、有机物和无机物等。本节只介绍电介质的原理和击穿过程，为实现电绝缘提供理论依据。

二、电介质击穿形式

电介质在电场的作用下会产生电极化，电极化的基本过程有 3 个层次：

——原子核外电子云的畸变极化。

——分子中正、负离子的（相对）位移极化。

——分子固有电矩的转向极化。

在这 3 个过程中，电场能级是逐渐增强的，在电介质的内部，会产生不均匀的电场，在电场强度超过电介质的击穿电压后，就会使固体电介质丧失电绝缘能力突变为良导电状态。固体电介质发生击穿后，流过的电流迅速增大，电介质中会出现熔化或烧焦的痕迹，甚至由于电流的冲击而产生机械损伤。固体电介质的这些变化是不可逆的，不能自行恢复原来的绝缘性能。使用脆性材料作为电介质，击穿时常会伴随材料的碎裂，例如：一些医用电气设备使用这种原理来实现人体内的微爆破来进行碎石。

固体电介质的击穿可分为 3 种形式：电击穿、热击穿和电化学击穿。同一种电介质中发生何种形式的击穿，取决于不同的外界因素。随着击穿过程中固体电介质材料的物理变化，击穿过程也可以从一种形式转变为另一种形式或同时存在着多种形式。

1. 电击穿

又称本征击穿。电介质中存在的少量传导电子在强外电场加速下得到能量，若电子与点阵碰撞损失的能量小于电子在电场加速过程中所增加的能量，则电子继续被加速而积累起相当大的动能，足以在电介质内部产生碰撞电离，形成电子雪崩现象，结果导电性能急剧上升，最后导致击穿。在日常生活中，电击穿常发生于瞬间的电压升高，持续的时间小于 1 分钟时，才是较纯粹的电击穿。

2. 热击穿

电极间介质在一定外加电压作用下，材料的高阻抗最初仅引起极小的电流。电流产生的焦耳热量导致样品温度升高，材料的导电能力随温度升高而迅速增大，反过来又促进发热量升高。若电介质及周围环境的散热条件不好，则上述过程循环往复，互相促进，最后使样品内部的温度不断升高而引起击穿损坏。常在电介质薄弱处产生线状击穿沟道。击穿电压与温度有指数关系，与样品厚度成正比；但对于较薄的样品，击穿电压比例于厚度的平方根。热击穿还与介质电导的非线性有关，当电场增加时电阻下降，热击穿一般出现于较高环境温度。热击穿时一般高电压持续的时间较长，从几分钟到数十小时不等。

3. 化学击穿

在电场、温度等因素作用下，固体电介质发生缓慢的化学变化，性能逐渐劣化，最终丧失绝缘能力，从而由绝缘状态突变为良导电状态。电化学击穿过程包括两部分：①因固体电介质发生化学变化而引起的电介质老化；②与老化有关的击穿过程。

以上 3 种击穿类型常是某一种为主导，其他两种原因的叠加，在本书中，侧重考虑电击穿。

三、影响因素

影响固体电介质击穿电压的主要因素有：电场的不均匀程度，作用电压的种类及施加的时间，温度，固体电介质性能、结构，电压作用次数，机械负荷，受潮等。

1. 电场的不均匀程度

均匀、致密的固体电介质在均匀电场中的击穿场强可达 1~10MV/cm。击穿场强决定于物质的内部结构，与外界因素的关系较小。当电介质厚度增加时，由于电介质本身的不均匀性，击穿场强会下降。电场越不均匀，击穿场强下降越多。电场局部加强处容易产生局部放电，在局部放电的长时间作用下，固体电介质将产生化学击穿。

2. 作用电压时间、电压类型

固体电介质的 3 种击穿形式与电压作用时间有密切关系。同一种固体电介质，在相同电场分布下，其冲击击穿电压通常大于工频击穿电压，且直流击穿电压也大于工频击穿电压。交流电压频率增高时，由于局部放电更强，介质损耗更大，发热严重，更易发生热击穿或导致化学击穿提前到来。

3. 温度

当温度较低，处于电击穿范围内时，固体电介质的击穿场强与温度基本无关。当温度稍高，固体电介质可能发生热击穿。周围温度越高，散热条件越差，热击穿电压就越低。

4. 固体电介质性能、结构

工程用固体电介质往往不很均匀、致密，其中的气孔或其他缺陷会使电场畸变，损害固体电介质。电介质厚度过大，会使电场分布不均匀，散热不易，降低击穿场强。固体电介质本身的导热性好，电导率或介质损耗小，则热击穿电压会提高。

5. 电压作用次数

当电压作用时间不够长，或电场强度不够高时，电介质中可能来不及发生完全击穿，而只发生不完全击穿。这种现象在极不均匀电场中和雷电冲击电压作用下特别显著。在电压的多次作用下，一系列的不完全击穿将导致介质的完全击穿。由不完全击穿导致固体电介质性能劣化而积累起来的效应称为累积效应。

6. 机械负荷

固体电介质承受机械负荷时，若材料开裂或出现微观裂缝，击穿电压将下降。

7. 受潮

固体电介质受潮后，击穿电压将下降。

根据上述的一些影响因素，我们可以采取措施来提高击穿电压，主要措施有：①改善电场分布，如电极边缘的固体电介质表面涂半导电漆；②调整多层绝缘中各层电介质所承受的电压；③对多孔性、纤维性材料经干燥后浸油、浸漆，以防止吸潮，提高局部放电起始电压；④加强冷却，提高热击穿电压；⑤改善环境条件，防止高温，避免潮气、臭氧等有害物质的侵蚀。

第三节　电介质强度试验

医用电气产品在使用过程中，与其连接的电网因雷电、开关过度或感应等情况而带来瞬态过电压，会造成绝缘材料的损伤甚至击穿。电介质强度试验就是为检验医用电气设备固态电气绝缘性能的重要方法，利用高电压的手段来检验电气绝缘结构中是否存在薄弱环节和缺陷，如绝缘材料存在的微气泡。在进行电介质强度试验时，试验部位的选定、绝缘等级判定和试验电压的计算是重点内容。

一、部位和绝缘等级的选用

只有在熟悉产品的结构和各部件的用途后，才能设计出安全而又经济的绝缘配合。在下列部件之间的组合，应该考虑其隔离要求：

——带电部件。

——分离电路。

——接地系统。

——可触及的外壳。

——信号电路。

——患者回路。

使用绝缘图表的方式，能简单而明了地表达各部件之间的绝缘配合关系，适合各层次的人员交流。在 GB 9706.1 标准中，已经明确要求所有能触摸到的部件，都应达到双重防护，而且也给出了各部位之间的要求。

1. 带电部件和保护接地之间的隔离（图 6-3）

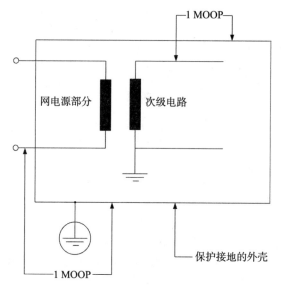

图 6-3　带电部件和保护接地之间的绝缘

　　在带电部件和保护接地之间的绝缘。当可接触及部件已采取 1MOOP（操作者保护方式）和带电部件进行隔离时，如果可触及的部件保护接地，在单一故障情况下，1MOOP 失效，保护接地系统可以产生极大的瞬间电流，把熔断器烧断，从而实现安全保护，所以 1MOOP+ 保护接地可以实现双重的安全防护。

2. 带电部件和未保护接地外壳之间隔离（图 6-4）

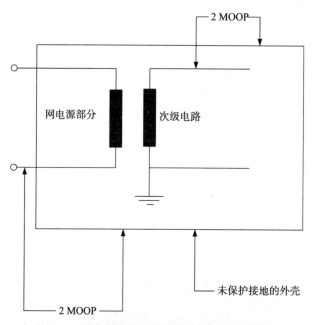

图 6-4　带电部件和未保护接地外壳之间的绝缘

图 6-4 中，由于外壳没有保护接地，按双重防护的原则，即使在单一故障情况下，外壳部件也是不能带电的，所以外壳和带电部件之间的绝缘应达到 2MOOP 的要求。

3.信号电路和非信号电路的带电部件之间隔离（图6-5）

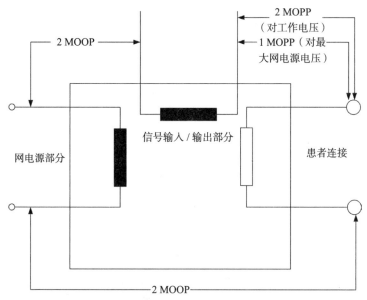

图 6-5　信号电路和非信号电路的带电部件之间的绝缘要求

信号电路是用来向其他设备传输和（或）接收信号，与其他设备进行了电气连接。对于信号电路，如果和其他部件之间的绝缘能力不足，在单一故障状态下，可能引入外来危险或会给其他设备带来危险。信号电路端口容易被人触及，安全程度等同于外壳，这就要求信号电路和带电部分之间实现双重防护的能力。信号电路保护接地理论上可以成立，但实际上难以实现，因为要在印刷电路板上实现 0.1Ω 的低阻抗和承受 25A 的大电流，就需要很大截面积的导体，从而造成印刷电路板面积大大增加，从技术和经济的因素去考虑，这种设计方式都不可取。根据实际的情况，在 GB 9706.1 标准中，已经把信号电路保护接地这种结构方式删除了。

信号电路可以根据功能的需要进行功能接地，前提是必须实现对带电部件达到双重绝缘的要求（图 6-5）。

4.网电源部分相反极性之间（图6-6）

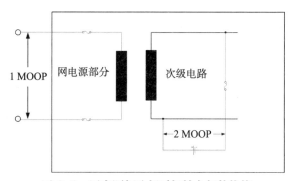

图 6-6　网电源部分相反极性之间的绝缘

在图 6-6 中，网电源正常接通的情况下，电流通过变压器绕组流过，在这个回路中，如果相线与中性线靠得近，有可能出现短接现象。如果短接出现在保险丝之后，由保险丝提供防护，不会出现电气安全方面的危险（因电源中断而导致的功能安全除外），如果短路出现在保险丝之前，因为没有其他防护，就会导致高风险的产生，所以在保险丝之前的相线和中性线应该有一定的绝缘要求。鉴于建筑物电网系统必须安装过流保护装置，这里只要求能承受 1MOOP 的介电强度试验即可。

图 6-6 中有一个内部电源，现在很多电池的电容量比较大，短路时产生较大的热能，甚至可能会导致爆炸。除非电池进行了短路试验，证明其不会导致超温和爆炸，否则，应该在电池电路安装过流保护装置，而且正、负极间导线爬电距离和介电强度试验应符合 2MOOP 的要求。对于不需要工具即可更换电池的设备，应该考虑可能更换其他类型电池所带来的风险。

5. 含有内部部件的绝缘（图 6-7）

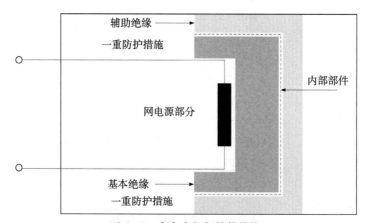

图 6-7　含有内部部件的绝缘

含有内部部件的绝缘，网电源部分与内部部件间达到一重防护措施，内部部件与外部可触及部件或应用部分之间达到一重防护措施，由此形成了两重防护措施。例如：基本绝缘加上辅助绝缘结合形成了双重绝缘是认可的双重防护措施的一种形式。

6. 应用部分（患者电路）和带电部分的绝缘（图 6-8）

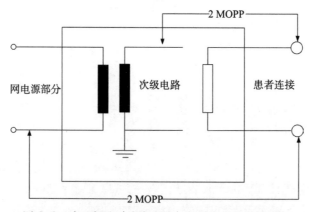

图 6-8　应用部分（患者电路）和带电部分的绝缘图

由于是应用部分，因此，需要考虑患者防护措施。图 6-8 中可以看出，网电源部分与应用部分需要达到双重患者防护措施的要求，次级电路与应用部分也需要达到双重防护措施的要求，参考电压为绝缘上的工作电压。

7.F 型应用部分和外壳之间的绝缘（包括信号输入输出部分在内）（图 6-9）

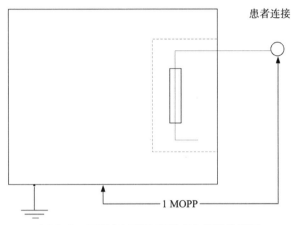

图 6-9　F 型应用部分和外壳之间的绝缘图

在图 6-9 中，应用部分和外壳之间需要实现一定的隔离，是考虑到设备在使用过程中，尤其是便携式设备，经常被移动，设备外壳会意外接触到外来电压。这些外来电压的引入可能会对患者造成危害，因其引入的电压来源具有不确定性，鉴于网电源电压是风险较高的一种，其触及的概率也较高，所以工作电压选用网电源电压。引入外来电压可以认为是非常态，所以应用部分和外壳实现 1MOPP 即可。

8.有电压输出的 F 型应用部分和外壳之间的绝缘（图 6-10）

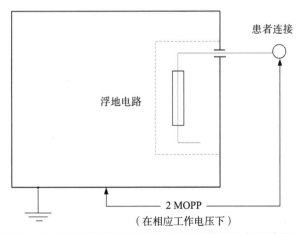

图 6-10　有电压输出的 F 型应用部分和外壳之间的绝缘图

图 6-10 中，当应用部分有电压输出时，应用部分对外壳等部件具有一定的电应力，为了防止操作人员在正常工作时触摸到设备的外壳而导致危险，则应使设备的外壳和应用部分之间有一定的绝缘要求。由于应用部分输出的电压是正常状态，按照双重防护的原则，外壳和应用

部分之间的绝缘应是 2MOPP，工作电压选择应用部分正常输出时的电压。

二、试验电压值的计算

计算进行绝缘试验所需要的电压值，主要考虑两方面的内容，一是工作电压的选取，二是绝缘类别的判定。

1. 工作电压的选取

绝缘层间的工作电压选取，是设备在正常使用时，设备施加额定供电电压出现在绝缘系统中所能出现的最大电压，在选取时主要有两种情况。

（1）选绝缘最大电压值的一端（图 6-11）

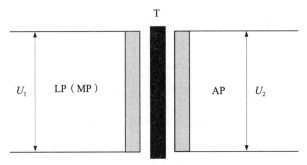

图 6-11　隔离变压器绝缘图

从图 6-11 中可以看出，AP 端和 LP（MP）端之间进行了隔离，AP 端和地之间没有任何连接，在这种情况下，工作电压值选取 U_1 或者 U_2 中较高的电压为工作电压。

（2）选取任何两点间最高电压的算术和（图 6-12）

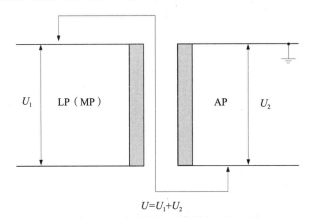

$$U=U_1+U_2$$

图 6-12　一端接地的隔离变压器绝缘图

从图 6-12 中可以看出，AP 端和 LP（MP）端之间进行了隔离，AP 端是接地的，在这种情况下，工作电压选取 U_1 和 U_2 电压的算术和。

2. 试验电压值的选取

根据工作电压值和绝缘类型的要求不同，是可以查表计算的，这些要求在 GB 9706.1 标准中有详细描述（表 6-3）。

表6-3 试验电压

峰值工作电压（U）（V）峰值	峰值工作电压（U）（V）d.c.	a.c. 试验电压（V）r.m.s.							
		对操作者的防护措施				对患者的防护措施			
		网电源部分防护		次级电路防护		网电源部分防护		次级电路防护	
		1 MOOP	2 MOOP	1 MOOP	2 MOOP	1 MOPP	2 MOPP	1 MOPP	2 MOPP
$U < 42.4$	$U < 60$	1000	2000	无需试验	无需试验	1500	3000	500	1000
$42.4 < U \leqslant 71$	$60 < U \leqslant 71$	1000	2000	见 GB 9706.1 表7	见 GB 9706.1 表7	1500	3000	750	1500
$71 < U \leqslant 184$	$71 < U \leqslant 184$	1000	2000	见 GB 9706.1 表7	见 GB 9706.1 表7	1500	3000	1000	2000
$184 < U \leqslant 212$	$184 < U \leqslant 212$	1500	3000	见 GB 9706.1 表7	见 GB 9706.1 表7	1500	3000	1000	2000
$212 < U \leqslant 354$	$212 < U \leqslant 354$	1500	3000	见 GB 9706.1 表7	见 GB 9706.1 表7	1500	4000	1500	3000
$354 < U \leqslant 848$	$354 < U \leqslant 848$	见 GB 9706.1 表7	3000	见 GB 9706.1 表7	见 GB 9706.1 表7	$\sqrt{2}$ U+ 1000	$2 \times (\sqrt{2}$ U+ 1500)	$\sqrt{2}$ U+ 1000	$2 \times (\sqrt{2}$ U+ 1500)
$848 < U \leqslant 1414$	$848 < U \leqslant 1414$	见 GB 9706.1 表7	3000	见 GB 9706.1 表7	见 GB 9706.1 表7	$\sqrt{2}$ U+ 1000	$2 \times (\sqrt{2}$ U+ 1500)	$\sqrt{2}$ U+ 1000	$2 \times (\sqrt{2}$ U+ 1500)
$1414 < U \leqslant 10000$	$1414 < U \leqslant 10000$	见 GB 9706.1 表7	见 GB 9706.1 表7	见 GB 9706.1 表7	见 GB 9706.1 表7	$U/\sqrt{2}$ + 2000	$\sqrt{2}$ U+ 5000	$U/\sqrt{2}$ + 2000	$\sqrt{2}$ U+ 5000
$10000 < U \leqslant 14140$	$10000 < U \leqslant 14140$	$1.06 \times U/\sqrt{2}$	$1.06 \times U/\sqrt{2}$	$1.06 \times U/\sqrt{2}$	$1.06 \times U/\sqrt{2}$	$U/\sqrt{2}$ + 2000	$\sqrt{2}$ U+ 5000	$U/\sqrt{2}$ + 2000	$\sqrt{2}$ U+ 5000
$U > 14140$	$U > 14140$	如有必要，由专用标准规定							

注：r.m.s. 为真有效值；a.c. 为交流电；d.c. 为直流电。

3.图 6-3~ 图 6-12 符号说明（表6-4）

表6-4 图 6-3~ 图 6-12 符号说明

符号	说明
LP（MA）	表示电源初级

符号	说明
$\sim$	表示试验电压
SIP/SOP	表示信号输入 / 输出接口
LP	表示电源次级 / 中间电路
AP	表示应用部分（患者电路）
⏚	表示保护接地
⏟	表示功能接地
⊣⊢	表示内部电池
×	表示中断
T	表示变压器铁芯

三、样品预处理

设备在使用、运输或安装过程中可能会受到机械应力冲击的固体绝缘部件，在进行电介质强度试验前，应进行相关的模拟冲击或振动试验（如外壳部件）。

样品在常态环境下的电介质强度试验中，设备在不工作的情况下，放置于试验场所至少24小时，然后让设备正常运转一段时间，当所有部件达到热平衡的状态后进行电介质强度试验。对于加热元件，最不利的情况是使加热器在测量过程中保持加热工作状态。对于一些正常使用过程中需要处理液体的医用电气设备，在经过风险管理确定的试验后，能承受电介质强度试验。

样品除了在常态下预处理后进行试验外，还需要在潮湿预处理后进行试验。潮湿预处理是一种模拟和替代试验，主要为解决两个现实问题：①可以模拟多数地方都不会超过的湿度环境，以诱发绝缘材料吸水性对固体绝缘电气性能的影响；②替代了老化试验，因为对绝缘层进行实际的老化试验需要很长的时间，时间和成本都消耗很大，用潮湿预处理的方法来降低绝缘材料的性能，也是可以接受的方式。潮湿预处理要在医用电气设备或其部件所在位置空气的相对湿度为93%±3%的潮湿箱中进行试验。箱内其他位置的湿度条件可以有±6%的变化。箱内能放置医用电气设备或其部件的所有空间里的空气温度，要保持在20~30℃这一范围内任何适当的温度值 $T\pm2$℃。医用电气设备或其部件在放入潮湿箱之前，置于温度 T~$T+4$℃的环境中，并在开始潮湿预处理前至少保持此温度4小时。普通设备在环境试验室内至少停留48小时，对液体有防护能力的设备，至少停留7天。潮湿预处理后马上进行检验。

电介质强度试验的主要目的是考核绝缘材料的绝缘性能，对于一些即使故障也和安全无关的器件，可以考虑不需要承受电压的试验，甚至不进行潮湿预处理的试验，例如：计算机系统中所使用到的高密度存贮介质（如各种存储卡等），可以拆除后进行潮湿预处理。次级回路中的软开关不必闭合。

四、试验电压的施加

进行试验时应注意 3 个方面的问题：①试验电路的连接；②对一些影响试验的非隔离元件的措施；③通电时应注意的问题。

1. 试验电路的连接

在绝缘的某一端，如果有多个端子，应把所有的外部接线端子连接到一起，以免造成同侧电位不均而在通电瞬间损坏元件。设备的开关或控制设备的继电器等应处于闭合状态或用导线接通，电压阻断元件（如整流二极管）的接线端子应连接在一起，防止出现试验电压没有到达绝缘处的现象。

2. 非隔离元件的影响

电介质强度试验目的是考核绝缘材料性能，如果一些非隔离元件会影响试验结果，可以对这些元件采取一定的措施。例如：被试绝缘间并联了功率消耗和电压的限制器件，在进行试验时，因为高压发生器检测到泄漏电流过高而停止输出，这种情况并不是击穿，可以把这些器件从接地端断开。

又如为满足电磁兼容（EMC）要求所用到的高频滤波器，当中所用到的元件应该单独满足电压冲击试验，在进行交流电介质强度试验时有必要将其隔离。

3. 通电时应注意的问题

（1）接通试验电压时，输出的电压值不能超过额定试验电压值的一半，然后在 10 秒内把电压逐渐升高到规定的电压值，保持 1 分钟，之后在 10 秒内把电压降到电压值一半以下。试验时瞬间的高电压突变容易造成试验材料被击穿，试验时应避免这些问题。

（2）所用的电压波形，应是正常使用时作用于绝缘材料的相同波形，注意同样的绝缘材料遇到高频时绝缘能力会降低。

（3）国际电工委员会没有对击穿电流限值进行规定。在电介质强度试验时，泄漏电流可能会慢慢的升高，逐渐超过检验仪器的报警值，也可能是泄漏电流迅速而不受控地增大超过报警值。如果是迅速增大，可以判定其为电击穿，如果是缓慢超过，可以把报警值设置到更高的数值，一般不能超过 100mA（图 6-13 和 6-14）。

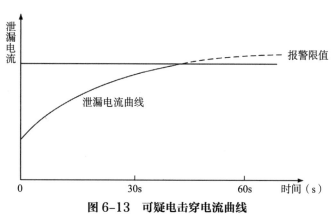

图 6-13 可疑电击穿电流曲线

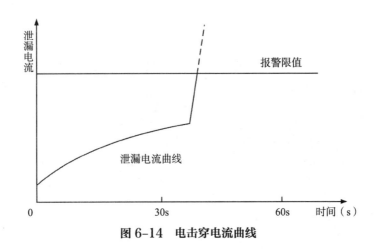

图 6-14　电击穿电流曲线

第四节　电气间隙和爬电距离

最小电气间隙是指两个导体部件之间的最短空气路径，最小爬电距离是指沿两个导体部件之间绝缘材料表面的最短路径。在电气产品的安全设计中，电气间隙和爬电距离是最基础内容之一。产品设计成型后，当发现电气间隙或爬电距离达不到安全要求时，常采用在导体的两端增加绝缘槽或绝缘块的方式进行整改，这两种方式在印刷电路板上不容易实施，最后可能要重新进行设计，从而增大了成本。

一、电气间隙和爬电距离的意义

电气间隙是为使绝缘承受可能在电路中出现的，由外部事件（如雷击或开关过渡过程）引起的，或者由设备运行引起的最大瞬态过电压。如果瞬态过电压不可能发生，则电气间隙按最大工作电压来规定。

爬电距离是考核绝缘在给定的工作电压和污染等级下的耐受能力。

二、电气间隙和爬电距离的量值

电气间隙和爬电距离的量值是由多种因素决定的，主要影响量值的因素有以下 6 种。

1. 防护措施类型

防护措施类型是确定电气间隙和爬电距离数值的重要因素。防护措施类型按防护对象区分为操作者的防护措施和患者的防护措施，按防护程度可区分为 1 层防护或 2 层防护结构（表 6-5~ 表 6-8 ）。

表 6-5　提供患者防护措施的最小爬电距离和电气间隙

工作电压 （V）d.c.	工作电压 （V）r.m.s	对患者实现一层防护距离		对患者实现双重防护距离	
		爬电距离(mm)	电气间隙(mm)	爬电距离(mm)	电气间隙(mm)
17	12	1.7	0.8	3.4	1.6

工作电压（V）d.c.	工作电压（V）r.m.s	对患者实现一层防护距离		对患者实现双重防护距离	
		爬电距离（mm）	电气间隙（mm）	爬电距离（mm）	电气间隙（mm）
43	30	2	1	4	2
85	60	2.3	1.2	4.6	2.4
177	125	3	1.6	6	3.2
354	250	4	2.5	8	5
566	400	6	3.5	12	7

表 6-6　网电源对操作者防护的最小电气间隙

工作电压		网电压≤150V 瞬时网电压1500V				150V＜网电压 ≤300V 瞬间网电压2500V		300V＜网电压 ≤600V 瞬间网电压4000V	
峰值电压或直流电压	电压 r.m.s	污染等级1和2		污染等级3		污染等级1、2和3		污染等级1、2和3	
V	V	1 MOOP	2 MOOP	1 MOOP	2 MOOP	1 MOOP	2 MOOP	1 MOOP	2 MOOP
210	150	1.0	2.0	1.3	2.3	2.0	4.0	3.2	6.4
420	300	1 MOOP 2.0, 2 MOOP 4.0						3.2	6.4
840	600	1 MOOP 3.2, 2 MOOP 6.4							

表 6-7　次级电路对操作者防护的最小电气间隙

工作电压		次级回路瞬时值≤800V 网电压≤150V				次级回路瞬时值≤1500V 150V＜网电压≤300V				次级回路瞬时值 ≤2500V 300V＜网电压 ≤600V		回路不会导致瞬时过压	
峰值电压或直流电压	电压 r.m.s	污染等级1和2		污染等级3		污染等级1和2		污染等级3		污染等级1、2和3		污染等级仅为1和2	
V	V	1 MOOP	2 MOOP	1 MOOP	2 MOOP	1 MOOP	2 MOOP	1 MOOP	2 MOOP	1 MOOP	2 MOOP	1 MOOP	2 MOOP
71	50	0.7	1.4	1.3	2.6	1.0	2.0	1.3	2.6	2.0	4.0	0.4	0.8
140	100	0.7	1.4	1.3	2.6	1.0	2.0	1.3	2.6	2.0	4.0	0.7	1.4
210	150	0.9	1.8	1.3	2.6	1.0	2.0	1.3	2.6	2.0	4.0	0.7	1.4
280	200	1 MOOP 1.4, 2 MOOP 2.8								2.0	4.0	1.1	2.2
420	300	1 MOOP 1.9, 2 MOOP 3.8								2.0	4.0	1.4	2.8
700	500	1 MOOP 2.5, 2 MOOP 5.0											

表 6-8　提供操作者防护的最小爬电距离

工作电压（V）r.m.s 或 d.c.	对操作者的单重防护距离					
	污染等级 1	污染等级 2			污染等级 3		
	材料组别	材料组别			材料组别		
	I，II，IIIa，IIIb	I	II	IIIa 或 IIIb	I	II	IIIa 或 IIIb
50	用合适的电气间隙来衡量	0.6	0.9	1.2	1.5	1.7	1.9
100		0.7	1.0	1.4	1.8	2.0	2.2
125		0.8	1.1	1.5	1.9	2.1	2.4
150		0.8	1.1	1.6	2.0	2.2	2.5
200		1.0	1.4	2.0	2.5	2.8	3.2
300		1.3	1.8	2.5	3.2	3.6	4.0
400		1.6	2.2	3.2	4.0	4.5	5.0
600		2.0	2.8	4.0	5.0	5.6	6.3
800		3.2	4.5	6.3	8.0	9.6	10.0
1000		4.0	5.6	8.0	10.0	11.0	12.5
		5.0	7.1	10.0	12.5	14.0	16.0

2. 环境污染等级的影响

环境污染等级会造成爬电距离和电气间隙的要求不同，见上表 6-2、表 6-6、表 6-7 和表 6-8。

3. 大气压力

大气压力的变化对绝缘能力的影响前面已经提过了，不同的海拔高度大气压力不同，电气间隙值需要考虑大气压力的影响，表 6-1 给出了不同海拔高度对应的倍增系数，因此，在确定电气间隙规定值时，需要将查到的电气间隙值乘以倍增系数进行修正（表 6-1）。

4. 材料组别

材料组别是针对爬电距离来说的，当绝缘材料受到污染的表面由于干燥而使泄漏电流分断时，其闪烁过程集中释放出来的能量使绝缘材料受到损伤，根据绝缘性能从不衰变到形成导电通路的损伤等程度的不同，分成四组，即 I 组、II 组、IIIa 组和 IIIb 组，不同组别的材料在相同的工作电压和绝缘等级的爬电距离是不同的（表 6-8）。

5. 工作电压

工作电压是决定电气间隙和爬电距离的重要因素，原因等同于电介质强度。

6. 电路类型

不同的电路类型其安全性相差很大，例如：网电源电路的风险最高，患者电路次之，之后为操作者电路、通信电路和次级电路等（表 6-6 和表 6-7）。

三、测量

1. 凹槽横向 X 值的确定

凹槽横向 X 值根据污染等级确定。

对于操作者防护措施的横向凹槽，如果规定的最小电气间隙≥3mm，那么横向凹槽的爬电距离最小间隙（X）污染等级1的为0.25mm、污染等级2的为1.0mm、污染等级3的为1.5mm。如果规定的最小电气间隙＜3mm，那么横向凹槽的爬电距离最小间隙（X）是前面段落中的相关数值，或所规定最小电气间隙的1/3，二者中的较小值。

对于患者的防护措施的凹槽横向的爬电距离最小间隙（X）值是污染等级1和污染等级2为1mm，对于污染等级3为1.5mm。

任何小于80°的内角，假定在最不利位置处用一根Xmm的绝缘连线桥接起来。当跨过槽顶的距离大于或等于Xmm时，爬电距离就不应该直接跨过该槽顶。

2.注意事项

电气间隙和爬电距离的测量属于长度的测量，但要得到比较准确的数值，还要注意很多细节问题。

（1）任何宽度不足Xmm的槽或空气间隙的爬电距离，只考虑其空间距离。

（2）未粘合紧密的绝缘体，不作为有效的独立绝缘。

（3）选取精度为0.01mm的测量工具进行测量。

（4）测量时应在至少10倍以上带刻度的放大镜下进行测量。

（5）为确定爬电距离，可在两个最接近的数值之间进行线性插值。

（6）计算得到的爬电距离不得小于测量到的电气间隙。

（7）有相对运动的部件之间的爬电距离和电气间隙应将部件放在最不利位置进行测量。

3.测量路径举例（表6-9）

表6-9　爬电距离和电气测量路径距离

爬电距离和电气间隙——示例1	条件	考虑的距离为平坦表面
	规则	可以直接在表面上测量爬电距离和电气间隙
爬电距离和电气间隙——示例2	条件	考虑的距离包括一个两侧平行或两侧收敛而宽度小于Xmm任意深度的槽
	规则	直接跨过槽测量爬电距离和电气间隙
爬电距离和电气间隙——示例3	条件	考虑的距离包括一个两侧平行，宽度等于或大于Xmm任意深度的槽
	规则	直线距离为电气间隙；爬电距离则沿着槽的轮廓
爬电距离和电气间隙——示例4	条件	考虑的距离包括一个槽宽度大于Xmm，内角小于80°的"V"形槽
	规则	电气间隙是直线距离；爬电距离则沿着槽的轮廓。但用一段长Xmm的线段将槽底"短接"，该线段被视为爬电距离
爬电距离和电气间隙——示例5	条件	考虑的距离包括一个加强肋
	规则	电气间隙是加强肋顶部最短的直接空间距离。爬电距离随着加强肋的轮廓变化

爬电距离和电气间隙——示例 6	条件	考虑的距离包括一个未粘合的连接（参见 GB 9706.1—2020 条款 8.9.3），且每边各有一个宽度小于 Xmm 的槽
	规则	爬电距离和电气间隙都是直线距离
爬电距离和电气间隙——示例 7	条件	考虑的距离包括一个未粘合的连接（参见 GB 9706.1—2020 条款 8.9.3），且每边各有一个宽度大于或等于 Xmm 的槽
	规则	电气间隙是直线距离；爬电距离则沿着槽的轮廓
爬电距离和电气间隙——示例 8	条件	考虑的距离包括一个未粘合的连接，其一边有一个宽度小于 Xmm 的槽，另一边有一个宽度大于或等于 Xmm 的槽
	规则	电气间隙和爬电距离如图所示
爬电距离和电气间隙——示例 9	条件	螺钉头与凹座壁之间的间隙宽到足以要考虑的程度
	规则	电气间隙为到螺钉头任意点的最短距离。爬电距离路径随表面形状的变化而变化
爬电距离和电气间隙——示例 10	条件	螺钉头和凹座壁之间的间隙狭到不必考虑的程度
	规则	测量从螺丝到侧壁上任意点之间的爬电距离，该距离应等于 Xmm。电气间隙指到螺钉头上任意点之间的最短距离

第五节 范例

用一台心电图机来举例说明设备的绝缘要求（图 6-15）。

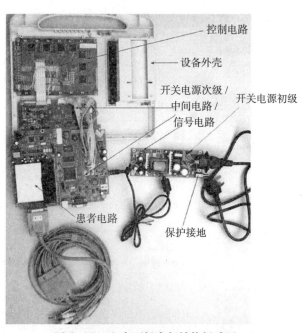

图 6-15　心电图机电气结构组成图

一、心电图机的分类及安全特征

——按防电击类型分类：Ⅰ类，内部电源类。

——按防电击程度分类：具有防除颤的 CF 型应用部分。

——输入电源：输入 220V 交流电，50Hz 或电池 12V 供电。

——输入功率：30VA。

——具有信号输入、输出部分。

——海拔高度：≤ 2000m。

——污染等级：2 级。

——材料组别：Ⅲ b。

——过压类别：Ⅱ类。

二、产品结构图

在图 6-16 中，需要绝缘的地方有以下部位：

网电源和保护接地之间的绝缘

网电源和次级回路的隔离

图 6-16　开关电源的结构图

1. 开关电源的相线、中性线与保护接地之间的绝缘，靠 Y 电容的绝缘能力来实现。

2. 在保险丝前的中性线和相线之间。

3. 开关电源的初、次级之间，本开关电源的两级间使用了光电耦合器、隔离的高频变压器和 Y 电容来实现。

4. 电路板上的各带电元器件和外壳之间的绝缘。

图 6-17 所示：①患者电路与信号电路进行了隔离；②患者电路与网电源电路进行了隔离；③患者电路和外壳进行了隔离。具体使用宽的爬电距离隔离带，在隔离带间跨接光电耦合器和变压器等隔离元件来实现信号和能量的传输。

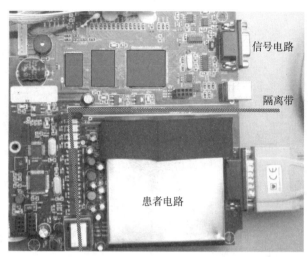

图 6-17　患者电路与信号电路

三、绝缘图表

图 6-18 是上述心电图机的绝缘图，在图中带箭头的线条是需要绝缘的部位。表 6-10 是对应图 6-18 相应部位电气绝缘所需参数，包括工作电压、绝缘等级、电介质强度试验电压、爬电距离和电气间隙等。

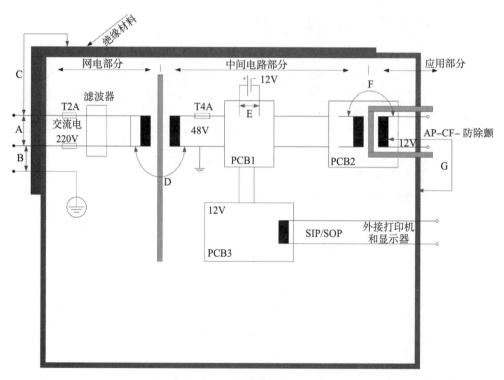

图 6-18　心电图机绝缘图

注：T2A、T4A 为熔断器；AP-CF- 防除颤为 CF 型防除颤患者应用部分

表 6-10　绝缘参数表

序号	绝缘		位置	工作电压		试验电压		电气间隙（mm）		爬电距离（mm）	
	2007版	2020版		（V）rms	（V）pk	2007版	2020版	2007版	2020版	2007版	2020版
A	BOP/A-f	1MOOP	网电相反极性之间	220	312	1500	1500	1.6	2.0	3	2.2
B	BI/A-a₁	1MOPP	网电源到保护接地之间	220	312	1500	1500	2.5	2.5	4	4
C	DI/A-a₂	2MOOP	网电源到未保护接地外壳之间	220	312	4000	3000	5	4.0	8	4.4
D	DI/A-e	2MOPP	开关电源初级与次级之间	220	312	4000	4000	5	5	8	8
E	BOP/A-f	2MOOP	电池相反极性之间	—	12V直流电	500	无需试验	0.4	0.4	0.8	0.5
F	BI/B-d	1MOPP	应用部分和信号电路之间	220	312	1500	1500	4	4	4	4
G	BI/B-d	1MOPP	应用部分和外壳之间	220	312	1500	1500	4	4	4	4

注：1. 电池可以看作小型电网，除非电池在短路试验中不会出现任何危险。

2. 患者电路具有防除颤能力，要求和其他隔离部分之间的爬电距离和电气间隙至少不低于 4mm。

3. 最小爬电距离不低于最小电气间隙。

4. BOP 为网电源相反极性之间；DI 为双重绝缘；BI 为基本绝缘。

第七章
机械危险的防护

在医用电气设备中，触电等危险固然重要，但机械性方面所造成的危害亦是常见的，从划破手指到致命等级的伤害都有可能存在，所以机械性危害的防护也是不能忽视的内容。

第一节　概述

一、机械危险的来源

在医用电气设备中，能够造成机械危险的包括运动部件、粗糙的设备表面、锐边及尖角、设备的物理性质不稳定、飞溅物、噪声和振动、断裂的患者支件和悬挂系统等，这些危险源在防护措施工作不足或出现故障时就会导致相应的危险。按危险源所导致的危害不同表现形式，可以总结出以下的一些不同危害：

——固体破碎所造成的危险。

——剪切危险。

——可能导致的绞缠危险。

——设备部件间可能导致的卡、夹危险。

——摩擦或磨损所导致的危险。

——高压流体喷射出来导致的危险。

——飞溅物所导致的危险。

——设备或设备部件跌落所导致的危险。

——设备的机械不稳定性所带来的危险。

——冲击危险。

——设备的振动和产生的噪声可能会带来的影响。

二、机械防护理念

机械性危害如此之多，对其进行防护设计是必须的。在设计制造医用电气设备时，应该有这么一个概念，机械风险不仅仅存在于患者，还应包括操作者、维护人员和患者家属等其他相关的人员。机械危害的防护途径有多种，例如：

——在危险源和人所能达到的位置之间提供充分的空间距离。

——把可能出现的机械性危害限制在规定的空间里面。

——在人和危险源之间，提供一个机械性或非机械性的屏障来隔离危害。

——确保操作者的操控能力来降低机械危险的出现。

——在控制系统失效时，通过提供独立于控制系统的安全防护措施来达到实现安全的目的。

对危险源逐个进行有效的防护，使总体风险达到可以接受水平，这种方式是有效的。以下是对危险源所可能导致的危害、防护措施和检验等方面进行分析。

第二节 运动部件的防护

运动部件所导致的危害是机械性危害中常见的和风险较高的一种，对于有运动部件的医用电气设备，前提要确保在正确的安装、正常使用以及在可以预见到的误操作情况下都不能发生不能接受的风险。例如：电动病床的电机运动超程，使电动病床的背板和腿板的角度过小，从而折断患者的腰椎；人工心肺机的血泵在高速运转时，打开泵盖时如果没有连锁装置使血泵停转，很容易把人的手指等伸进去的物体碾碎或把衣物拖到血泵的内部，从而导致不可接受的风险。

对运动部分的防护，要考虑多方面的因素，例如：防护措施实现的方便性，医用电气设备功能的实现，运动部件的形状、能量和速度，以及患者的利益等，在综合评价了这些因素后，才可以得出合理的防护方案。

一、对卡、夹区域的防护

在医用电气设备的机械部件中，部件与部件之间可能存在着一些间隙，当人的手指、脚和头等灵活的肢体伸进这些间隙时，间隙的部件运动会使人的肢体部位受压，从而造成卡、夹等危险。例如：对电动病床的床栏等间隙的尺寸作出的严格规定，其目的就是为了限制边栏中或周围的开口不会对患者的身体部位造成卡、夹等风险。

对卡、夹的防护方式有多种，主要的方式为以下5种。

1. 限制间隙距离

使用合理的间隙来实现的卡、夹的防护，表7-1列出了对不同部位的卡、夹间隙要求，符合这些距离要求的间隙不会对与其接触的人造成危害。

表7-1 符合的间隙

身体部位	间隙距离	
	成年人（mm）	儿童（mm）
身体	> 500	> 500
头	> 300 或 < 120	> 300 或 < 60
腿	> 180	> 180
脚	> 120 或 < 35	> 120 或 < 25
脚趾	> 50	> 50
手臂	> 120	> 120

身体部位	间隙距离	
	成年人（mm）	儿童（mm）
手掌、手腕、拳	> 100	> 100
手指	> 25 或 < 8	> 25 或 < 4

注：表中的数值取自 ISO13854：2017。

2. 提供充分的安全距离

在医用电气设备正常使用时或出现合理可预见到的误操作等情况下，操作者、患者和其他人员不会出现在预定以外的位置，不能触及会产生卡、夹的区域。

3. 提供防护层或保护装置

对可能产生卡、夹区域的防护，可以依靠外壳或保护装置来实现安全防护。这些防护外壳可能是固定安装的，也可能不用工具即可移除，对非固定安装的防护层，需要配备联锁装置，当防护层被移开时，联锁装置会自动停止运动部件的工作。

对使用防护层进行防护时，下面的防护形式是有效的：

——只有使用工具才能打开防护层。

——在维修或更换零部件时才需要打开。

——防护层的刚度和强度等符合外壳的要求。

对卡、夹的区域的防护也可以采用其他的保护形式，例如：当人或人体部位进入卡、夹的区域前，使用光反馈，设备接收到反馈信号后，立即停止运动。

4. 设计成连续控制

有些情况下，容易造成卡、夹的区域和人活动区域无法隔离，这种情况下，就需要把运动部件的工作过程完全受操作人员的监控。最简单的方式就是利用瞬时开关等技术来控制设备的运行，如果操作者离开岗位或没有持续控制，设备就不能运动。在科学技术实现不了时，这种把安全寄托于操作者身上的设计也是解决问题的方式之一，当然，对操作者的培训和资格认可是必要的。

某些情况下，偶然的触发或误操作可能会造成很大的危险，为了避免这些风险的产生，可以配合一些控制技术来解决，如控制需要一个确认过程。

5. 对运动部件速度的控制

对可能触及患者和操作者的运动部件的速度进行限制，在身体部位被压紧前有足够的时间离开卡、夹区域。

二、运行超程的防护

在医用电气设备中，接触患者的运动部件超过行程会造成灾难性的后果，例如：电动病床的背板和腿板之间的夹角，如果运动超程，会造成夹角过小，轻则会让患者感觉不舒服，重则会折断腰椎。在运行的路径中，可以在特定位置安装触发开关或传感器，当运行到该位置时，触发开关会使运动停止，实现防超程。

此外，也可以使用机械阻止的方式来实现防超程，但这种方式有很大的局限性，不宜推荐，如电机运动受阻：①阻止机构被多次使用后，强度是否还能得到保证；②电机运动受阻，是一种堵转状态，可能会大量发热而导致电机烧毁。

第三节　不稳定性的防护

医用电气设备的机械不稳定性可能会造成设备跌落，危害到操作者、患者或其他人，也可能导致医用电气设备跌落后的基本安全（例如：外壳破裂导致触及危险电压和降低了爬电距离等）和基本性能（不能正常开机、输出精度达不到要求或者检测不到正确信号等）达不到要求。不稳定性的防护包括平面放置、受力、脚轮和提拎装置共 4 个方面的要求。

一、位置的不稳定性

位置的不稳定性包括运输过程中的不稳定性和除运输位置外的不稳定性。

1. 运输的不稳定性

设备在搬运的过程中，会因为搬运时临时放置的位置存在很多不确定因素，容易导致失衡。这就要求设备在搬运中能实现一定范围内坡度的稳定性。一般要求，设备在各个方位倾斜 10º 进行放置，不会失去平衡；如果失衡，可以降低坡度要求，最低为 5º，但应在失衡方位做出警示，如"该方向容易失衡，倾斜度不能超过 5º"。

2. 运输位置外的不稳定性

运输位置外的情形很多，例如：有医生在使用设备时的位置与不用时放置的位置不同，甚至需要从一个房间搬到另一个房间，这些情况都需要考虑其可能造成的危害。

设备在使用和正常放置时，如果放置在 10º 倾斜平面出现跌倒的情况，要在设备明显的位置上提供警示标识，注明设备只能在某些条件进行运输和放置，但一定要满足 5º 全方位倾斜面的测试。

在进行倾斜面不稳定性检验时，不能忽视各种可能出现的情况，例如：电缆和各种可拆卸部件的位置，门、抽屉的打开或关闭，装有液体的容器的量的多少，按最不利原则去选择配合。

二、受力导致的不稳定性

设备在正常放置到 10º 时的倾斜面时可能不会出现倾倒的情况，但在很多可预见到受外力的情况会失去平衡。如高度超过 1m、具有脚轮的设备，从一个房间搬到另一个房间时，可能把力施加于其顶部，如果重心没有设计好，就会出现倾倒。又如人在设备附近聊天时，可能无意识地依靠在设备上，会使设备受到应力而产生不稳定。

对于高度等于或大于 1m 且质量等于或大于 25kg 的设备，包括所有的落地式设备，在其顶部施加一个 150N 或设备重量 15% 的力，取其较小值，如果设备高度超过 1.5m，施力点在 1.5m 处，这个力施加于所有方向，设备均不能出现倾倒现象。对于高度不超过 1m 的落地式设备，还应防止人坐在其表面上，应能承受 800N 的静压力，不能产生不可恢复的形变。

三、与脚轮相关的不稳定性

设备的脚轮是方便人员搬运设备的关键部件，要注意其性能和所带来的安全隐患。设备水平面上运送，除非是需要多人推动的设备，其推动力应该不能超过 200N，推动力过大除了费劲外，也容易使设备倾倒。

对于较重的设备，例如：45kg 以上的设备，其脚轮应该能顺利能通过一些小的障碍，因为从一个房间送到另一个房间，中间路程可能不是一个平坦表面，10mm 的电缆线是常见的，一个人把 45kg 的设备抬过障碍不是容易的事情，这就要求脚轮的直径不能太小。

四、把手和提拎装置

装有提拎用把手等装置的医用电气设备，这些装置应该有一定的强度，以免在搬运中把手脱离导致设备坠落，出现摔坏设备甚至压伤搬运者的脚等意外。对于质量超过 20kg 的便携式设备，应配备搬运用的提拎装置，要求对所有的提拎把手，应能够承受模拟人搬运设备时 4 倍的力，这个力是考验提拎装置强度的最低要求。

第四节 压力容器及受压部件

盛装液体或气体的容器等相关部件，当受到过高的液体或气体压力时，会产生机械破裂甚至爆炸现象，从而导致不可接受的伤害，为了避免这些伤害的出现，对压力容器及受压部件应有具体的防护要求。

一、压力容器的定义

压力容器会导致不可接受的风险，各个国家对其都有特定要求，在我国，当同时具备以下3 个条件，称之为压力容器：

——工作压力大于或者等于 0.1MPa（工作压力是指压力容器在正常工作情况下，其内部可能达到的最高压力，即表压力。

——工作压力与容积的乘积大于或者等于 2.5MPa·L（容积，是指压力容器的几何容积）。

——盛装介质为气体、液化气体以及介质最高工作温度高于或者等于其标准沸点的液体。

如果满足上述条件的压力容器，就必须满足特定的安全技术监察规定，例如：《压力容器安全技术监察规程》《非金属压力容器规程》和《固定式压力容器安全技术监察规程》等，这些安全要求是强制性的。在 IEC 60601-1 标准中，对压力容器的定义是不一样的，同时满足以下两个条件就称之为压力容器：

——正常使用时所受压力大于 50kPa。

——容器中的最大压力和容器容积的乘积大于 200kPa·L。

对符合上述两个条件的压力容器即需要进行 IEC 60601 要求的耐压试验。如果使用在医用电气设备上，就既要符合《压力容器安全技术监察规程》压力容器的 3 个条件，又需要同时满足我国相关压力容器监察规程和 IEC 60601 标准的相关要求。

二、压力容器导致的危害

1. 气体过压或失真空所导致的危害

当压力容器中气体过压破裂时，喷射出来的高压气体或零部件会伤害到附近的人员，高温气体如高温蒸汽会使人烫伤，有毒气体会导致人员中毒甚至死亡等。真空容器也会导致机械危害，如容器腔体强度不足，在受压时导致变形，从而带来危害。

2. 液体泄漏所导致的危害

液体压力容器的风险很高，除了喷射出来的液体会伤人之外，其微小的渗漏也可使人触电的概率增加，或导致短路，从而使设备出现着火等现象。

三、对过压部件的防护

在正常或单一故障状态下，气压、液压或蒸汽压力的系统或组合中（不仅仅指压力容器）所可能出现的最高压力，不会导致不可接受的风险的产生。

在受压系统中，某个部分所受到的最大压力，应根据其可能出现的最高压力来确定。例如：在综合牙科治疗机中，气流系统是经过减压阀后到设备内部的，如果减压阀出现故障，那么设备内部气体管路压力和减压阀前相等，其受压能力为减压阀前的能力。对安装压力释放装置的设备，当设备出现故障而导致压力超限时，可由压力释放装置保障安全，其系统的受压能力可根据压力释放装置来确定。对于没有压力释放装置的系统，其最高压力由系统内外可能形成最高的压力源来确定。

在气体和液体压力系统中，安装压力释放装置来防护超压是简单有效的方法之一，对压力释放装置也有一些具体的技术要求：

1. 尽可能合理地与压力容器和被保护的系统部件相连，并且距离越近越好。

2. 其安装应该便于进行检验、维护和修理。

3. 不借助于工具，将无法对其进行调节或者工作状态检查。

4. 其排污口的位置和方向应该确保排出物不直接指向任何人。

5. 其排污口的位置和方向应该确保装置的运行不会在任何可能发生不合格风险的部件上堆放任何材料。

6. 应该具有充分的排放能力，确保压力不超过系统的最高允许工作压力，该系统通过大于供应压力故障控制压力 10% 的装置进行连接。

7. 在压力释放装置和被保护部件之间不应设置截止阀。

8. 工作循环的最少数量应为 100000 次，但一次性使用的装置除外（例如：防爆板）。

四、液压试验

在受压系统中，如果压力大于 50kPa 和压力与体积的乘积大于 200kPa·L 时，即需要进行液压试验。其试验压力的选择见图 7-1。

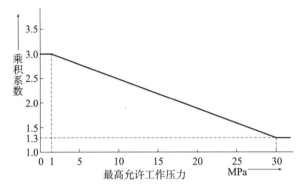

图 7-1　液压试验压力和最高允许工作压力之间的比值

试验时选取图 7-1 中的最大允许工作压力和系数的乘积作为试验压力，压力从 0 施加逐步达到试验压力，并在此值保持 1 分钟。试验时除了密封垫圈部位在试验压力 40% 或最高允许工作压力中较大值允许发生泄漏外，其余部位不能发生破裂和变形。对于预期用来装载有毒、易燃或其他危险物质的压力容器，不容许任何泄漏。

注：为保障试验人员的安全，气体压力容器也应液体来替代检验。

第五节　支承和悬挂系统的防护

支承和悬挂系统在使用过程中，因承载的重量非恒定，承载的次数也不能确定，材料老化是必然的，支承患者的系统如发生断裂，会令患者处于不可接受的风险当中。由于支承和悬挂系统的概念很广，并不仅仅只是支承患者的台面，总体可包括以下内容：

——一个用来悬挂物体的悬挂装置，包括正常使用时承载患者和操作者重量的装置，例如：连续性血液净化装置的置换液悬挂装置。

——用来悬吊或固定物体的柔性物体，包括绳索、电缆、链条和弹簧等。

——用来传动的驱动系统，包括气动或液动执行器、电动机、传动轴等驱动系统的所有部件。例如：牙科综合治疗台的电动机传动系统。

——支承系统，用来承载物体或人的系统。例如：病床和 CT 机的患者放置台等。

上述的部件如果发生断裂等机械故障，会出现危害患者等不可接受的风险，应采用一定强度的设计要求，如下面提到的一些具体要求：

——支承、悬挂和传动机构符合总负荷和表 7-2 中拉伸安全系数要求。

——用来悬挂设备附件的装置，要避免不可接受的风险出现。

——在设计过程中，要考虑因制造工艺的过度偏移、材料变形、材料断裂、磨损、腐蚀和老化等因素的影响。例如：机械加工、装配、焊接、热处理或表面喷涂都会影响到其安全要求。

一、拉伸安全系数

在医用电气设备预期使用寿命过程中，支承系统应该保持结构的完整性。在对材料进行评价后，符合表 7-2 的拉伸安全系数被认为是充分安全的。在进行支承系统的评价时，如没有特殊规定，则按支承系统额定负载乘以最低拉伸安全系数来验证。

表 7-2　拉伸安全系数

条件			最低拉伸安全系数	
序号	系统部件	延伸率	A	B
1	支承系统部件不会因磨损而发生失效	金属材料断裂时发生的特定延伸率 ≥ 5%	2.5	4
2	支承系统部件不会因磨损而发生失效	金属材料断裂时发生的特定延伸率 < 5%	4	6
3	支承系统部件因磨损而发生失效且未采取机械保护装置	金属材料断裂时发生的特定延伸率 ≥ 5%	5	8
4	支承系统部件因磨损而发生失效且未采取机械保护装置	金属材料断裂时发生的特定延伸率 < 5%	8	12
5	支持系统部件因磨损而发生失效但采用了机械保护装置（或多支撑系统中的主系统）	金属材料断裂时发生的特定延伸率 ≥ 5%	2.5	4
6	支持系统部件因磨损而发生失效但采用了机械保护装置（或者多支撑系统中的主系统）	金属材料断裂时发生的特定延伸率 < 5%	4	6
7	机械保护装置（或多支撑系统中的备用系统）	—	2.5	4

注：1. 拉伸安全系数的确定基于实际情况可能受到的影响条件，例如：环境影响、磨损和损坏影响、腐蚀、材料疲劳或老化等。

2. 5% 的金属延伸率作为分界点，是基于金属材料断裂的经验总结，特别是对于钢材和生铁，延伸率低于 5% 时的可靠性非常低，其失效会导致灾难性的风险，因此对于低于 5% 延伸率的金属材料需要更高的拉伸安全系数。

3. 对于非金属材料，因为没有更多的经验总结，但发生故障同样是灾难性的，应该需要更周密的评价。

二、支承和悬挂患者或操作者的系统

人的重量相差甚远，部分肥胖的成年人可能会超过 300kg，设备的支承和悬挂系统，考虑到成本和现实因素，能满足多数患者或操作者的需要就可以。针对特定人群和专用设备，可以有特殊规定，例如：专为儿童设计的设备，可以降低支承或悬挂的强度要求。预期长期负载重量的，则应要求有更高的强度系数，例如：电动病床的额定负载规定为 175kg 等。

第六节　其他机械防护

一、与设备表面相关的防护

与设备表面相关的危险主要来自设备表面的粗糙度、锐边和尖角造成的对皮肤的磨、割伤或刺伤等。对粗糙度、锐边和尖角的要求和检验都比较主观，对存在争议的锐边可以使用利边测试仪进行检验，试验方法可以参考 UL 1439 标准。医用电气设备要求在专业人员或受培训后的人员使用，发生这样的风险较低，这里不进行详细讨论。

　　注：对设备表面相关危险的防护，儿童玩具产品要求相对完善，因为这些不光滑的表面很容易刺破没有防护意识的幼儿皮肤。

二、飞溅物的防护

　　设备的飞溅物可以是设备高速运转的物料也可以是设备部件的碎片，例如：炸裂的真空显像管的碎片，脱离限制的机械弹簧，喷射出来的高压气体，高速旋转的飞轮或爆炸的锂电池等都是飞溅物，这些情况如果产生，危害的程度会非常高。

　　对这些飞溅物的防护主要参考其飞溅出来的概率和危害程度。保护方式多用外壳防护、隔离或在电路设计上实现，如对锂电池的防爆，可以采取冗余电路来实现。

三、噪声与振动

　　噪声很少会导致不良的医疗事故，但并不意味着噪声就属于细枝末节的问题，强度过高的噪声会使人感觉到疲劳，干扰了医生、患者之间的信息交流，高强度的噪声也会损害人的听力等。

　　医疗设备中，直接损害人的听力的并不多见，在国际上通用的看法是，只有85dB（A）以上的噪声才会导致听力上器质性的损伤，而且前提还需要长时间暴露噪声之中，医疗设备较高噪声的例子有核磁共振的扫描声和碎石机的冲击声等。

　　与患者处于同一环境的，而且每次治疗时间较长的设备，特别需要关注噪声问题。如夜间血液净化设备，患者需要睡眠的，但设备的电磁阀的开、关声不断，频率和声压级都很高，会导致患者睡眠质量差甚至神经衰弱，这是需要极其关注的。另外，噪声不能掩盖了报警的声音，使医护人员不能清晰地听到报警声，无法及时处理出现的故障，从而导致危险的产生。

　　考虑到患者因素，IEC标准推荐不超过80dB（A）的噪声是可以接受的。长期与患者共处的设备，应有更好的静音环境。

　　对噪声的防护措施可以采用耦合更好的器件，尽量避免机械冲击和摩擦；使用吸音材料进行屏蔽等。

第七节　范例

　　电动病床的功能和手动病床功能相同，但其使用电机替代人力作为改变病床位体的动力来源。包括背部升降操作、膝部升降操作、整床升降操作、背部膝部同时升降操作、整床倾斜操作和背部紧急放倒操作等。这些部件在运动过程会产生各种机械危险，部分国家已经出现了相关的事故报告，患者由于将头、颈、胸卡于床边栏而受伤，严重的情况，造成部分或完全的呼吸障碍。为了防止这些机械危害出现，电动病床应进行以下的机械方面的要求。

一、工作载荷

　　电动病床的预期功能就是为承载重量的，在其工作载荷的范围内，床身应不能产生导致危险的形变。除了儿童病床等特殊情况外，普通病床的患者质量是难以确定的，覆盖 95% 的人群应是较为合理的要求。根据这个理念，床的工作载荷至少应为 1700N，这考虑到下述的质量的总和：

——1350N，为患者质量。

——200N，为床垫质量。

——150N，为其他附件质量。

具有拉升杆装置的病床，考虑到患者的质量和患者的力，患者的力一般不超过 750N，所以其拉升杆的工作载荷至少需要 750N。

二、边栏

为了防止患者意外跌落的危险，病床应设置边栏，固定式边栏不便于患者的上落，升降式边栏是较好的选择。边栏在升起位置时，应配备有紧锁装置，紧锁装置必须设计成正常状态时不能发生意外的脱锁。为防止误认为边栏已经紧锁，当紧锁装置没有锁紧时，边栏不能保持在升起 / 关闭位置。

三、防粗鲁搬运

病床需要经常被移动，尤其是载有患者时，从一个病区送到另一个病区时，发生碰撞在所难免，病床的强度应能保证患者不受伤害。

头板、脚板等容易被碰撞的部位应在正常移动速度时（约 0.4m/s）碰到硬墙不应产生永久性的变形，材料不得受损。

边栏在关闭 / 升起及锁止位置，以正常移动的速度通过 20mm 高及 80mm 深的障碍物时，10 次试验后，其锁止装置不应出现脱臼现象。

四、运动部的防护

病床支撑面的运动，可能会造成受挤压和剪切点，对于这些点的距离和尺寸，见图 7-2。

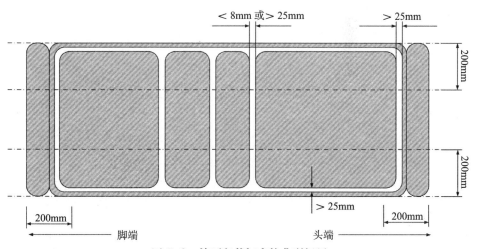

图 7-2　挤压和剪切点的典型间隔

五、对患者卡住的防护

边栏框格内的开口和边栏与床部件间的开口，不能有卡住患者的风险，其尺寸应符合下列要求，见图 7-3 和表 7-3。

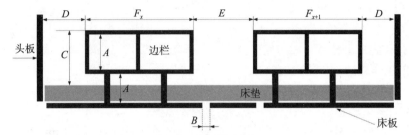

图 7-3　典型病床边栏例子

表 7-3　图 7-3 符号描述

符号	描述	尺寸要求	说明
A	边栏在其升起 / 锁住位时围框内元件间的最小尺寸或边栏与床的固定部件间形成的围框的最小尺寸	≤ 120mm	对围框的尺寸要求是为了防止患者的头部从围栏通过，120mm 的尺寸代表头后部到鼻尖的距离
B	床板与床板间的间隔或床板与边框的间隔	< 8mm 或 > 25mm	对机械部件间的小缝隙的要求，是防止人的手指伸进小缝隙而被卡、夹，8~25mm 的尺寸代表了多数人的手指直径
C	边栏顶边和没有压缩的床垫之间的距离	≥ 220mm	220mm 的尺寸基于成年男子的躯干重心到肩膀的距离
D	头板组件或脚板组件与边栏之间的距离	≤ 60mm 或 ≥ 235mm	防止患者的头、颈被卡，60mm 的尺寸基于成年女子颈部的最小宽度，235mm 尺寸基于侧卧时成人男子从额下到头顶的距离
E	分段边栏间的间隔	≤ 60mm 或 ≥ 235mm	
F	床一边的边栏的总长度或分段边栏的长度总和	ΣF_x ≥ 床垫支承台长度的一半	边栏长度至少覆盖床面 50% 的要求，是确保减少患者意外从床垫上滑下或滚下的风险

注：上述数据基于人体工程学数据，达到 95% 的概率。至于幼儿等特殊患者，可以另设规定。

六、稳定性

考虑到患者与患者家属经常坐在床边聊天等情况，床所受到的压力会增加，而且重量均加于床的一侧，受力不均，容易翻倒。病床的稳定性需要达到以下要求：

——床的侧向距离最外缘 125mm 范围内，应能承受 3 位成年人体重，约 2250N，而不能导致失衡翻倒。

——床的纵向距离最外缘 125mm 范围内，应能承受 2 位成年人体重，约 1500N，而不能导致失衡翻倒。

当患者使用拉升杆时，也不能导致床的失衡。

第八章
辐射防护

辐射是指物质以热、光、粒子或电磁波等形式向四周传播能量的一种状态。辐射本意是为说明从中心点向各个方向沿直线延伸的特性，而且辐射具有一定的穿透或绕过障碍物的能力，能穿透皮肤作用于人体内部组织。常见的辐射形式有电离辐射、射频辐射、红外线辐射、紫外线辐射、高强度可见光或激光辐射等。辐射带有能量，可以导致生理效应的出现，会对使用人员、维护人员或患者造成伤害。

在辐射防护中，常见的一些防护方法有：

——限制潜在辐射源的能量等级。

——屏蔽辐射源。

——使用安全联锁装置。

——如果不可避免暴露于辐射危险中，提供警告标识以告诫相关人员。

注：激光辐射防护见第十四章第五节。

第一节 X射线辐射防护

一、X射线产生的基本原理

X射线的产生必须具备3个基本条件：①产生电子的源部件，能提供所需要的电子数量；②能把电子进行加速的高压电场，在电场中需要高真空度的空间，以保障电子在运动中不受空间分子的阻挡而降低能量；③受高速电子撞击产生X射线的靶。

基本过程就是阴极材料在电流的作用下产生高温，电子在高温环境下获得能量，活性增强。由强电场的作用，电子脱离原子的束缚，并在电场作用下进行定向加速运动，其动能与加速距离和电场强度成正比。当高速电子击向适当的靶材料时，高速电子和靶材料会产生电离、激发、弹性散射和

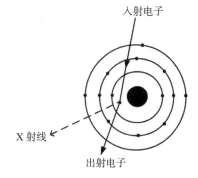

入射电子

X射线

出射电子

图 8-1 韧致辐射示意图

韧致辐射等物理过程（图8-1），其中的韧致辐射所产生的电磁波就是X射线。X射线的波长比可见光的波长更短（为0.001~100nm，医学上应用的X射线波长为0.001~0.1nm），X射线的光子能量比可见光的光子能量大几万至几十万倍。

二、X 射线对人体的危害

X 射线和其他的电磁波如无线电波、红外线、紫外线或可见光等有较大的不同，主要体现在其具有贯穿物质的能力，并引起电离作用。X 射线所携带的高能量在与物质相互作用时，主要通过电离过程被物质所吸收。

组织细胞经一定剂量的 X 射线辐照后，会对细胞生长产生抑制、损伤或坏死现象，尤其容易破坏生长力强和分裂速度快的细胞。越来越多的数据表明低剂量的电离辐射所诱发的适应证反应普遍存在，这些现象在多种细胞中已经观察到，如淋巴细胞、生殖细胞和肿瘤细胞等。

医学上利用 X 射线对肿瘤细胞相对其他组织细胞损伤效果更强的优势，研制相关的肿瘤治疗设备，成为了治疗肿瘤的重要手段。

三、X 射线辐射防护要求

X 射线的来源主要有两种方式，一是设备在实现其功能时不可避免产生一定量的 X 射线，如阴极射线管（CRT）显示器；二是利用 X 射线进行诊断或治疗时，其功能需要的 X 射线对人体产生危害，如 X 射线诊断设备、CT 设备和 X 射线治疗设备等。

（一）非功能 X 射线防护要求

对于可以产生 X 射线辐射，又不预期用于诊断和治疗目的的设备，当激励电压超过 5kV 时，其所产生的 X 射线会导致一定的风险，应对辐射能量进行限制。最常见的设备为 CRT 显示器。

CRT 是出现最早、应用最为广泛的一种显示技术，主要由电子枪、偏转线圈、荫罩、荧光粉层和玻璃外壳五部分组成，其简单的工作原理是从电子枪阴极发出的电子束，经强度控制、聚焦和加速后变成细小的电子流，轰击到荧光屏上的荧光粉来显示图像。阴极发射的电子在高压作用下获得巨大的能量，以高速去轰击荧光粉层的成像过程中会产生韧致辐射现象。

为防止人员受到过量 CRT 所产生的 X 射线辐射，要求距离 CRT 设备任何操作者可触及的表面垂直距离 5cm 处，每小时空气比释动能（辐射剂量）不应超过 5μGy。这里需要注意的是，常常在 CRT 显示屏的侧面或背面所测量的结果高于显示屏正面。测试时，测试仪器的有效入射窗面积应为 10cm²，并将 CRT 设备的额定网电源电压和所有控制器调节到最大辐射状态。

对于预期使用中需要永久地接近患者的 CRT 设备，其年均曝光量还需考虑辐照的身体部位并在国家规定的可接受范围内。

而今，液晶显示器已逐渐取代 CRT 显示模式，液晶显示器的电离辐射可以忽略不计，当中也不存在超过 5kV 的真空激励电压。所以选用液晶显示器可以避免近距离 X 射线辐射的出现。

（二）功能性 X 射线设备防护要求（以诊断 X 射线机为例说明）

在进行 X 射线成像的时侯，X 射线的辐射分类可以分为有用射线、泄漏射线和杂散射线 3 种形式。有用射线是功能射线，是从辐射窗口出来用于人体检查的，是设计所要求的射线；泄漏射线是指从 X 射线球管源组件透射出来的射线，这是设计不期望产生的射线，是 X 射线诊断设备所要防护的主体；杂散射线是指 X 射线作用于环境物体后，所产生的一些散射的 X 射线，这主要和环境设计相关。

1. 诊断用 X 射线设备的结构组成

诊断用 X 射线设备种类很多，包括手持的微型 X 射线机、可移动的床边 DR、口腔全景机、乳腺 X 射线机、透视摄影 X 射线机、移动式 C 形臂、血管造影 X 射线机和大型 CT 机等，其 X 射线的产生原理基本相同，主要包括：

（1）X 射线发生装置，包括：①高压发生装置，能够产生直流高压电源，供 X 射线产生的能源用；②控制装置，可以调节曝光所需的电压、电流、时间参数以及保护措施等；③X 射线管及限束器，用作产生 X 射线及限制辐射野用，包括阴极、阳极和管套。

（2）X 射线成像装置，包括：影像增强器、探测器、计算机处理系统和显示系统等，X 射线设备的差异性主要体现在成像处理的方式上。

（3）X 射线的辅助装置，主要包括床体、摄影架、滤线栅和制动装置等。

2. X 射线的防护原则

国际放射防护委员会（ICRP）的第 60 号出版物中，给出了辐射防护的三原则，X 射线设备的辐射防护在符合这三原则的前提下进行使用，被认为是实现基本安全的。

（1）实践正当性原则

除非辐照能给个体和团体产生足够的益处，并足以补偿由于该辐射所能引起的伤害，否则，有关辐照的实践是绝对不能接受的。

（2）防护最优化原则

辐射实践相关的各种情况，包括个体剂量的大小，接受辐射人群数量以及在不能确定接受辐射却可能遭到辐照的情况等，对此，应做到合理、经济、尽可能的低，同时还应考虑社会的各种因素。当有潜在辐射的情况下，应通过对每一个体剂量的限制（剂量限制）或其风险的限制（风险限制），对该过程加以制约，以减少可能由于内部经济和社会评价所引起的非议。

（3）个体剂量与风险限制原则

由所有相关实践的组合所引起的每次曝光，应以剂量的限制为条件，或者当存在潜在辐照的情况下，应以对风险的控制作为条件。

所有这些，其目的是保证在任意正常情况下，不会使个体受到已被认定的在实践中不可接受的辐射危害。并非所有的辐射源通过操作都能得到控制。在选择剂量限制之前，有必要对所涉及的设备的辐射源作出说明。

3. X 射线辐射相关的特定防护

不同类型的 X 射线诊断设备，产生 X 射线的硬度、强度和作用时间、作用距离等不同，其辐射防护要求差异较大。这里给出一些通用的防护措施要求。

（1）辐射质量

X 射线束辐射质量是重要的安全指标。为了得到同样的影像，较低的剂量和管电压，对患者来说更安全。例如：乳腺 X 射线机，曝光电压在 45kV 以下，以软 X 射线为主，如果设备在超过 50kV 才能得到较清晰的影像，则牺牲了患者的利益。

①X 射线管电压的限制：无论是口内成像还是口外成像的牙科 X 射线机，X 射线管电压的设置指示值不能低于 60kV。

②X射线的半价层：在同一工作电压下，半价层数值越大，则表示X射线穿透能力越好，在人体内产生的电离现象越少，则危害越低。除非专用标准另有规定，半价层的要求可参考GB 9706.103—2020中表3。

③X射线的滤过：从球管辐射出来X射线硬度是不均匀的，软X射线对患者造成危害，也会影响成像效果，应使用一些方法，使入射患者的X射线束变的硬度分布较均匀：

——除非专用标准另有规定，作用于患者的X射线束中的材料的总滤过不应小于2.5mmAL的等效滤过，该要求可以替代半价层要求。

——对于标称管电压不超过70kV的口内成像牙科X射线机，允许用总滤过至少为1.5mmAL等效滤过来替代半价层要求。

——除预期用途仅为手术期间透视或摄影和透视的移动式X射线设备外，透视机和摄影机的X射线源组件可以配备不用工具便能安装、拆卸或选择单个或多个附加滤板的装置，并处于正常使用位置时能够识别。

——乳腺X射线摄影设备，对于所有在正常使用条件下可用的配置，所有在GB 9706.245—2020中表203.101中给出的靶和滤过的材料组合，总滤过不能低于该表中给出的对应界限滤板值。对于没有该表中给出的靶和滤过材料组合，总滤过值应足够高，以便确保获得入射到患者的X射线束的第一半价层，不包括任何压迫板的材料，不小于在该高电压（用kV表示）除以100得到的值。任何压迫板的所用材料，不包括在总滤过内。

（2）X射线束的限制

①X射线管只有装在配有限束装置的X射线管套内，构成X射线源组件的一部分，方可利用。

②X射线管组件辐射窗不应比其指定应用所要求的最大X射线束所需要的大，可借助一固定尺寸的光阑（尽可能接近焦点装配），将辐射窗限制到合适的尺寸上。

③使用旋转阳极X射线管的X射线源组件，其结构必须使穿过X射线源组件各辐射窗全部直线在距焦点1m处垂直于基准轴的平面上形成的区域，不得超出最大可选取的X射线野边缘15cm以上。

为实现在X射线束范围的限制，可以参考以下的防护措施：①只规定摄影用且附带一种影像接收面，焦点至影像接收器距离固定的X射线设备，可借助于某一固定的限束装置，而该装置只有一个单一固定尺寸的辐射窗；②齿科全景断层摄影用的且采用口外X射线源组件的X射线设备，可借助于某种限束装置，防止X射线束超出X射线影像接收器平面；③手术期间间接透视用的且焦点至影像接收器距离固定以及影像接收面又不超过300cm²的X射线设备，可借助于能使影像接收器平面上的X射线被减到125cm²以下的某一装置；④借助于一套可互换的或可选择的部件，以便能选择不同固定尺寸的辐射窗；⑤借助于某一限束装置以便能在正常使用范围内通过手动或自动装置调节X射线束范围。

（3）X射线束的指示

①有关X射线束范围的信息应在X射线设备上用显示方式给出显示。平面上沿其两个主轴测得的X射线野尺寸应一致，二者之差，应不大于该平面到焦点距离的2%。

②摄影用的X射线设备，在适当的地方应提供光野指示器，参与描绘患者表面上X射线野的位置。在光野平面上，沿着X射线野每个主轴测量，X射线野各边与光野相应各边之间的

偏差总数不应超过光野平面到焦点距离的 2%。

（4）泄漏辐射防护

①加载状态下的泄漏辐射：X 射线管组件和 X 射线源组件在加载状态下的泄漏辐射，当其在相当于规定的 1 小时最大输入能量加载条件下以标称 X 射线管电压运行时，距焦点 1m 处，在任一 100cm^2 的区域（主要线性尺寸不大于 20cm）范围内平均空气比释功能，应符合下列要求：

——采用口内 X 射线影像接收器的齿科摄影设备中规定使用的 X 射线管电压不超过 125kV 的 X 射线源组件，不超过 0.25mGy/h。

——对于其他各种 X 射线管组件及 X 射线源组件，应不超过 1.0mGy/h。

②加载期间电压调节时的泄漏辐射：对电容放电式 X 射线发生装置中的 X 射线源组件，为了减少加载期间对初始 X 射线管电压的设置，在正常使用所规定的任何位态下与加载状态下的泄漏辐射要求相一致。

③非加载状态下的泄漏辐射：在非加载状态下，X 射线管组件和 X 射线源组件在任何易接近表面 5cm 处的泄漏，在任一 10cm^2 的区域（主要线性尺寸不超过 5cm）上所求平均空气比释动能应不超过 20μGy/h。

（5）焦皮距

为了使患者的吸收剂量在可合理实现情况下尽可能低，应避免使用不合理的短的焦点到皮肤距离。表 8-1 给出了最短焦点到皮肤距离的要求，适合表 8-1 要求的用途的 X 射线机，应配备阻止使用焦点到皮肤距离小于该表中给出的最小值的装置。

表 8-1　最短焦点到皮肤距离

指定的用途	最短焦点到皮肤距离（cm）
可移动 X 射线设备的摄影	20
手术期间的摄影	20
几何放大乳腺摄影	20
在 50kV 以下标称 X 射线管电压下的齿科摄影	10
在 60kV 以上标称 X 射线管电压下的齿科摄影	20
在减小的焦点到皮肤距离条件下，采用口外 X 射线影像接收器的齿科摄影	6
齿科全景体层摄影	15

（6）X 射线束的衰减

插入患者与 X 射线影像接收器之间的材料对 X 射线束过度衰减，可能造成吸收剂量程度和杂散辐射程度不必要地高。当表 8-2 中所列各项的衰减当量构成 X 射线设备中的一部分，并位于患者与 X 射线影像接收器之间 X 射线束路径中时，应不超过表 8-2 中给出的最大值。

表 8-2　X 射线束中各项衰减当量

项目	最大衰减当量（mmAL）
乳腺摄影项：乳腺摄影 X 射线设备支撑床台（所有层的总数）	0.3
非乳腺摄影项：暗盒架前面板（所有层的总数）	1.2
换片器前面板（所有层的总数）	1.2
托架板	2.3
患者支架、固定的、不带活动关节	1.2
患者支架、可移动的、不带活动关节（包括固定层）	1.7
患者支架、带有 1 个活动关节的透射性面板	1.7
患者支架、带有 2 个或数个以上的活动关节的透射性面板	2.3
患者支架、悬臂的	2.3

（7）防护屏

为满足保护操作者和其他工作人员的要求，X 射线设备应配置适当程度且能衰减剩余辐射的一次防护屏：

——X 射线野与焦点到影像接收面的距离在正常使用情况下的各种组合。

——透视时，在各个角度情况下，即在基准轴与影像接收器平面垂直时。

——摄影时，当基准轴与影像接收器平面垂直时。

（8）杂散辐射的防护

为防止操作者和其他工作人员遭受杂散辐射，X 射线设备应采用合理的措施，这些措施包括（尽可能采用的）：

①依靠距离的防护：对于如口内 X 射线影像接收器进行齿科摄影的 X 射线设备和手术透视用且带有摄影措施的 X 射线设备等。操作人员和患者处于同一空间内，没有控制防护区域的措施，可以通过控制摄影辐射距离（距焦点不小于 2m）和 X 射线束来达到对杂散辐射的防护，并提醒使用者和操作者注意需要使用防护用具和穿戴适合于工作负载的防护衣。

②来自防护区域的控制：对于患者区域和控制区域分开的 X 线设备，加载期间不需要操作者或工作人员接近患者，在安装后，防护区域应能执行下列控制功能：

——操作方式的选择与控制。

——加载因素的选择。

——辐射开关的动作。

——另外，关于透视检查，X 射线野尺寸及患者和 X 射线束之间至少两个正交相对移动的控制。

③指定的有效占有区：适合操作者或工作人员在正常使用中接近患者进行放射检查用的 X 射线设备，必须具有至少一个供使用者和工作人员使用的有效占用区，而这个占用区在使用说明书中应给予指出。

④限制杂散辐射的有效占有区：用于胃肠检查专用 X 射线设备指定的有效占用区，包括倾斜患者支架、床下 X 射线源组件及患者支架上方的点片装置：

——用于在患者支架处于水平位置情况下的检查所指定的有效占用区必须接近于水平患者支架一边。

——用于在患者支架处于垂直位置情况下的检查所指定的有效占用区必须给予固定，以便于垂直的患者支架到有效占用区最短距离不超过 45cm。

——杂散辐射的程度，按照患者支架的方向和地板上方可应用区高度，应不超过表 8-3 中给定的值。

——使用说明书必须对空气比释动能允许最大的极限、杂散试验的方法、可拆卸防护装置的标识和应安装的位置进行说明。

表 8-3　有效占用区内的杂散辐射

患者支架方位	有效占用区内高度的区域（地板上方）（mm）	1 小时允许最大空气比释动能（mGy）
水平或垂直	0~40	1.5
水平	40~200	0.15
垂直	40~170	0.15

⑤手柄及控制装置：X 射线设备的设计及构成，必须便于将加载中需要触摸的手柄及控制装置均置于 X 射线束之外。

第二节　微波辐射的防护

微波是指频率为 0.3~30GHz，波长为 0.1~100cm，波谱在无线电波和红外线之间的电磁波。在医用电气设备当中，可利用微波的特性进行理疗，也有一些设备所产生的微波是非功能性，对这两类产生微波的设备，都需要采取一定的微波辐射防护措施，但应区别对待。

一、微波辐射产生的原理

微波在电真空器件或半导体器件上通以直流电或交流电，利用电子在磁场中作特殊运动来获得。

微波与其他电磁波比较，具有特殊的特性。微波遇到金属物体会反射，如银、铜、铝等会像镜子反射可见光一样。遇到绝缘材料，如玻璃、塑料、陶瓷、云母等，会像光透过玻璃一样顺利通过。遇到含水或含脂肪的物质，能够被大量吸收，并转化为其他形式的能量，如热能。

二、微波辐射的危害

微波的传播成直线束传递，当其进入人体的正常组织时可能带来损害（为治疗目的除外），损害程度与微波进入人体暴露区域的平均功率密度和平均暴露时间成正比的关系。

微波效应可能会引起的危害包括：引起组织混乱，如晶状体浑浊；抑制精子的产生，如弱精子症；影响受精胚胎，使胎儿畸形或发育缓慢；引起失眠或嗜睡症状；影响代谢及血红蛋白合成和白细胞减少；影响内分泌及其他生理功能等。

根据我国《作业场所微波辐射卫生标准的要求》，连续波每天 8 小时暴露的平均功率密度为

$50\mu W/cm^2$，日剂量不超过 $400\mu W \cdot h/cm^2$；脉冲波每天 8 小时暴露的平均功率密度为 $25\mu W/cm^2$，日剂量不超过 $200\mu W \cdot h/cm^2$；肢体局部辐射每天 8 小时暴露的平均功率密度为 $500\mu W/cm^2$，日剂量不超过 $4000\mu W \cdot h/cm^2$。由于人体组织受微波辐射时还与辐射源距离远近有关，近区场比远区场对人体伤害威胁更大。

三、微波辐射的防护要求

由于微波对人体有伤害作用，应规定对微波的防护措施。

1. 非微波治疗设备

对于非微波治疗设备所产生的微波，应符合国际无线电干扰特别委员会第 11 号文件所有条件下的相关要求。例如：便携式电脑，很多人习惯放在膝盖上使用，如果电脑所产生的微波较高，同样会导致不育的可能性。

2. 微波治疗设备

从事微波技术工作的人员和接受微波治疗的患者，应在规定的微波辐射环境下进行。例如：

（1）在辐射器正前方前 1m 以及后 25cm 内，无用辐射的密度不超过 $10mW/cm^2$，见图 8-2。在正常使用时操作者不会受到连续的微波辐射，多数情况为短时靠近设备，但也应该提示操作者在距离辐射器 1.5m 外进行操作。

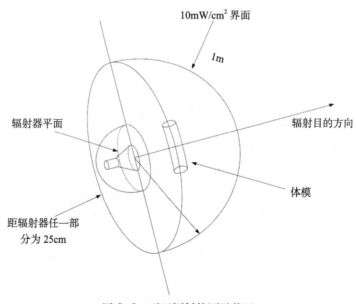

图 8-2　无用辐射的测量范围

（2）微波治疗设备的外壳表面 5cm 的任何点的功率密度，使用匹配的负载测量其微波泄漏不应超过 $10mW/cm^2$。

（3）微波治疗设备所输出的微波辐射功率，考虑到设备的安全和测量的固有误差，其偏差应不能大于其所选择的输出功率的 ±30%。

（4）除非在治疗部位进行了温度控制，否则微波治疗设备的额定输出功率不能超过 250W。

（5）非组织凝固微波设备，若辐射器直接接触面积不大于 20cm² 时，微波输出功率不能超过 25W。

（6）为了防止意外情况发生，应有一个输出控制装置，使输出功率迅速减少至 20W 以下。

第三节　红外辐射的防护

红外辐射具有良好的热效应，对人体皮肤、皮下组织具有较强的穿透力。适当的红外辐射可以使皮肤和皮下组织的温度相应升高，促进血液的循环和新陈代谢，对组织具有抗炎等作用。根据红外辐射的这些特性，常见的已开发的红外医用电气设备有红外治疗仪、热辐射类治疗设备、婴儿保暖台和红外体温计等。

一、红外辐射的危害

红外辐射可以用来治疗疾病，但过量的红外辐射能量也会带来危害。最典型的红外辐射导致危害的例子来自钢铁冶金和玻璃企业等高温作业人群，短波红外线可透过角膜进入眼球、房水、虹膜、晶状体和玻璃体，并被吸收一部分红外线而导致白内障，称之为"红外线白内障"，多见于玻璃工人和钢铁冶炼工人。

研究文献表明，在 760~1400nm 波长（IR-A 区域），与晶状体损害潜能有关联，可以导致白内障和视网膜损害。通过虹膜吸收红外能量直接加热晶体状（并形成不透明体），作为红外光诱发最可能的病因已被确定。1400~4500nm 波长范围（IR-B 与 IR-C 区域）的红外辐射几乎能完全被角膜吸收（眼睛的最外层），有产生灼伤的可能。

除了引起眼部疾病外，红外辐射还可以引起皮肤的灼伤和皮肤炎，有报道显示皮肤的灼伤、眼睛浑浊和炎症以及皮膜炎完全是红外光谱 IR-B 和 IR-C 区域造成的。因为皮肤和眼睛的最外层吸收此波长的全部不可见光的辐射，不传递不可见能量的有效部分。

二、红外辐射的防护

对红外辐射的防护，下面以两类具体的设备来进行说明。

1. 热辐射治疗设备

热辐射治疗设备是以红外波段为主，利用其热辐射的能量（热效应），对人体进行治疗的设备。按使用的方式进行分类，可以分为接触式和非接触式两种。

（1）接触式

已经有多起关于使用热辐射治疗设备造成低温烫伤事故出现，如原国家食品药品监督管理局医疗器械不良事件信息通报（2009 年第 6 期）中的相关报道：自 2002 年至 2009 年 6 月 30 日，国家药品不良反应监测中心共收到有关温热按摩理疗床的可疑医疗器械不良事件报告 230 份，其中就包含了远红外辐射产生烫伤的不良事件。

接触式设备的应用部分表面不应超过 43℃，工作表面不应超过 60℃。有研究表明，皮肤的痛阈约为 45℃，所以 43℃为可接受的温度值。

（2）非接触式

非接触式热辐射治疗设备，其辐射器的温度较高，多在100℃以上，热防护件的表面温度也会很高，为防止人员意外触及，应有明确的提示。金属防护材料温度应不超过56℃，玻璃和陶瓷材料不超过66℃，塑料材料不超过71℃。

如果热辐射部位为眼睛的，应在医疗监督环境下进行。

2. 婴儿辐射保暖台

婴儿辐射保暖台利用红外辐射的良好加温性能，为新生儿及患病婴儿提供了一个温暖的环境，适用于分娩后新生儿的护理、抢救和儿科手术治疗。婴儿辐射保暖台不可见红外光直接给婴儿的身体提供热量，考虑到婴儿本身不能作出反应和能量的不可见性，应对辐射源的输入功率进行设计限制，以实现对辐射能量的输出限制。婴儿辐射保暖台对红外辐射的防护措施如下：

（1）在全部红外光谱内，床垫上任何一点的最大辐照度不得超过$60mW/cm^2$，在近红外光谱（760~1400nm）内，最大辐照度不得超过$10mW/cm^2$。

（2）考虑到婴儿长期接触造成低温烫伤等后果。在设备恒温状态时，婴儿可碰及的物体表面，金属部件不能超过40℃，非金属部件不能超过42℃。

（3）为防止婴儿受过量辐射导致体温过高，应在婴儿辐射保暖台上设置婴儿皮肤温度探测器，探测范围不能少于30~40℃，精度为±0.3℃。

（4）保暖台的温度应该均匀，各点于平均温度之差不能超过2℃。

第四节　紫外辐射的防护

紫外辐射又称紫外线，是波长为100~400nm的电磁辐射。根据紫外辐射不同波段所造成的生理效应特性的不同，分为长波紫外线（UVA，400~315nm）、中波紫外线（UVB，315~280nm）和短波紫外线（UVC，280~100nm）。

一、紫外辐射的效应

1. 消毒作用

短波紫外线对微生物的蛋白质有很强的破坏性，研究发现，紫外辐射杀菌的能力与波长相关，杀菌能力的峰值在波长254nm附近。紫外辐射强度≥$70\mu W/cm^2$时，一定时间的辐射可以有效杀灭病菌，尤其是对大肠埃希菌、志贺菌属、伤寒杆菌、葡萄球菌、结核分枝杆菌、枯草杆菌和谷物中的霉菌作用明显。

2. 红斑效应

人体在受到紫外线辐射后，皮肤出现红斑等生物效应。在紫外线的3个波段（UVA、UVB、UVC）均有可能引起红斑效应，红斑效应其实质是一种无菌性炎症反应，为炎症中的红、肿、热、痛当中的一种表现形式。有学者对紫外线引起的红斑效应进行多年的研究，但其机制尚不完全清楚，目前主要认为是由于紫外辐射引起皮肤组织分泌组胺等物质所造成的。在波长为

310nm 附近，红斑效应最明显。

3. 黑斑效应

黑斑效应为色素沉着的最终体现。当紫外辐射穿透皮肤深部时，皮层的色素物质被氧化形成黑色素，使皮肤变黑。黑斑效应一般使用长波段。

二、主要的医疗用途

紫外辐射可以杀菌，也可以导致生理效应，这些效应可以利用在医学用途上，变辐射之害为利。

1. 紫外消毒

紫外消毒目前是常规的消毒方法之一，对空气自然菌的杀灭效果良好，常用于医院病房的消毒和公共场所的消毒。紫外消毒也常用于家庭卫生和食品卫生中。

2. 紫外治疗

紫外辐射的生理效应可以实现：抗炎、消肿、镇痛、杀菌、促进组织再生、增强人体免疫力。多用于皮肤病的治疗，对一些特殊疾病也有良好的医疗效果，如佝偻病。

三、安全要求

对于利用紫外线来实现医疗用途的设备，应采取以下措施：

1. 把紫外辐射限制在规定的区域内。

2. 人需要进入到辐射区域内时，应有联锁装置，在人进入之前停止辐射。

3. 对紫外辐射治疗设备，其标称辐射强度和输出强度之差不能超过 ±15%。

4. 对紫外辐射治疗区域紫外线的辐照强度，应不超过 GB 18528（《作业场所紫外辐射职业接触限值》）的要求：

（1）时间加权平均接触限值

UVB：每日接触不得超过 $0.26\mu W/cm^2$（或 $3.7mJ/cm^2$）。

UVC：每日接触不得超过 $0.13\mu W/cm^2$（或 $1.8mJ/cm^2$）。

（2）最高接触限值

UVB：任何时间不得超过 $1\mu W/cm^2$（或 $14.4mJ/cm^2$）。

UVC：任何时间不得超过 $0.5\mu W/cm^2$（或 $7.2mJ/cm^2$）。

第九章
温度防护

设备部件超温会导致较高的危害,主要的危害有以下 4 个方面:

——设备能触及的表面温度过高会灼伤人体组织或使操作者感到不适。

——加速绝缘体老化,降低电气绝缘能力。

——超过材料的燃点,导致冒毒烟或着火。

——超过元件规定的工作温度(如 CPU,温度过高会导致失控或者死机),从而产生不可接受的风险。

第一节　设备表面超温

医用电气设备通电运行时,设备表面可能会产生比常温更高的温度,当人员接触到这些热表面时,就存在着烧伤的危险。这些接触可能是有意识的,如设备的操作人员操控设备;也可能是无意识的,如应用部分作用于失去知觉后的患者。在医用电气设备中,因患者无意识而导致烧伤的风险,远高于有意识触及设备外表面而出现的风险。

一、烧伤阈

烧伤阈是指在规定的接触时间内,皮肤与热表面接触无烧伤和引起表层部分烧伤间的温度界限定义的表面温度。

为了评价设备热表面所引起烧伤的危险,应了解人体皮肤与热表面接触时所导致烧伤的生理因素,主要的因素有以下内容:

——设备表面的温度。

——与皮肤接触表面的材料。

——皮肤与热表面接触的时间。

——其他因素:接触点的皮肤厚度、皮肤表面的湿度(出汗),皮肤的沾染物(如润滑油)和接触力等。

烧伤主要由前 3 点因素所造成,见图 9-1。

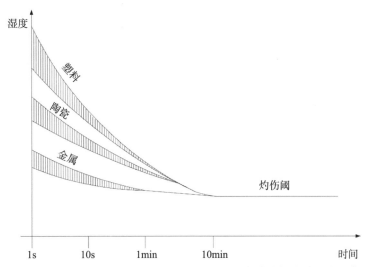

图 9-1　皮肤接触热表面烧伤阈的接触时间和接触材料关系曲线示意图

图 9-1 中烧伤阈曲线表明，当皮肤与热表面接触时，对应某一具体的接触时间，有一个介于不使皮肤被烧伤和发生表皮烧伤之间的表面温度。通常，曲线以下的表面温度值不导致皮肤被烧伤，曲线以上的表面温度值将导致皮肤被烧伤。但图 9-1 未给出烧伤阈的具体数据，仅为说明烧伤阈与接触时间、接触温度和不同接触材料之间的关系。

注：塑料、陶瓷和金属的烧伤阈不同，是因为热传导性能不同所造成的，热传导性能越好，越容易造成烧伤。

二、外壳和控制部件的温度限值

接触时间小于 1 秒时，可以认为是无意识的触及，一般认为，有意识接触的时间应大于 4 秒时。目前对接触时间小于 1 秒的烧伤数据较为缺乏，所以 1 秒时的温度限值取值较高（表 9-1）。

表 9-1　ME 设备可能被触及部件允许的的最高温度

医用电气设备及其部件		最高温度（℃）		
		金属及液体	玻璃、陶瓷、玻璃体材料	成形材料、塑料、橡胶、木材
可能接触的医用电气设备外部表面，接触时间"t"	$t < 1$ 秒	74	80	86
	1 秒 $\leq t < 10$ 秒	56	66	71
	10 秒 $\leq t < 1$ 分钟	51	56	60
	1 分钟 $\leq t$	48	48	48

注：1. 这些温度限制值适用于接触健康的成年人皮肤。不适用于大面积皮肤（10% 体表总面积或者更大面积）接触大范围表面的情况；也不适用于与 10% 以上头部皮肤表面接触。

2. 表中的数值来源于 GB 9706.1—2020。

三、应用部分的温度限值

应用部分与患者的皮肤进行接触，接触时间较短时，可以认为是在医生或患者监控下的有意识行为，作用时间相同时风险等同于操作者，例如：$t < 1$ 分钟，表 9-1 和表 9-2 的温度限值是相同的。当接触时间 > 1 分钟时，材料的热传导性能可以忽略不计。

表 9-2　与皮肤接触的应用部分温度限值

应用部分		最高温度（℃）		
		金属和液体	玻璃、陶瓷、玻璃体材料	成形材料、塑料、橡胶、木质材料
与患者接触时间 "t"	$t < 1$ 分钟	51	56	60
	1 分钟 $\leqslant t < 10$ 分钟	48	48	48
	10 分钟 $\leqslant t$	43	43	43

注：1. 这些温度极限值适用于接触健康的成年人皮肤。不适用于大面积皮肤（10% 体表总面积或者更大面积）接触大范围表面的情况；也不适用于与 10% 以上头部皮肤表面接触。
　　2. 为了便于临床工作，如果治疗部分的温度必须超过表 9-2 的温度极限，《风险管理文件》应该纳入专门文件，说明这种结果的得益能够胜过相关风险的增加。

患者皮肤表面接触的应用部分从 IEC 60601-1 第二版中的 41℃ 提高到 43℃，是根据大量临床数据得出的，可以明确的是插入人体、婴幼儿和对热敏感的人群体腔中，表面接触的43℃ 会有较高风险。然而，43℃ 接触温度限值是经过国际电工委员会 62A 工作组慎重考虑作出的。

四、低温冻伤的限值

如果医用设备的表面能冷却到环境温度以下，也同样会产生冻伤的危险，对此也应对低温表面温度限值作出规定（表 9-3）。

表 9-3　ME 设备产生低温（制冷）用于治疗或作为其运行部分的表面温度

ME 设备及其部件		最低温度℃	
		铝	钢材
ME 设备及其部件外表面可能被接触时间 "t"	$t < 1$ 秒	−20	−20
	1 秒 $\leqslant t < 10$ 秒	−10	−15
	10 秒 $\leqslant t < 60$ 秒	−2	−7

注：外部可接触到患者、操作者和其他人员的表面允许的最低温度的极限，是基于手指触及不同材料的冰冻阈值。

第二节　设备内部部件超温

设备内部部件温升过高，会导致设备的电气性能、机械性能、运行可靠性和使用寿命降低，甚至会引起爆炸或火灾等灾难性的风险。

一、电源线组件超温

电源线在导电过程中，不可避免会产生热量，这些热量会加速导线的绝缘材料老化。为了避免导线的绝缘材料由于超温而导致老化，对其进行了温度限制。

1. 设备电源输入插口的插脚，由于其接触面积及接触程度的原因，会产生较高的温升，但不能超过 65℃。

2. 电源软电线在使用过程中，很可能会被弯曲或有可能弯曲的，其绝缘表面温度不能超过 60℃，因为在弯曲动作和热化学的双重作用下，绝缘材料破裂的概率增大。

3. 电源软电线在使用过程中，造成弯曲或有弯曲的可能性很小时，其绝缘表面温度可以适当放宽，但不能超过 75℃。

4. 医用电气设备的外部具有温度较高的部件时，如果电源线可能触及，即电源线绝缘材料的耐热性应不低于发热部件的温度。

综合上述因素，在选取电源线时，其绝缘材料的耐热性是必须考虑的问题之一。现在的电源线多使用聚四氟乙烯－乙烯共聚物作为绝缘材料，其具有良好的高（低）温特性，高弯折寿命，强的介电强度和良好的抗辐射性等。而硅橡胶在低温情况下具有优异的柔软性、高压电晕阻抗能力，但承受高温能力不足，不能通过燃烧试验。

二、电源变压器超温

电源变压器是设备电源部分中的关键部件，设备整体的安全性很大程度上需要电源变压器来保证，其温升是体现电源变压器安全性能的主要指标之一。

变压器由绕组、铁芯和绝缘材料组成。工作中的变压器铁芯在交变磁场会产生铁损，绕组在通电后会产生铜损，加上其他的一些功率损耗，使得变压器发热量较高。这些热量长期作用于绕组间和绕组与铁芯的绝缘材料时，热化学作用逐渐使其老化，降低绝缘性能。当出现短路或过载等情况时，变压器高温会在较短时间内完全破坏绝缘材料，从而产生不可接受的风险。

1. 电气绝缘材料耐热性等级

电气绝缘材料是具有可忽略不计的电导率，是在电气装置中用以隔离不同电位的导电部件的固体材料。绝缘材料在电气设备中（变压器），通常情况下温度是作用于电气绝缘材料主要的老化因子，因此，国际相关组织认为可靠的基础性耐热分级是有助于安全性的。对于电气绝缘材料某一特定的耐热性等级，就表明与其相适应的最高使用设备温度（表 9–4）。

表 9-4　电气绝缘材料耐热性分级

相对耐热指数（℃）	耐热等级（℃）	传统的表示方法（以前）
< 90	70	—
> 90~105	90	Y
> 105~120	105	A
> 120~130	120	E
> 130~155	130	B
> 155~180	155	F
> 180~200	180	H
> 200~220	200	—
> 220~250	220	—
> 250	250	—

注：1. 相对耐热指数（RTE）：RTE 为某一摄氏温度数值。该温度为被试材料达到终点的评估时间等于参照材料在预估耐热指数的温度下达到终点的评估时间时所对应的温度。

　　2. 本表数据引自 IEC 60085：2004。

　　3. 第 3 列字母表示等级，见于 IEC 60085 早期版本。

2. 防护措施

为了实现变压器的超温防护，可以从以下方面去考虑。

（1）使用热断路器

在绕组中窜接热断路器可以预防变压器超过危险温度。例如：变压器的绝缘材料耐热等级为120℃，可以考虑在绕组合适处安装105℃的热断路器，在温度超过105℃时，切断电源。使用热断路器时需要注意其安装点是否为发热量最大的地方，可能存在某点温度超过120℃，热断路器点温度还未达到105℃，当中有热传导延迟等问题。

（2）过流防护装置

在变压器次级绕组可能发生短路的线路前安装过流保护装置，可以避免变压器因短路而产生高温，同时可避免变压器因短路烧毁，更换过流保护装置可以继续使用。

（3）选用高级别的耐热绝缘材料

变压器过载或短路时的温度可以测量，例如：最高温度为135℃，可以选择155℃等级的绝缘材料，可以避免变压器因故障而导致风险。

三、其他部件的超温

在设备当中，还会存在很多会产生高温的部件，下面选择一些比较典型的部件进行描述。

1. 电解电容

电解电容由于较其他型式的电容器具有电容量大，单位体积电容量大、价格便宜、酸化皮膜具有自身修复等特点，是电气设备中常见的电器元件。其结构见图 9-2。

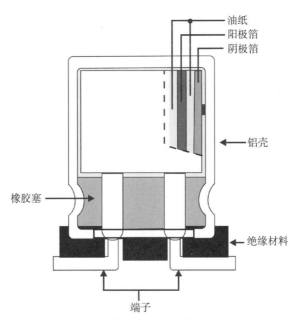

油纸
阳极箔
阴极箔
铝壳
橡胶塞
绝缘材料
端子

图 9-2　电解电容器结构图

电解电容在工作过程中，由于温度升高，会出现以下安全问题：

——引起电特性的较大变化。

——缩短使用寿命，通常工作温度每升高 10℃，寿命缩短一半。

——当出现纹波电流或纹波电压超过额定值时，造成内压增大，会导致爆炸或喷出有毒浓烟等危险（图 9-3）。

图 9-3　过压爆裂的电容器

为了避免电解电容超温情况的出现，在设计中可以按以下建议进行：

——不可超过电容器使用的最高温度。

——不可超过额定纹波电流的电流通过，特殊情况下，可使用耐高纹波电流的电容器。

——不可有超过额定电压的电压通过电容器。

——电容器需要有防爆槽。

——选用与设备相符的电容器。

——在需要进行急速充放电的电容器，请选择与参数相符的电容器。

——电容器的外壳、辅助引出端子与正、负极以及电路板间必须完全隔离。

图 9-3 中，电容器由于过电压而导致破裂，释放出大量浓烟，因有防爆槽，没有产生爆炸。

2. 电池

电池是储能部件，储能较大的电池，可以认为其具有网电源的部分风险。在日常生活中，因电池爆炸或起火使人受伤或丧命的事例非常多（图 9-4），概括电池的主要风险包括：

图 9-4　便携式电脑电池起火

——过电流 \ 电压。

——发热量过大，甚至发热爆炸。

——释放出有毒气体。

——泄漏出液体，导致电路短路。

为防止电池释放能量过快所造成的元器件损坏和自身的发热量过大，可以在电池放电回路设置过流防护装置，对于可由操作者更换的电池，更应考虑更换不同类型电池带来的不确定风险。对于可充电的电池，在进行充电时，可能存在电池电压超过额定值的情况，必须设计一个过电压检测电路，当电池电压达到额定值时，中断充电电路。

电池的罩壳应通风良好，能有效排放因充电或放电时可能逸出的气体，减少积聚和点燃的危险。

电池泄漏出来的液体，应能限制在电池仓内，不会导致其他电路的短路。

可充电电池在充电时，应设计充电状态指示。

3. 电动机

电动机对温度的防护类同于电源变压器。

4. 启动电容

单相电机流过的单相电流不能产生旋转磁场，需要采用电容来分相，目的是使两个绕组中的电流产生近于 90° 的相位差，以产生旋转磁场。

启动电容的温升和电解电容类似，当启动电容发生了短路，会使电机出现类似堵转的情况，从而使发热量过大。

对于自愈式电容器，可在击穿后迅速恢复两极的绝缘性能，可以免除短路试验。

5. 加热器

若设备内部使用了加热器部件，需要考虑加热器超温等情况出现。例如：牙科综合治疗台，如果加热器失控，会烫伤患者口腔，也容易导致失火等危险。对于和患者治疗相关的加热装置，应配备独立于温度控制系统的防护系统，即使在温度控制系统中任一环节出了故障，也不会影响到温度防护系统的正常工作。

6.电源开关和熔断器座

电源开关和熔断器座是接触网电源的部件，这些部件在导电部件接触不良时会受到热化学作用，从而降低其使用寿命。例如：电源开关因老化，在开关次数多时会出现表面绝缘材料破碎等情况，使带电部件暴露于人容易触及的地方。对于电源开关和熔断器座的绝缘材料，应满足 125℃球压试验的要求。

7.开关电源

开关电源承担了与网电源隔离、调压和整流等用途，其作用等同于电源变压器。实现单位功率电能转化时比线性变压器的效率高且价钱便宜，其使用越来越广泛。在开关电源中，以下的一些部件需要考虑温升带来风险。

（1）高频变压器，作用等同电源变压器。

（2）电源印制电路板，是高温部件的载体。

（3）场效应管，高频工作下，产生温度较高。

（4）整流桥（二极管）。

（5）防过流电阻。

（6）大容量电解电容。

第三节　温度测量

测量仅针对可能造成超温的部件进行，对于即使在单一故障状态下也不会超温的部件，不必进行测量。鉴于接触人群和接触程度的不同，其温度限值要求均不相同，应对这些接触进行风险评估后作出规定。

一、设备放置

1.设备应该固定在正常使用位置进行试验。

2.设备应该放在试验角落（图9-5）。试验角落由两个方形侧板和一个底板组成；如果有必要，还可以加上一个顶盖。所有这些板面都应采用 20mm 厚的无光黑色胶合板。试验角落的线性尺寸至少应为被试医用电气设备线性尺寸的115%。

3.将手持式设备悬挂在正常位置，并且处于静止空气中。

4.对于安装在箱体中或者壁板上的设备，使用无光黑色胶合板壁。

图 9-5　试验角

二、电源要求

1.在正常使用条件下，设备加热元件的工作电源电压等于最高额定电压的110%，如果开关联锁装置没有阻碍，即所有加热元件都运行起来。

2.电机驱动的设备工作在正常负载和正常工作循环条件下，并且最不利电压介于最低额定电压 90% 和最高额定电压 110% 的范围内。

3. 综合加热及电机驱动的其他医用电气设备的检测需要在最高额定电压的 110% 和最低额定电压的 90%。

4. 当单独进行零部件检测（如开关电源或电源变压器）的时候，试验配置是模拟正常使用条件下，可能影响试验结果的最差条件（过载或短路等）。

三、温度测量方法

温度测量可以使用多种温度测量仪器，在设备温升测量中，多使用热电耦法，绕组温升也常使用用电阻法测量温升。

1. 热电耦测量法（图 9-6）

图 9-6 使用热电耦测量开关电源中相关部件的温度

热电耦适合所有部件的温升测量。热电耦测试装置可以同时测试的点数多达数十个，灵敏度和精度较高，是温升测试的首选设备。

热电耦测量接点应布置在温度测量处，如果热电耦连接到带电部件或者分别连接到不同极性的部件，会对测量设备带来电击风险时，可以考虑在被测表面加设绝缘护套。

为了使热电耦紧密和被测物体连接，推荐使用胶粘或使用黏性金属箔粘接。热电耦传感器和被测物体的接触面积会影响测量结果，较大的线径因传感器接触的比例低而造成较大的误差，所以选用 0.320mm 或 0.254mm 直径的热电耦较为合适。

当使用热电耦来测量电机或变压器绕组温度的时候，由于热电耦不能深入到绕组内部，考虑到这些影响因素，可以在测量值的基础上增加 10℃的方法得出绕组的平均温度，这是一种妥协的办法。

2. 电阻法测量温升

由于电机和变压器的铜绕组温升和其绕组阻抗变化成比例关系，也可以通过测量绕组阻抗变化来得出其温升值。见公式 9-1：

$$\Delta t = \frac{R_2 - R_1}{R_1}(234.5 + t_1) - (t_2 - t_1) \tag{9-1}$$

式中：Δt 为温升，单位为℃。R_1 为试验开始时的电阻，单位为 Ω。R_2 为试验结束时的电阻，

单位为 Ω。T_1 为试验开始时的室温，单位为℃。T_2 为试验结束时的室温，单位为℃。在试验开始时，绕组温度应为室温。

注：在使用电阻法的时候，建议在试验结束时，开关断开后应在最短时间内尽快完成测量，确定绕组电阻；这样，所绘制的电阻随时间变化的曲线能够更加接近开关断开时的实际值。

3. 使用绕组法测试范例

使用一个小型变压器进行温升检测，测量仪表为直流低阻抗测试仪、电子秒表和环境温度计，其数据见表 9-5 和表 9-6。

表 9-5　试验前后环境温度和初始电阻值

样品 1	样品 2	初始阻值 R_1（Ω）
试验前环境温度（℃）	试验后环境温度（℃）	
23.5	24.4	2133.000

表 9-6　时间和阻抗对应表

时间（秒）（间隔 2 秒）	0	2	4	6	8	10	12	14	16
阻抗（Ω）		2436.00	2434.00	2432.00	2429.00	2426.00	2424.00	2422.00	2419.00

经过温升拟合曲线（图 9-7）算出，在断电后的同时，绕组阻抗为 2438.000Ω。代入公式 9-1，可以得出温升 Δt 为 36.1℃。

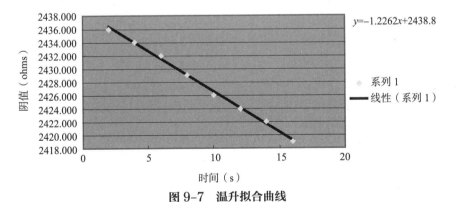

图 9-7　温升拟合曲线

第十章
报警系统

医用电气设备在使用过程中，可能出现患者的异常生理状态，非正常功能状态或引起的对患者或操作者的潜在危害等。医用电气设备引入报警系统，能够提醒医护人员采取恰当的措施来排除异常情况，实现对患者的安全防护。

对医务人员的调查显示，现有的报警信号存在一定的缺陷，如识别报警信号源和声音过高等。同类设备的报警信号不能统一，如对医用监护仪的制造商的调查表明故障报警预设具有广泛多样性。鉴于患者的安全也同样取决于操作者能否正确识别报警信号的特性，报警信号的可用性在设计中亦是重要的组成部分。为此，国际电工委员会提出了一个报警系统的指南标准（IEC 60601-1-8），用于协调报警状态的紧急程度、报警信号和控制的一致性。

第一节　报警状态

一、报警状态的分类

报警状态是指当报警系统确认存在一种潜在的或实际的需操作者注意或响应的危险情况时，报警系统的状况。通常，报警状态分为：①与患者相关的生理报警状态，例如：多参数监护仪监测到心率过速或血压过高等；②与设备自身相关的技术报警状态，例如：血透机的肝素泵被堵转，加热器不能正常工作等；③其他类型的报警状态。

二、报警状态的优先级

基于所触发报警状态需要操作者响应或注意的紧急程度不同，引入优先等级的排序。优先级的确定基于报警状态的风险等级，包括危害的严重性及发生速度。报警状态优先级的水平只是建议操作者对某一报警状态进行反应或关注程度，最终的关注还需要操作者作出评估。

一般情况下，报警状态可以分为：①高优先级；②中优先级；③低优先级（表10-1）。

表10-1中，"立即"类型的问题指若不及时纠正，可能会在短短几秒至几分钟之内导致患者的受伤或死亡。在医疗过程中，需要"立即"处理的问题类型是少数，例如：心跳停止、心室颤动、人工心肺机血泵故障、血液透析设备漏血、呼吸的通气故障、极端的低血氧、电灼伤、维持高能量辐射等。"即时"类问题是指至少在几分钟到几十分钟以后，才可能导致患者的受伤或死亡。例如：多数情况下的心律失常、血透机血压报警、中度低氧血症等。"延迟"类型问题是指仅在几十分钟到数小时后才有可能会对患者产生伤害。例如：维持静脉内液体注射泵的故障、肠内营养泵故障和患者称重系统故障等。

表 10-1　报警状态优先级

对引起报警状态原因响应失败的潜在结果	出现潜在的伤害 [a]		
	立即 [b]	即时 [c]	延迟 [d]
死亡或不可逆转的损伤	高优先级 [e]	高优先级	中优先级
可逆转的损伤	高优先级	中优先级	低优先级
轻微损伤或不适	中优先级	低优先级	低优先级或无报警信号

注：信息信号也可以用来指示延迟的轻微损伤或不适。

[a] 开始潜在伤害是指当损伤虽然还没有被证实，但是已经产生了。

[b] 潜在事件发展要一段时间，通常这段时间使得手动纠正动作不足以实施。

[c] 潜在事件发展要一段时间，通常这段时间使得手动纠正动作足以实施。

[d] 潜在事件发展要一段非特定时间，这一时间比"迅速"的时间要长。

[e] 有治疗功能的医用电气设备通常设计成利用自动安全机制来防止即刻死亡或不可逆转损伤的发生。

第二节　报警信号

报警被触发，报警系统将以信号形式来指示存在或发生的任何报警状态。根据信号的形式可以分为视觉报警信号、听觉报警信号或振动等其他形式报警信号。在实际应用中，听觉信号可能因环境噪音过高而被忽略或听觉报警信号影响到患者的情绪，所以每一个报警状态被触发引起视觉报警信号是必须的。但在正常使用时，设备不需要操作者持续操作或时刻关注的，当触发中或高优先级报警状态时，应产生附加的听觉报警信号，以引起相关人员的注意。对于佩戴于身体的医用电气设备，视觉指示通常会被忽略，在这种情况下，应使用听觉报警信号来替代视觉报警信号，而且听觉报警信号是必须的。

一、视觉报警信号

1.视觉报警信号的目的

视觉报警信号是向操作者指示报警状态的出现及其紧急程度（优先级），帮助操作者确定报警所发生的位置及所需要采取措施的紧急度。对于视觉报警信号，至少要符合以下两点要求：

（1）对"距离"的要求，报警状态的存在及其优先级应在4m的距离内能正确地辨别。

（2）对"操作者位置"要求，指示特定报警状态及其优先级的视觉报警信号应在至少1m距离内或从操作位置能清晰辨别。

在有多台设备同时使用的场所，例如：血液透析中心，当多个报警信号同时出现时，4m的距离，可以让操作者能够作出哪些报警是需要优先处理的决定。对于设备需要持续关注的，至少要实现在1m的距离或操作者位置能清晰分辨出报警状态及其优先等级。

2.报警指示灯的特性

视觉报警信号通常使用报警指示灯或模拟指示灯的图像来实现，对于中、高优先级的报警状态视觉指示，应规范报警灯的特性，以免操作者发生混看。报警指示灯特性见表10-2：

表 10-2 报警指示灯特性

报警类型	指示灯颜色	闪烁频率	占空比
高优先级	红	1.4~2.8Hz	20%~60%（亮）
中优先级	黄	0.4~0.8Hz	20%~60%（亮）
低优先级	青或黄	连续（亮）	100%（亮）

视觉报警信号中，也有一些使用闪烁文本作为报警信号的情况，这不作为推荐的形式，因为闪烁的文本通常不容易阅读。但闪烁的文本在正常和相反影像或其他颜色直接变换的情况是可以接受的。

在使用设备的过程中，可能同时出现多个报警信号，在这种情况下，应用了智能报警系统的设备可以采取高优先报警状态或最近产生的报警信号来阻止内部较低报警状态所产生的报警信号，否则，每个独立的报警状态都需要有视觉指示。

二、听觉报警信号

听觉报警信号的目的是引起操作者的注意，在这基础之上，也能帮助操作者确定报警状态的出现，需要操作者响应的紧急程度以及产生报警信号装置的位置。

听觉报警信号包括脉冲群型式和语音合成的语音报警信号。语音合成的报警信号要通过临床可用性的验证。

1. 听觉报警信号的特征

让操作者有一套熟知的、标准的听觉报警系统，是减轻工作压力和保障安全的前提之一。如果听觉报警的音律无限制的扩展，大量不同的的报警音律呈现给操作者，这会导致混乱而存在危险。IEC 60601-1-8 提供了一套听觉报警信号脉冲群的特征要求（表 10-3）和听觉报警信号脉冲的特征要求（表 10-4），表中详细描述了高优先级、中优先级和低优先级的不同听觉信号的特征。

表 10-3 中，高优先级的脉冲群由 10 个脉冲组成，共分为两组，5 个脉冲一组，每组之间有一个暂停。中优先级的脉冲群由 3 个脉冲组成，低优先级的脉冲群由 1~2 个脉冲组成。与低优先级报警信号比较，高优先级的听觉报警信号使用更快的脉冲群，这种脉冲群的脉冲较短，重复频率更高。

听觉报警信号的时间特征示意见图 10-1。

听觉报警信号的空间定位作用非常大，因为其能帮助操作者快速识别报警状态的位置。4个或 4 个以上的高频谐波出现在听觉报警信号中能增强空间定位。在低频时，空间定位很难确定，因此，可接受的基本频率的较低限值设在 150Hz。通常，噪声对听力的伤害会削弱对高频的感知能力，所以为了确保所有谐波能够听见，基础频率的上限设在 1000Hz。

表 10-3　听觉报警信号的脉冲群的特征

特征	高优先级报警信号	中优先级报警信号	低优先级报警信号
脉冲群中脉冲数	10	3	1 或 2
脉冲间隔（t_s） 介于第 1 与第 2 脉冲间 介于第 2 与第 3 脉冲间 介于第 3 与第 4 脉冲间 介于第 4 与第 5 脉冲间 介于第 5 与第 6 脉冲间 介于第 6 与第 7 脉冲间 介于第 7 与第 8 脉冲间 介于第 8 与第 9 脉冲间 介于第 9 与第 10 脉冲间	x x $2x+t_d$ x 0.35~1.30 秒 x x $2x+t_d$ x	y y 不适用 不适用 不适用 不适用 不适用 不适用 不适用	y 不适用 不适用 不适用 不适用 不适用 不适用 不适用 不适用
脉冲群间期（t_h）	2.5~15.0 秒	2.5~30.0 秒	> 15 秒或不重复
任何两脉冲振幅的差异	最大 10dB	最大 10dB	最大 10dB

注：x 值介于 50ms 与 125ms 之间；y 值介于 125ms 与 250ms 之间。一个脉冲群内 x，y 的变化范围应为 ±5%。中优先级 t_d+y 应大于或等于高优先级 t_d+x。

表 10-4　听觉警报信号脉冲的特征

特征	值
脉冲频率（f_o）	150~1000Hz
为 300~4000Hz 的谐波分量数	最少 4
脉冲有效持续时间（t_d） 高优先级 中、低优先级	75~200ms 125~250ms
上升时间（t_r）	t_d 的 10%~20%
下降时间（t_f）	$t_f \leq t_s - t_r$

注：谐波分量的相对声压级应在脉冲频率处幅度的 ±15dB 范围内。

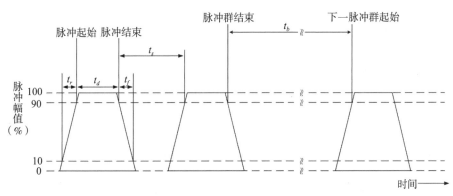

图 10-1　听觉报警信号的时间特征示意图

注：上图仅为表明时间特征的示意图，不代表任何独立的听觉报警信号

2. 听觉报警信号的音量

为了让操作者很好地利用听觉报警信号来识别报警状态的发生或出现，噪声背景很重要，高噪声背景会掩盖听觉报警信号以致操作者没有听到。但是，如果听觉报警信号的声压级和背景噪音相比很高，则会干扰甚至惊吓到人，为了减少惊吓患者的情况出现，操作者可能会选择关闭报警系统，这更会导致风险的产生。

医用电气设备使用场所的不同，背景噪音相差较大，例如：使用手术室的设备，背景噪音水平变化范围是 50~85dB（A）之间；使用家用设备，背景噪音水平一般是 50dB（A）以下。听觉报警信号的音量设置高于背景平均噪声 10~20dB（A）适宜，临床表明，不高于 85dB（A）的报警音量不会过于惊扰患者。

听觉报警信号等级的音量选择，中优先级报警信号的声压级不能超过高优先级报警信号的声压级，低优先级报警信号声压级不能超过中优先级报警信号的声压级。为了避免高优先级的声压级比低优先级声压级高太多，以致使人受到惊吓，较为合理的方案是，高优先级报警信号比中优先级报警信号声压级约高 6dB 较为妥当，其变化范围在 0~12dB 之间均是可接受范围。中、低优先级的报警信号声压级最好一致，如果需要区分，中优先级报警信号声压级的音量不能高出 6dB。

某些设备因功能需要，可能会提供了信息提示音，如血氧脉冲的信息提示音，不能因为提示音的存在，影响了报警音。信息信号的音量水平不能高于低优先级听觉报警信号，并且在原则上不会影响人的情绪，声音不能连续，能被关闭和可调节。

3. 报警系统的故障

如果报警系统出现故障，会导致报警系统不能发挥预期的功能，在这种情况下，可以使用简单的备用电池来触发发声装置，实现产生指示技术报警状态的报警信号。

对于生命支持设备或生命维持设备，如果发生电源意外中断或报警系统失效的情况，导致设备失去功能而操作者没有立即采取补救措施，将会给患者带来严重的伤害。对于这些较高风险的故障，应设置监测系统，并能产生至少 2 分钟的声音报警信号，以确保操作者能够意识到故障的存在。

三、语音报警信号

语音报警是一种较有特色的报警方式，因为语音报警除了警示人注意之外，还可以增加报警信号的信息量，不用查看设备就能知道是什么原因知道导致报警，如血透过程中声音警示"静脉压低限报警"，但这种方式也存在一些缺陷：

（1）语音报警的音量不能过高，所以只能用于一直需要操作者注意的设备上。

（2）患者附近有多台类似设备同时使用时，常分不出报警的具体来源，影响患者及其家属的情绪。

（3）语音报警会与其他的谈话产生相互干扰，报警音量低时会被人之间的谈话覆盖，音量过高则转移谈话人的注意力。

（4）语音报警因为所带的信息量较大，会产生泄漏个人隐私问题。

（5）地区、民族之间的语言不一致，语音报警有人群的区分。

（6）多个语音报警同时存在时，会产生混乱。

鉴于语音报警存在的缺陷较多，需要经过适用性的验证后方能投入使用。

四、报警信号的非激活

连续出现报警信号会降低医务人员的工作效率以及影响新的报警条件的监测，并会对辨别已有的及新的报警状态的能力产生影响。如出现不必要的视觉报警信号会导致显示的混乱并降低对新报警信号的反应。经过国际电工委员会的调研，在下列情况下，操作者希望不激活视觉报警信号：

——设备或系统的某些功能没有使用。

——设备或系统的某些功能是不实用的。

——被监测变量正在周期性地产生假阳性报警条件。

——被监测变量是已知的报警条件。

鉴于这些实际情况，制造商宜考虑提供关闭报警信号的功能，尤其是报警指示灯。

1. 报警信号的非激活状态类型

在过去，不同的制造商对非激活报警信号有多种理解，并用许多不同的名称来描述这些状态，例如：静音、预静音、消音、暂停、失效、抑制、阻止、中止和关闭等，而且即使相同的名称也有不同的含义。为了能统一含义及减少名称的复杂性，国际电工委员会选择了以下名称：

——声音关闭。

——声音暂停。

——报警关闭。

——报警暂停。

注："声音"只代表听觉报警信号，"报警"代表听觉和视觉报警信号，"关闭"表示在没有人为打开以前始终保持关闭状态，"暂停"表示过一段时间后会重新开始。

设备可以提供报警信号的非激活状态，但并不意味着这些非激活状态都可以使用在所有设备当中，报警关闭和声音关闭都需要经过详细的风险分析，只有在频繁的报警信号的风险和没有报警信号的报警状态的风险之间进行权衡，才能设计出可安全使用的报警系统。例如：血液透析设备，治疗时空气进入患者体内时所触发的报警必须是声和光同时出现，而且报警信号不能被关闭，只能声音暂停，暂停时间不能超过 2 分钟。

除了声音暂停、报警暂停、声音关闭、报警关闭外，国际电工委员会还增加了一种报警信号非激活状态——已确认。已确认可以是无限期，也可以是定时的。无限期已确认状况下，只要报警状态未失效，听觉报警信号和 4m 视觉报警信号将一直处于静默状态，因此操作者非常需要了解无限期已确认会持续几小时或几天，这样才能保证已确认功能的安全使用。然而一些操作者之前从未遇到过此功能并且对其影响也不甚了解，使用定时的已确认功能可以提高患者的安全性，在预定时间间隔后听觉报警信号和 4m 视觉报警信号将会自动结束非激活状态，报警信号又变得有效，可防止操作者没有意识到非激活报警状态的风险。

2. 终止非激活报警信号

报警信号非激活状态在下列情况下可以失效终止：

——由操作者终止报警信号的非激活状态。

——新的报警状态出现时，报警信号非激活状态自动终止。

当操作者终止报警信号非激活状态时，未被解除的报警状态应该能够重新引起报警信号的产生。

3. 非激活报警信号的指示

听觉报警信号和（或）视觉报警信号被关闭后，操作者可能会忘记报警状态的存在，从而导致伤害的产生。为了减少风险，使用一套标准的符号（表10-5和表10-6）来提醒操作者报警状态的存在，是实现安全的有效方式。

表10-5　报警信号非激活状态指示

报警信号非激活状况	常见终止事件	视觉指示（标记）状态（强制）	控制器标记（可选）	
		序号（表10-6）	序号（表10-6）	序号（表10-7）
声音暂停	时间间隔结束	6	6	1
报警暂停	时间间隔结束	4 或（4 和 6）	4	2
声音关闭	操作者动作	5	5	3
报警关闭	操作者动作	3 或（3 和 5）	3	4
无限期的已确认	报警状态不再存在	5 或 8	7 或 8	6
定时的已确认	报警状态不再存在或时间间隔结束	6 或 9	7 或 9	7

表10-6　报警系统的部分图形符号

序号	图形	标题	描述	参考标准	参考标准文献的描述
1		报警，通用	在医用报警系统中，该图形符号用途如下： 报警状态 可用来指示报警状态。 注1：报警状态可指示在三角形内部、旁边或下部。 注2：如果需要将报警信号根据优先级进行分类，则可通过增加1个、2个或3个任意的符号进行指示，例如："！"表示低优先级，"！！"表示中优先级，"！！！"表示高优先级	IEC 60417-5307（DB：2002-10）	用于指示在控制设备上的报警 注1：报警类型可指示在三角形内部或下部 注2：如果需要将报警信号进行分类，则可使用符号"5308"，符号"5307"宜用于较低的紧急情况
2		报警系统清除	在医用报警系统中，该图形符号用途如下： 报警复位 识别报警复位的控制。 注：报警条件可指示在三角形内部、旁边或下部	IEC 60417-5309（DB：2002-10）	在报警设备上：用于识别能使报警电路恢复到其初始状态的控制方法。 注：报警类型可指示在非闭合三角形内部或下部

序号	图形	标题	描述	参考标准	参考标准文献的描述
3		报警抑制	在医用报警系统中，该图形符号用途如下： 当叉线是实线时： 报警关闭 用于识别报警关闭的控制或指示报警系统处于报警关闭的状态。 注1：报警状态可指示在三角形内部、旁边或下部。 注2：只要没有混淆的危险，该符号也可用于识别无报警系统的设备	IEC 60417–5319（DB：2002–11）	用于识别控制设备上的报警抑制。 注1：这类报警可指示在三角形内部或下部。 注2：该图形符号可用来表示暂时性的报警限制，只要把实线叉改成虚线叉
4		报警抑制	在医用报警系统中，该图形符号用途如下： 当叉线是虚线时： 报警暂停 用于识别报警暂停的控制或指示报警系统处于报警暂停的状态。 注1：报警条件可指示在三角形内部、旁边或下部。 注2：剩余时间数字计数器可放置在三角形的上面、下面或旁边	IEC 60417–5319（DB：2002–11）根据注2变化	用于识别控制设备上报警抑制。 注1：这类报警可指示在三角形内部或下部。 注2：该图形符号可用来表示暂时性的报警限制，只要把实线叉改成虚线叉
5		铃声取消	在医用报警系统中，该图形符号用途如下： 当叉线是实线时： 声音关闭 用于识别声音关闭的控制或指示报警系统处于声音关闭的状态。 注：报警条件可指示在三角形内部、旁边或下部	IEC 60417–5576（DB：2002–11）	用于识别铃声可被关闭的控制或指示铃声的操作状态。 注1：只要没有混淆的危险，该符号也可用于表示"声音信号，关闭"。 注2：用虚线代替实线时，该图形符号也可表示暂时性的铃声取消
6		铃声取消	在医用报警系统中，该图形符号用途如下： 当叉线是虚线时： 声音暂停 用于识别声音暂停的控制或指示报警系统处于声音暂停的状态。 注1：报警条件可指示在三角形内部、旁边或下部。 注2：剩余时间数字计数器可放置在铃的上面、下面或旁边	IEC 60417–5576（DB：2002–11）根据注2变化	用于识别铃声可被关闭的控制或指示铃声的操作状态。 注1：只要没有混淆的危险，该符号也可用于表示"声音信号，关闭"。 注2：用虚线代替实线时，该图形符号也可表示暂时性的铃声取消

序号	图形	标题	描述	参考标准	参考标准文献的描述
7		已确认	在医用报警系统中，该图形符号用途如下： 已确认 用于识别已确认的控制	ISO 7000-1326（2004-01）	—
8	 或	已确认铃声取消	在医用报警系统中，该图形符号用途如下： 已确认 用于指示报警状态处于已确认状况，该状况无确定限期。 注：报警状态可指示在铃下部或旁边	结合： ISO 7000-1326（2004-01）和 IEC 60417-5576（2002-11）	用于识别铃声可被关闭的控制或指示铃声的操作状态。 注1：只要没有混淆的危险，该符号也可用于表示"声音信号，关闭"。 注2：用虚线代替实线时，该图形符号也可表示暂时性的铃声取消
9	 或	已确认铃声取消	在医用报警系统中，该图形符号用途如下： 已确认 用于指示报警状态处于已确认状况，直到该状况时间间隔已消逝。 注1：报警状态可指示在铃下部或旁边。 注2：剩余时间数字计数器可放置在铃的上面、下面或旁边	结合： ISO 7000-1326（2004-01）和 IEC 60417-5576（2002-11）根据注2变化	用于识别铃声可被关闭的控制或指示铃声的操作状态。 注1：只要没有混淆的危险，该符号也可用于表示"声音信号，关闭"。 注2：用虚线代替实线时，该图形符号也可表示暂时性的铃声取消

表 10-7　报警系统中可选择的相关标记

序号	标记	描述
1	声音暂停 或 声音报警暂停	声音暂停 用于识别听觉报警信号被声音暂停的控制
2	报警暂停	报警暂停 用于识别报警信号被报警暂停的控制
3	声音关闭 或 声音报警关闭	声音关闭 用于识别听觉报警信号被声音关闭的控制
4	报警关闭	报警关闭 用于识别报警信号被报警关闭的控制
5	报警复位	报警复位 用于识别报警复位的控制
6	无限期已确认	已确认 用于识别报警信号已确认，无限期的控制

序号	标记	描述
7	定时已确认	已确认 用于识别报警信号已确认，直到时长过去的控制

注：这些标记的文本可翻译成操作者预期使用的语言。

五、报警信号的栓锁或非栓锁

非栓锁报警信号是指触发报警的信号源不存在时，报警信号应能够自动停止报警。栓锁报警信号是指触发报警的信号源不存在时，报警信号能够继续产生报警。栓锁或非栓锁报警信号可以按优先级来选取，同一个报警系统中，可以同时存在栓锁或非栓锁报警信号。

使用非栓锁报警信号，在可导致伤害的事件消失后，报警信号自动消失，减少噪声的污染，对于正常使用时需要操作者一直注意的设备，可以设计为非栓锁报警形式。但还需要符合以下的一些要求：

——对于一个持续时间很短的报警条件，具有中优先级的听觉报警信号要一个完整的脉冲群（或对于高优先级报警信号要完成1/2脉冲群），以帮助操作者识别一个短暂的报警条件。例如：一个呼吸系统的瞬间阻碍，其报警为外科医生所依赖。

——在报警条件清除后，对特定报警条件所产生的可视报警信号将会持续产生一段时间（例如：30秒）。

——具有被操作者查询、打印或记录报警状态的日志或趋势。

由于听觉栓锁报警信号会产生噪音污染并可能导致操作者启动报警关闭状态。所以听觉栓锁报警信号预期用于正常使用时不引起操作者注意的报警系统，其会强制要求操作者对患者或报警系统进行评估。

第三节　报警预设及限值

一、报警预设

相对那些仅能提供机械调节的报警预设和仅能保持当前报警设置或简单的持续显示可调节报警设置值的设备，能够触发每个报警状态及其优先级的报警限值，或报警系统所关注的当前患者信息的可用信息，具有更多的灵活性和可用性。

1.报警预设的方式

在使用设备前，操作者了解报警系统的工作原理和所有的报警预设值是安全保障的条件之一，主要的报警预设包括制造商报警预设、默认报警预设和操作者报警预设3种形式。

制造商设定报警预设是必须的。默认报警预设可以与制造商预设不一致，如果不一致时，应该有相应的措施去防止操作者更改默认报警预设。

设备在制造商设定报警预设的基础上，如果还具有操作者报警预设的报警系统，这些报警预设应该是：

（1）应向操作者提供选择可用的报警预置的方法。

（2）应向操作者提供易于识别哪个报警预置正在使用的方法。

（3）使用说明书应包含操作者宜在使用前检查当前的报警预置是否合适于每位患者的警告性说明。

（4）在随机文件中应说明设置及存储报警预置的方法。

（5）应有相关措施防止操作者改变责任方设定的或制造商设定的报警预置。改变责任方设定的或制造商设定的报警预置的操作应仅限于责任方。

（6）应有相关措施防止个别操作者保存对其他操作者存储的报警预置的改变。

（7）报警系统可存储当前的报警设置以便之后调用。

例如：临时存储能返回到选择一个报警预置之前所使用的报警设置。

2.电源中断对预设值的影响

医用电气设备在使用过程中，可能会出现电源意外中断的情况，一般来说，供电网中断时间不超过 30 秒被认为是正常状态，因为，对于重新接通电源或紧急发电装置使设备恢复通电而言，30 秒的时间足够了。同样，对于电池供电的设备，由操作者更换内部电源的设备，当内部电源被迅速更换, 30 秒也完全可以实现。为了保障设备使用的连续性，对有报警系统的设备，电源中断 30 秒或恢复供电报警预置应自动能够恢复。

二、报警限值

报警限值可以分为：①固化的不可调节形式；②由操作者可调节的设置点；③运算准则形式的自动设置共 3 种形式。

1.不可调节的报警限值

不可调节的报警限值是固化在设置程序中，不允许操作者和使用者修改。这种报警值的设计需要考虑到患者人群的变化，宜设计于产品的极端低或极端高的危险值出现才实现报警。例如：血液透析机中独立于温度监控的温度安全防护系统，就是一个不可以调节的温度报警限值，这个限值为 41℃，制造商也可以设置比 41℃温度低一些，当温度监控系统失效的时侯，这个不可调节的报警系统就是最后的保护屏障。

2.可调节的报警限值

可调节的报警限值由操作者根据患者的实际情况进行调节，例如：多参数监护仪的心率报警，根据需要进行设置报警值。这种可调节的报警限值应被连续的或通过操作者的动作指示。

3.自动设置的报警限值

自动设置的优点是在知道患者某个具体数值后才选择某个监控范围，具有较强的个体针对性。其报警限值来自于某一时间点上的值或某一段时间的平均值。例如：某些血液透析机中的静脉压监控，当患者在的治疗进入稳定状态时，静脉压也进入较为稳定状态，设备会自动选择稳定状态时的静脉压为基点，自动设置上下限报警值。又如血液超滤时的血容量监控，也会自动选取某一时刻为 100%，超过这点的 ±5% 就会触发报警。

在报警限值的设置或调整的过程中，还没有确认时，原来的报警系统能否保持正常功能非常重要。可能有一些报警系统，在调节的时侯，所有的报警状态全不能被触发，如果在调整过程中出现异常而没有被设备监控，则会导致伤害的产生。

第四节　分布式报警系统

分布式报警系统可以同时监测多台医用电气设备，可以和被监测的医用电气设备不在同一环境中，甚至空间距离上是很远的，这就节省了很多人力和物力资源（例如：护士在中央监护站同时监测多位患者的情况，或者在家中、办公室远程观察患者情况）。长、中、短范围的双向无线通讯为分散式报警系统带来新的机遇与新的挑战。本节主要提及分布式报警系统需要注意的一些问题。

一、报警的延迟

分布式报警系统包括有线或无线局域网，有线或无线设备连接到网络、商业座机和移动电话网络、商业单路或双路的寻呼系统以及其他系统进行报警信号的传输。在所有的这些系统中，由于报警状态传输需要网络及其他系统，产生延迟是不可避免的。延迟的情况包括：
——在报警系统侦测到报警条件之前会存在延迟。
——在主报警系统产生报警信号之前会存在延迟。
——在报警条件传送到一个分散式报警系统之前会存在延迟。
——在分布式报警系统产生报警信号之前会存在延迟。
由于外界因素的影响，许多延迟都具有不确定性，需要对其进行统计分析以确定报警状态通过报警信号指示给操作者之前所用的时间，但同样不能确定最长时间是多少。

二、系统故障

分布式报警系统的信号传输需要经过多个系统的配合，系统组成的增多同样增加了系统故障的风险。

分布式报警系统故障或主报警系统与分散式报警系统之间的连接故障时，要求主报警系统能够正常产生报警信号。如果主报警系统处于声音暂停、声音关闭、报警暂停、报警关闭的状态，需要分布式报警系统注意报警条件（例如：激活分布式报警系统），如果分布式报警系统故障，则主报警系统宜被自动激活。

三、人员响应

分布式报警系统的应用，将改变操作者对报警信号的响应方式。在许多情况下，远程操作者与患者之间有一定的距离，他们无法亲自对患者或设备问题做出响应。鉴于此类现实问题的存在，提高操作者以及时的和适当的方式对每一个报警状态做出响应的能力是分布式报警系统发展的基础。

第十一章
可编程医用电气系统

医用电气设备或医用电气系统通常包含了基于一个或多个中央处理单元的系统，该系统常与医用电气安全及功能密切相关，而系统性失效会脱离测试的实际限制，成品测试不能充分说明可编程医用电气系统（PEMS）的安全性。综上所述，建立和遵循具有特定要求的过程，让使用者能够确定如何完成这些要素，对实现安全要求是重要的。

第一节　概述

可编程医用电气系统的定义为：包含一个或多个可编程电子子系统的医用电气设备或医用电气系统。可编程医用电气系统中应含有可编程电子子系统（PESS），而可编程电子子系统中必包含有基于一个或多个中央处理单元的系统，含有微处理器、微控制器、可编程控制器、专用集成电路、可编程逻辑控制器和其他以计算机技术为基础的装置。

可编程医用电气系统可以是一个简单的医用电气设备，也可以是一个复杂的医用电气系统，或者可以介于两者之间，结构模型示例见图 11-1：

PEMS 结构对于实现基本性能及安全要求来说是极其重要的。我们通过对可编程医用电气系统设计过程的途径进行要求和规定，使该产品不再引入新的隐患和风险，从而达到保证安全的目的。这样的要求及规定使得制造商必须建立并有效运行一个质量管理体系，并按 YY/T 0316—2016 应用风险管理过程，软件应符合 YY/T 0664—2020 中开发阶段的要求。而体系结构是可以文档化的，用来描述可编程医用电气系统的构成，及每个可编程电子子系统之间在作为一个整体时的相互关系。这样的体系结构宜明确以下方面：

（1）可编程医用电气设备分解为组件，尤其那些在可编程电子子系统中实现的组件，包括软件组件。

（2）每个可编程电子子系统及其组件要实现的功能（包括适当的安全相关功能）。

（3）软件组件间的接口。

（4）软件组件和软件外部组件之间的接口。

由于要求使用者建立、维护和应用风险管理过程作为符合性的一个部分，医疗器械软件的开发和修改的要求已在 YY/T 0664 中规定，所以本章节将介绍其使用与产品投入服务之前开发阶段的要求。

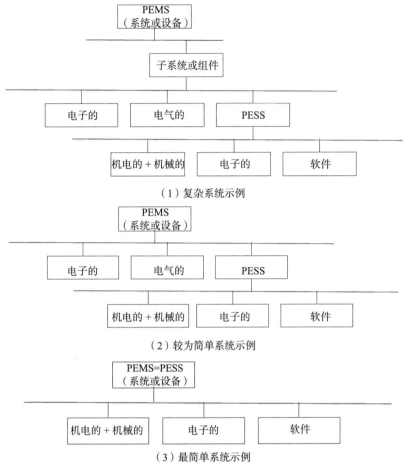

（1）复杂系统示例

（2）较为简单系统示例

（3）最简单系统示例

图 11-1 可编程医用电气系统示例

针对要处理的任务，要求如下，以确保基本安全和基本性能：

（1）着重安全性考虑，应用于特定的医用电气设备。

（2）医用电气设备的开发过程。

（3）保证安全性的方法。

（4）风险分析和风险控制的技术。

可编程医用电气系统的符合性要求规定遵循可编程医用电气系统开发生命周期，要有确定的属性，是整个产品生命周期的组成部分。模型视图见图 11-2。

此模型阐明了：

（1）分层的设计活动。

（2）对每个设计层，有对应集成和验证层。

（3）验证部分被集成，整合到上一层。

（4）问题解决过程的相互影响。

按需求分解设计的方式，决定功能单元模块、体系结构和技术。当设计信息可以使可编程医用电气系统以组件的形式构造时（设计信息的示例是电路图或者软件代码），该分解过程结束，然后将组件集成到一起，验证集成的组件是否满足需求。在集成过程结束后，进行可编程医用电气系统的确认，以确定可编程电气系统是否按预期工作。

因此，在应用开发生命周期模型时，设计和实现应注意以下方面：

（1）设计环境。

（2）电子元器件。

（3）硬件冗余。

（4）人 –PEMS 接口。

（5）能量源。

（6）环境条件。

（7）第三方软件。

（8）网络选项。

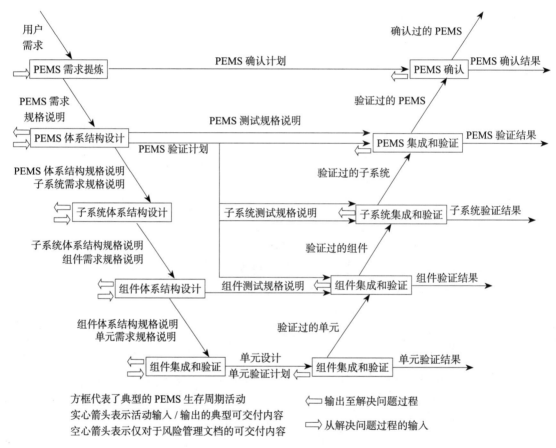

图 11-2　PEMS 开发生命周期模型

第二节　开发生命周期的活动文档化

本章第一节提到，制造商建立并有效运行一个质量管理体系，并按 YY/T 0316—2016、YY/T 0664—2020 进行应用风险管理过程及软件开发阶段。而这个管理体系的有效运行，每个步骤都会产生所要求的文档，可以通过检查各条款要求的过程中生成的文档来进行判断可编程电气系统的符合性。由于符合性声明中已导入了评估概念，因此，在必要的地方可使用检验以外的方法，如审核。虽然没有要求制造商依据 ISO 13485 运行一个质量管理体系，但是质量管理体系的一些特性是必要的。通常认为使质量管理体系有效所必需的一个特性是在组织内进行审核和审查的过程，以确认该过程按照其既定的程序进行。因此，这个标准不仅要求制造商将设计过程文档化，而且要求开展评估，以证实要求得到遵循。

确定过程要求的符合性的预期方法是通过保证每个过程步骤产生所要求的文档来实现的，要求这些过程步骤的文档对于认证机构确定过程步骤已经得到完成是必要的，因此，这些文档是风险管理文档的一部分。

制造商宜确保这些文档是清晰的和可理解的，以促进评估过程的进行。因为可编程医用电气系统的安全性的论证依赖于文档，所以需要有效的系统来保证文档的完整性，如果存在不同版本的文档，那么也同样需要识别每个版本的适用性。这些文档应在风险管理计划时得到确认，这是开发可编程医用电气系统时的一个必要活动。

生命周期活动的文档化有助于整改产品开发期间，确保安全问题得到考虑，这对可编程医用电气系统来说是至关重要的，因为在开发完成后，其安全性是不能再提高的。在可编程医用电气系统的实际开发过程中，这些过程的质量和严密性，由风险评估结果确定，如果在后期发现采用不合适的过程或应用不充分的质量和严密性，那么只能采用正确的过程重新进行开发。在开发生命周期后期，如系统需求不正确或缺失时，进行更改，为维持体系结构解决方案的完整性，后期更改需要大量的返工，在时间和资金上，代价往往是巨大的。

因此，产品开发生命周期提供了一个框架，框架允许以及时和系统的方式进行必要的安全活动，保证所有要求的安全活动能够得到实施。生命周期需要早期决定，不同的生命周期模式是可以接受的。

产品开发生命周期的里程碑的要求以及每个有输入和输出的活动，确保被恰当地考虑到：相应的活动，活动开始前需要完成的文档，以及活动开始后需要提供的文档。

根据输入和输出来定义活动，因为这容易衡量活动的输入和输出是否存在。制造商有责任确定里程碑是如何实现的和所需的文档是如何形成的，以便完成结果的验证。这没有要求里程碑的数量和性质，也没有暗示所有的项目活动必定同时通过里程碑，为制造商提供了最大灵活性。

在一个良好的生命周期中，必要的活动在执行前就被定义；开发活动中的过程可被指定为风险管理的结果；在活动开始前，必要的输入是可获得的；要定义相关准则，确定活动是否已完成和是否分工明确。

为了确定是否每个活动都令人满意地被完成，要求定义每个活动的验证准则。可根据风险控制措施和基本性能的验证，检查输入是否已完整、正确并按所要求的过程转化为输出。

第三节　关于可编程医用电气系统实施 GB/T 25000.51 的要求

医疗器械软件包括本身即为医疗器械的软件或者医疗器械内含的软件组件，后者基于通用、专用数据接口与特定医疗器械联合使用，可视为医疗器械附件，是指具有一个或多个医疗目的 / 用途，控制 / 驱动医疗器械硬件或运行于医用计算平台的软件。软件组件可分为内嵌型软件组件和外控型软件组件，前者运行于医用计算平台，控制/驱动医疗器械硬件，如心电图机、脑电图机所含嵌入式软件（即固件）；后者运行于通用计算平台，控制/驱动医疗器械硬件，如CT、MRI图像采集工作站软件。可编程医用电气设备中的可编程电子子系统应属于软件组件，依据《医疗器械软件注册审查指导原则（2022年修订版）》，注册申请人需在软件研究资料中提交GB/T 25000.51的检验报告，"软件质量要求"适用于软件本身，同时"使用质量"不适用。

在GB/T 25000.51—2016中软件质量属性被划分为8个产品质量特性（功能性、性能效率、兼容性、易用性、可靠性、信息安全性、维护性、可移植性），产品质量模型见图11-3：

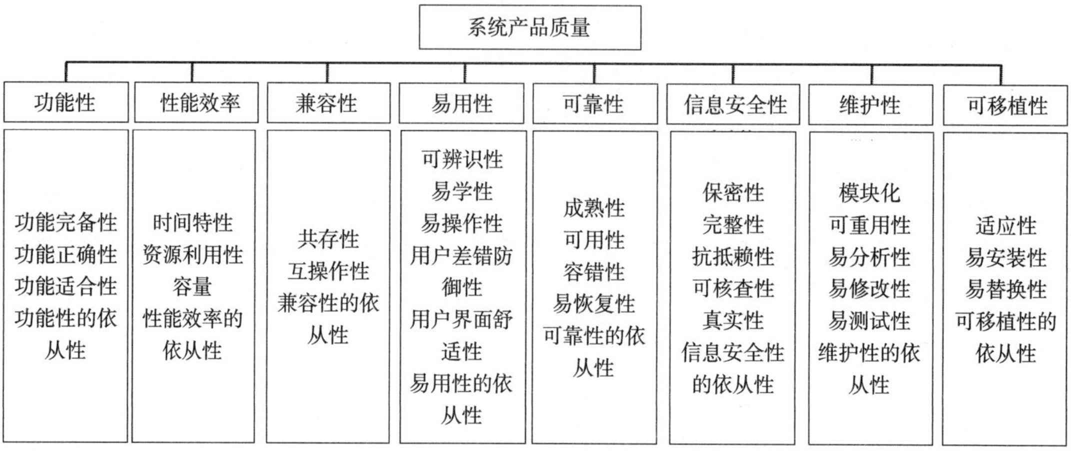

图11-3 软件产品质量模型

1. 功能性

功能性：在指定条件下使用时，产品或系统提供满足明确和隐含要求的功能的程度。

功能完备性：功能集对指定的任务和用户目标的覆盖程度。

功能正确性：产品或系统提供具有所需精度的正确结果的程度。

功能适合性：功能促使指定的任务和目标实现的程度。

功能性的依从性：产品或系统遵循与功能性相关的标准、约定或法规以及类似规定的程度。

2. 性能效率

性能效率：性能与在指定条件下所使用的资源量有关。

时间特性：产品或系统执行其功能时，其响应时间、处理时间及吞吐率满足需求的程度。

资源利用性：产品或系统执行其功能时，所使用资源数量和类型满足需求的程度。

容量：产品或系统参数的最大限量满足需求的程度。

性能效率的依从性：产品或系统遵循与性能效率相关的标准，约定或法规以及类似规定的程度。

3. 兼容性

兼容性：在共享相同的硬件或软件环境的条件下，产品、系统或组件能够与其他产品、系统或组件交换信息。和（或）执行其所需的功能的程度。

共存性：在与其他产品共享通用的环境和资源的条件下，产品能够有效执行其所需的功能并且不会对其他产品造成负面影响的程度。

互操作性：两个或多个系统、产品或组件能够交换信息并使用已交换的信息的程度。

兼容性的依从性：产品或系统遵循与兼容性相关的标准约定或法规以及类似规定的程度。

4. 易用性

易用性：在指定的使用周境中，产品或系统在有效性、效率和满意度特性方面为了指定的目标可为指定用户使用的程度。

可辨识性：用户能够辨识产品或系统是否适合他们的要求的程度。

易学性：在指定的使用周境中，产品或系统在有效性、效率、抗风险性和满意度特性方面为了学习使用该产品或系统这一指定的目标可为指定用户使用的程度。

易操作性：产品或系统具有易于操作和控制的属性的程度。

用户差错防御性：系统预防用户犯错的程度。

用户界面舒适性：用户界面提供令人愉悦和满意的交互的程度。

易访问性：在指定的使用周境中，为了达到指定的目标，产品或系统被具有最广泛的特征和能力的个体所使用的程度。

易用性的依从性：产品或系统遵循与易用性相关的标准，约定或法规以及类似规定的程度。

5. 可靠性

可靠性：系统、产品或组件在指定条件下、指定时间内执行指定功能的程度。

成熟性：系统、产品或组件在正常运行时满足可靠性要求的程度。

可用性：系统、产品或组件在需要使用时能够进行操作和访问的程度。

容错性：尽管存在硬件或软件故障，系统、产品或组件的运行符合预期的程度。

易恢复性：在发生中断或失效时，产品或系统能够恢复直接受影响的数据并重建期望的系统状态的程度。

可靠性的依从性：产品或系统遵循与可靠性相关的标准，约定或法规以及类似规定的程度。

6. 信息安全性

信息安全性：产品或系统保护信息和数据的程度，以使用户、其他产品或系统具有与其授权类型和授权级别一致的数据访问度。

保密性：产品或系统确保数据只有在被授权时才能被访问的程度。

完整性：系统、产品或组件防止未授权访问、篡改计算机程序或数据的程度。

抗抵赖性：活动或事件发生后可以被证实且不可被否认的程度。

可核查性：实体的活动可以被唯一地追溯到该实体的程度。

真实性：对象或资源的身份标识能够被证实符合其声明的程度。

信息安全性的依从性：产品或系统遵循与信息安全性相关的标准、约定或法规以及类似规定的程度。

7. 维护性

维护性：产品或系统能够被预期的维护人员修改的有效性和效率的程度。

模块化：由多个独立组件组成的系统或计算机程序，其中一个组件的变更对其他组件的影响最小的程度。

可重用性：资产能够被用于多个系统，或其他资产建设的程度。

易分析性：可以评估预期变更（变更产品或系统的一个或多个部分）对产品或系统的影响、诊断产品的缺陷或失效原因、识别待修改部分的有效性和效率的程度。

易修改性：产品或系统可以被有效地、有效率地修改，且不会引入缺陷或降低现有产品质量的程度。

易测试性：能够为系统、产品或组件建立测试准则，并通过测试执行来确定测试准则是否被满足的有效性和效率的程度。

维护性的依从性：产品或系统遵循与维护性相关的标准，约定或法规以及类似规定的程度。

8. 可移植性

可移植性：系统、产品或组件能够从一种硬件、软件或其他运行（或使用）环境迁移到另一种环境的有效性和效率的程度。

适应性：产品或系统能够有效地、有效率地适应不同的或演变的硬件、软件或其他运行（或使用）环境的程度。

易安装性：在指定环境中，产品或系统能够成功地安装和（或）卸载的有效性和效率的程度。

易替换性：在相同的环境中，产品能够替换另一个相同用途的指定软件产品的程度。

可移植性的依从性：产品或系统遵循与可移植性相关的标准、约定或法规以及类似规定的程度。

说明书应根据产品质量模型、开发生命周期中需求及设计、GB 25000.51—2016 第 5 章要求，描述相关内容，验证方应根据 GB 25000.51—2016 第 6 章编制测试文档集，拟定测试计划，制定测试用例，编写测试记录，并形成测试结果。

鉴于可编程医用电气系统的特性，只有综合考虑风险管理、质量管理和软件工程的要求，才能保证其安全有效性。制造商需基于软件风险程度，采用良好软件工程实践完善质量管理体系，针对算法、接口、更新、异常处理等方面，尽早、重点、全面开展质量保证工作。

第十二章
可靠性和可用性

一直以来，使用安全性和有效性作为衡量医用电气设备质量的标准，未能反映医疗设备特性的全部，如"好用""耐用"属于什么？"好用""耐用"既不是安全性的要求，也不全是有效性的要求，但却与产品的质量紧密相关。"好用"反映的是产品可用性，"耐用"即是可靠性的一部分。高品质的医用电气设备，必然是安全、有效、可用、可靠、经济的综合体。可靠性和可用性已经成为衡量医用电气设备质量的两项重要技术指标。

第一节　可靠性

"可靠性"，顾名思义，就是可信赖、可依靠的特性。一个产品是否可靠，我们可以简单的理解为其能持久地保持其性能和安全，不出现问题、不发生故障，为用户所用。对医疗器械而言，当然是可靠性越高越好，可靠性高的产品，可以正常工作（无故障工作）更长时间。

一、范围及原则

1. 范围

什么是可靠性？简言之可靠性是时间范畴的概率度量。在国家标准和医药行业标准中，都对可靠性做出了明确的定义：产品在规定的条件下和规定的时间内，完成规定功能的能力。产品即为开展可靠性工作时考虑的对象，可以是单个部件、元器件、设备、系统等，也可以是由硬件、软件、人员组成，或其任意组合。

可靠性定义主要包括三要素：

（1）规定条件，包括影响可靠性的各个方面，如产品使用时的应力水平（载荷水平）、运行模式、环境条件以及维修等。例如：同一型号规格的手术病床在最大额定负载下运行和小负载下运行，其可靠性的表现会出现差别，因此，评价可靠性时必须指明规定的条件是什么。

（2）规定时间，指产品的工作时间，可用适合的计量单位表示，如日历时间、工作周期、行程等。随着工作时间的增加，产品出现故障的概率也将增加，产品的可靠性随之下降。因此，评价产品的可靠性离不开规定的工作时间。

（3）规定功能，至少应满足产品的安全性和有效性。一台功能复杂、指标更高的超声诊断设备，其可靠性指标与功能简单、指标较低的超声诊断仪的可靠性指标必然是大不一样的。

为了确定和达到产品的可靠性要求所进行的一系列技术工作统称为可靠性工作。可靠性工作覆盖了产品生命周期的全部阶段，如设计、研制、生产、试验、使用等，对应的可靠性工作包括可靠性管理、设计分析、试验与评价、评估与改进，见图12-1。通过开展可靠性工作，可确保产品达到规定的可靠性要求，保持和提高产品的可靠性水平，满足实际使用需要、减少寿命周期费用。

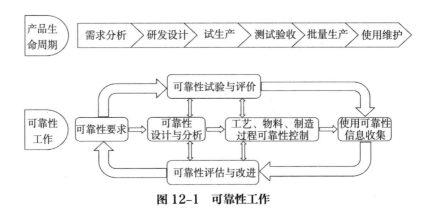

图 12-1 可靠性工作

2.工作原则

可靠性工作的开展必须考虑从设计、制造、安装、使用到维护的整个产品生命周期每一阶段。在进行可靠性工作时，应遵循以下原则：

（1）可靠性要求与维修性、风险管理及资源等要求相协调，确保可靠性要求合理、科学并可实现。

（2）可靠性工作遵循预防为主、早期开展的方针，在研发阶段就被纳入产品的设计工作之中，统一规划，协调进行，把预防、发现和纠正设计、制造、元器件及原材料等方面的缺陷和消除单点故障作为可靠性工作的重点。

（3）尽量采用成熟的设计和技术，分析已有类似产品在使用可靠性方面的缺陷，采取有效的改进措施，以提高其可靠性。

（4）软件的开发符合软件工程的要求，对关键软件应有可靠性要求并规定其验证方法，并对其进行功能、性能、可用性等全方面的测试，保证软件满足使用要求。

（5）应采用有效的方法和控制程序，以减少制造过程对可靠性带来的不利影响，如利用故障模式及影响分析和环境应力筛选（ESS）等方法来保持设计的可靠性水平。

（6）加强对研制和生产过程中可靠性工作的控制，可通过开展可靠性评审，为阶段决策提供依据。

（7）充分重视使用阶段的可靠性工作，在产品上市后尽早开展使用期间的可靠性评估和改进工作，以尽快达到使用可靠性的目标值。

（8）在选择可靠性工作项目时，应根据产品所处阶段、复杂和关键程度、使用（贮存）环境、新技术含量、费用、进度以及数量等因素，对工作项目的适用性和有效性进行分析，以选择效费比高的工作项目。

二、需求分析与指标确定

1.用户需求分析

用户需求是确定可靠性要求的基础，是开展可靠性工作的输入，应在产品研发立项初期尽早开展用户需求分析工作。

可按照表 12-1 的方式开展用户需求分析，包括产品或部件在规定的时间内使用频次、使用场景、使用习惯等。

表 12-1 用户需求分析调研表

用户需求	说明	分析
使用频次	每周运行次数、每次运行时间等	电源插头插拔每周 ×× 次，以使用寿命 8 年计算，则需求插拔 ×××× 次
使用场景	室内、户外、家用、是否频繁移动等	……
使用习惯	用户操作界面的力度、方向和习惯，清洁维护习惯等	……

2. 可靠性度量

医用电气设备可靠性评价可以定量，可以定性，也可两者综合。常见的度量指标有以下内容：

（1）可靠度。产品在规定的条件下和规定的时间区间（t_1，t_2）内完成规定功能的概率。当 $t_1=0$ 和 $t_2=t$ 时，可靠度可表示为 R（t）。

（2）失效率（故障率）。产品在规定的条件下工作到时刻 t 之后，在单位时间 Δt 内发生失效（故障）的数量与 t 时刻尚未发生失效的数量之间的比值，一般记为 λ（t）。

（3）可靠寿命。产品的可靠度等于规定值时的时间为可靠寿命。

（4）平均失效间隔时间（MTBF）。在规定的条件下和规定的期间内，产品寿命单位总数与故障总次数之比。MTBF 为可修复产品的一种基本可靠性参数。

（5）平均失效前时间（MTTF）。在规定的条件下和规定的期间内，产品寿命单位总数与故障产品总数之比。MTTF 为不可修复产品的一种基本可靠性参数，在数值上等于其失效率的倒数。

3. 指标确定

可靠性定性指标是对产品设计、工艺、软件及其他方面提出的非量化要求，如采用成熟技术、简化、冗余和模块化等设计要求，高完善元器件的选择和使用，降额和热设计要求等。

可靠性定量指标可根据评价的产品故障特点进行选取：

（1）考核产品、软件及零部件的故障次数，宜选用可靠度、失效率、MTBF 等。

（2）考核产品的早期故障，宜选用 MTTF 等。

（3）考核产品的性能完好性，宜选用可用度、MTBF、平均严重故障间隔时间（MTBCF）、平均维修间隔时间（MTBM）等。

（4）考核产品及零部件的耐久性，宜选用使用寿命、可靠寿命等。

可靠性指标的确定应依据产品的寿命剖面和任务剖面，基于制造商的研发能力和经费额度，可以参考以往产品和行业同类产品的可靠性水平，宜高于用户的需求值。在满足实际使用需求和同类产品可比性的前提下，选择的可靠性指标数量应尽可能少，并且指标之间相互协调，同时尽可能考虑与维修性、可用性、可测试性、保障性等指标相协调。

三、可靠性设计

1. 建立可靠性模型

可靠性模型包括可靠性框图和相应的数学模型。

可靠性框图以产品的原理图、功能框图和功能流程图为基础，表示产品各单元的故障如何导致产品故障的逻辑关系。一个复杂的产品往往有多种功能，但其基本可靠性模型是唯一的，即由产品的所有单元组成的串联模型。

任务可靠性模型则因任务不同而不同，既可以建立包括所有功能的任务可靠性模型，也可以根据不同的任务剖面建立相应的模型，任务可靠性模型一般是较复杂的串 – 并联或其他模型。

应尽早建立可靠性模型，即使没有可用的数据，通过建模也能提供可靠性管理需求的信息。随着可靠性和其他相关试验获得的数据更新，以及产品结构、使用要求和使用约束条件等方面的更改，应及时修改可靠性模型。

2. 可靠性分配

可靠性分配是将产品的可靠性指标合理地逐级分解到各个子系统、部件、器件，确定产品各组成单元的可靠性指标要求，从而保证整个产品的可靠性指标。可靠性分配是一个由整体到局部、由上到下的分解的过程，一般按照以下准则进行：

（1）可靠性分配应在研制阶段早期进行。

（2）可靠性分配时应留出一定的余量。

（3）对于关键性部件、难以维修或更换的部件、不易版本升级和迭代的软件模块，分配较高的可靠性指标。

（4）对于较为复杂的部件、恶劣环境条件下工作的部件、新研制、采用新材料新工艺、技术上不太成熟的部件，分配较低的可靠性指标。

3. 可靠性预计

可靠性预计通过综合较低层级产品的可靠性数据依次计算出较高层级产品的可靠性，是一个由局部到整体、由下到上的反复迭代过程。通过可靠性预计，可比较不同的设计方案的可靠性水平，为最优方案的选择及方案优化提供依据；通过可靠性预计，发现影响产品可靠性的主要因素，找出薄弱环节，采取改进措施。

可靠性预计是可靠性分配的基础。可靠性预计和分配不是一次性的工作，为了得到可靠性指标分配的最佳结果，一般要经过预计、分配、再预计、再分配的多次反复，才能使结果逐步趋于合理，并最终使产品的性能、成本、研制周期等各方面取得协调。

4. 可靠性分析工具

在进行可靠性分析时，可以借助多个工具或方法来开展此项活动。

（1）故障模式及影响分析

通过系统分析，确定设备、部件、元器件、软件所有可能发生的故障模式，以及每个故障模式发生的机理、原因及影响，找出潜在的薄弱环节，并提出改进措施。

（2）故障树分析

运用演绎法逐级分析，寻找导致某种故障事件（顶事件）的各种可能原因，直到最基本的原因，并通过逻辑关系的分析确定潜在的硬件、软件设计缺陷，以便采取改进措施。故障树分析通常以故障模式及影响分析中识别出的严重度高的故障事件作为顶事件。

（3）潜在分析

在假定所有元器件均正常工作的情况下，分析确认能引起非期望的功能或抑制所期望的功能的潜在状态。一般对任务和安全关键件进行潜在分析，例如：电路的潜在分析、软件的潜在分析、气路和液路管路的潜在分析等。

（4）有限元分析（FEA）

在设计过程中对产品的机械强度和热特性等进行分析和评价，尽早发现承载结构和材料的薄弱环节及产品的热敏感点，以便及时采取改进措随。FEA一般在研发进展到设计和材料基本确定时进行。

（5）耐久性分析

通过分析产品在预期寿命内的应力载荷、结构、材料特性、故障模式、故障机理等来识别可能过早发生耗损故障的部件，并采取纠正措施。需要注意的是，应尽早对可靠性关键部件或已知的耐久性问题进行耐久性分析。

5. 可靠性设计准则的制定

通过收集产品的可靠性要求、相似产品的可靠性设计准则、历史项目的可靠性设计经验等，归纳形成准则草案，逐条审查可靠性设计准则草案的适用性与可行性，最终确定可靠性设计准则。

设计准则可根据产品的具体情况进行设定，包括但不限于以下方面的准则：

（1）采用成熟的技术和工艺，采用成熟的模块或单元。

（2）简化设计

可靠性设计的基本原则，尽量以最少的元器件和部件来满足产品的性能、功能、维修、安全要求。包括合并相同或相似功能，消除不必要的功能；优先采用通用件和模块化设计，在合理范围内尽量减少零部件供应商数量；最大限度地减少产品层次和零部件的数量。

（3）降额设计

降低施加在元器件上的工作应力（电、热、机械等应力），使元器件使用时承受的应力低于其额定应力，延缓其参数退化，从而降低元器件失效率，提高其使用可靠性。针对不同的器件和部件、不同的设计成熟性、不同的维修费用和难易程度，制定不同的降额等级、降额参数、降额方法。

（4）冗余设计

当简化设计、降额设计及选用高可靠性的模块仍不能满足任务可靠性要求时，或者对于影响任务成功的关键模块，如有单一故障导致基本安全和基本性能丧失或降低，可采用冗余设计。冗余设计中尽量选择高可靠性的转换模块，以保证通过冗余设计所获得的可靠性。

（5）电路容差设计

设计电路、尤其是关键电路，需要考虑器件退化时，性能指标是否在允许的误差范围内，满足所需的最低性能要求。可以采用反馈技术，以补偿由于各种原因引起的元器件参数的变化，实现电路性能的稳定。

（6）防瞬态过应力设计

防瞬态过应力设计是确保电路稳定可靠的一种重要方法，例如：电源线和地线之间加装电容器、采用二极管或稳压管来防护过电压、采用串联电阻以限制电流值等设计规范。

（7）热设计

合理的散热设计可降低产品的工作温度及产品的失效率。热设计主要原则有：通过控制散热量来控制温升；选择合理的热传递方式；尽量减小热传导路径的热阻；选择合理的冷却方式；热设计与其他设计（电气设计、结构设计、材料选型等）需同时进行，当出现矛后时进行权衡分析，但不应影响电气性能。

（8）环境防护设计（工作与非工作状态）

包括温度防护设计，冲击与振动的防护设计，"三防"设计（防潮湿、防盐雾和防霉），防风沙、防污染设计，防雷击设计，防电磁干扰设计以及静电防护等。

（9）与人的因素有关的设计

除了产品本身发生故障以外，人的错误动作也会造成系统故障。人的因素设计就是将人类工程学应用于可靠性设计，从而减少人为因素造成的产品故障。

（10）包装运输设计

考虑产品在包装、储存、装卸与运输过程中可能出现的故障，并对包装、储存、装卸与运输方式提出约束要求。

6. 元器件、零部件和原材料选择与控制

元器件、零部件和原材料的可靠性直接影响到产品的质量，因此，在产品可靠性设计与分析中，需要对元器件、零部件和原材料进行选择与控制，以保证其具有良好且稳定的质量水平和较好的可靠性水平，降低维修维护成本和全寿命周期费用。

元器件、零部件和原材料选择与控制的过程包括：根据研发产品的需求特点制定选择控制文件；制定优选目录和选用指南，包括合格供应商的目录，应有确认程序；严格控制优选目录外的器件选择使用；对采购、验收、保管、使用等相关信息过程进行管理；对元器件、零部件、原材料的淘汰提出对策和建议。

7. 确定可靠性关键部件

可靠性关键部件是进行可靠性设计分析、可靠性试验与评价的主要对象，可根据以下准则来确定可靠性关键部件：

（1）其故障会严重影响产品的安全性和有效性，或维修成本高的，或故障率高的部件。

（2）故障后得不到用于评价系统安全、可用性或维修所需的必要数据的部件。

（3）具有严格性能要求的新技术含量较高的部件。

（4）其故障引起产品失效的部件。

（5）应力超出规定的降额准则的部件。

（6）具有已知寿命或经受振动、热、冲击和加速度等环境应力的部件或受某种使用限制需要在规定条件下对其加以控制的部件。

（7）要求采取专门装卸、运输、贮存等预防措施的部件。

（8）难以采购或难以制造的部件。

（9）已知可靠性差的部件。

（10）缺乏证据证明是否可靠的部件。

（11）大量使用的部件。

四、试验与评价

可靠性试验是通过模拟实际使用时的工作条件和环境条件，将各种工作模式及环境应力按照一定的时间比例、一定的循环次序反复施加到被检样品上，发现产品在设计、元器件、零部件、原材料和工艺方面的各种缺陷，将得到的信息反馈到设计研发、物料、制造和管理等部门进行改进，以提高产品的固有可靠性。同时利用试验结果对产品的可靠性做出评价，为研发人员提供设计的可靠性依据。

可靠性试验是评价产品可靠性水平的重要手段，为了了解、考核、分析、提高和评价产品可靠性而进行的测试工作都可称之为可靠性试验。相关试验的目的、适用对象和适用阶段见表 12-2。

表 12-2　可靠性试验目的、适用对象和适用时机

试验类型	目的	适用对象	适用阶段
可靠性研发试验：故障激发试验和可靠性增长试验	对产品施加适当的环境应力、工作载荷暴露产品中的潜在缺陷，以改进设计	产品及各零部件	研发阶段
寿命试验	验证产品在规定条件下的使用寿命、贮存寿命是否达到规定的要求	有寿命要求的产品及各零部件	研发阶段早期和中期
可靠性验证试验	验证产品可靠性是否达到规定的水平	产品及各零部件	研发阶段中后期、试产阶段
环境应力筛选（ESS）	在出厂前通过 ESS，发现和排除不良元器件、制造工艺和其他原因引入的缺陷所造成的早期故障	主要适用于电子产品，也适用于电气、机电、光电和电化学产品	制造阶段

五、评估与改进

在产品投入使用后，制造商应有计划地组织和安排规定使用期间内可靠性信息的收集和分析、评估、改进等工作，以保持并不断提高产品的可靠性水平。

1. 信息收集

使用可靠性信息主要来源于产品交付使用后相关的可靠性记录，如使用记录、维护记录、维修记录等。制造商应对售后维修人员进行技术培训和指导，尽可能真实地收集用户的使用信息和产品的故障信息，以便进行故障闭环控制。

在收集使用可靠性信息时，应包含以下方面：

（1）产品信息

系统、设备、部件和附件的名称、型号规格、序列号或批号。

（2）用户信息

使用场所、操作人员、操作习惯、移动频次等。

（3）环境条件

影响产品使用可靠性的所有环境信息，包括且不限于气候环境（温湿度、大气压、盐雾、光照、雨水、大气污染等）、生物化学环境（昆虫、微生物、啮齿动物、清洁剂、体液、排泄物、化学试剂等）、机械环境（震动、冲击、噪声等）、电源条件（电源供应质量、负荷能力、断电等）、辐射环境（电磁辐射干扰、电离辐射）。

（4）运行状况

交付及验收时间、储存时间、启用时间、使用时间（次数）、使用频次、故障及维修时间、维护周期、维护时长等。

（5）故障信息

故障时间、故障部位、故障模式（开路、短路、脱落、漏电、漏气、漏液、起锈等）、故障发生时机（如开机、运行、暂停、急停、关机等）、故障发生时周围环境突变情况（如断电、雷电等）、故障描述。

（6）监测信息

包括产品自身内部的监测数据以及外部对其的监测、测试数据。

（7）维修信息

维修起止时间、维修内容、维修人员、维修级别、维修更换备件信息、维修后使用信息等。

制造商应制定信息收集计划，包括信息收集和分析的部门、人员及职责，信息收集工作的管理与监督要求，信息收集的范围、方法和程序，信息分析、处理、传递的要求和方法，信息分类与故障判别准则，定期进行信息审核、汇总的安排等。

2. 评估

使用可靠性评估应以实际使用条件下收集的各种数据为基础，也可通过现场使用试验以获得评估所需的可靠性信息，最终编制使用可靠性评估报告，来验证是否满足规定的可靠性要求。

制造商应制定可靠性评估计划，包括使用可靠性评估内容包括评估参数及模型、评估准则、样本量、统计的时间长度、置信水平以及所需的资源等。

进行故障数据的主次及因果分析时，主要有排列图法和因果图法。通过排列图法进行主次分析，将故障零部件、故障模式、使用单位、具体环境条件等影响使用可靠性的各项因素，按出现频次的大小从左到右排列，观察分析影响使用可靠性的主要因素。通过因果图法进行故障数据的因果分析，辨识导致故障的所有原因，分析各原因之间的相互关系，以便得出其根本原因。

3. 改进

制造商应制定可靠性改进计划，主要内容有：需要改进的项目、方案及目标；负责改进的部门、人员及职责：改进所需经费；改进进度安排；改进后的验证要求及方法等。

改进产品可靠性有多种方式，主要包括设计更改、制造工艺更改、使用与维护方法的改进等。要对改进措施进行全面的跟踪及评价，以验证所采取改进措施的有效性。

第二节　医疗器械可用性评价

使用者与设备的交互结合程度，是发挥医疗器械的作用程度的反映，这个交互能力就是可用性。可用性，是医疗器械的有效性、使用效率、操作者对器械的学习方便程度和满意度等方面的综合。研究表明，可用性评价研究可以使医疗器械的操作更简单、更安全、更有效和更好用，是改进产品的最好途径之一，也是确认器械设计的一种方法。

一、可用性研究的收益

开展医疗器械可用性研究，可以使包括产品制造商、医疗机构、医护人员和患者均可获取利益，意义重大。

产品制造商：可用性研究可以改进使用者界面设计，进而增加使用者忠诚度，减少客服服务，延长器械的使用寿命，减少产品责任索赔，提高厂商的经济效益。

医疗机构：可用性研究使医疗机构在多方面受益，易于使用的器械使工作人员的工作效率更高，提升他们的工作满意度减少培训和维护费用，改善患者护理等。

医护人员：可用性研究也可以使医护人员受益，可用性研究结果可促使医疗器械改进，使其更易于操作使用，降低医护人员对产品支持的需求，能更好、更快地完成医疗任务。

患者：可用性研究能够降低医护人员因可用性缺陷而出现使用失误的概率，从而降低患者受伤或致死的概率，例如：某监管部门收到多例使用高频电刀设备进行手术时发生皮肤烧伤的不良事件。经过对多家医院进行调研，发现造成烧伤的原因是保护接地回路被中断，电流回路不通畅所造成，分析原因主要有两种：一是产品多为德国原装进口，包括电源导线，德国电源导线形式和我国三插不同，当使用我们普通插座时，保护接地是接不上的；二是即使换了电源线，由于我们的插头和插座接触形式为弹压形式，使用时间长了，会接触不良。产品本身是合格的，但由于使用环境与设备本身要求的不匹配，造成了不良事件的发生。

二、常规可用性评价研究范围

一个可用性研究评价课题，应有较明确的研究范围，例如：

找到新的使用失误：推测每项任务中可能发生的使用失误，然后将它们集中在检查表中，借助该表，研究人员可以评估可用性研究期间参与者的交互表现，将检查表作为附录收录在测试计划中。

设置优先级：根据风险分析结果，识别和设置研究任务的优先级。

将研究任务与风险分析结果相关联：建立一个表格，列出识别出的风险和对应的任务，反映出研究参与者将会执行何种高风险的任务（即，包含可能产生伤害的使用失误的任务）。并向将要执行任务的参加者指出可以风险的方法，如防护性设计、标签、警示和使用说明。

包含辅助任务：如果诸如清洁、维护和储存此类的任务会涉及器械的使用安全，那么研究就应该包括这类任务。

在没有让参与者使用器械进行治疗或接受实际治疗的清况下，说明如何评价使用者交互的关键部分。

让代表性使用者参与：描述将如何招募足够多样化的预期使用者样本，包括"最糟使用者"，如选择极少、甚至未曾培训过的使用者来使用器械，或者是具有某种障碍的使用者。

让"低功能"使用者参与：使用者群体样本中要包"低功能"个体，只招募"高功能"的个体不能很好地代表预期使用者人群。

让语言能力弱的人参与：应包含对器械选定语言理解力弱的人，他们也很可能会使用该器械。

公司员工作为测试参与者：避免使用本公司员工作为可用性测试的参与者。

提供培训：如果研究者计划对参与者做一些培训，充分解释这一培训的性质和必要性。

提供样机培训：如果还没有建立培训项目，那么也可以进行适当水平的培训。

获取培训/学习材料：在正常的实际使用中能获取的培训或学习资料，也应该向参与者提供其获取途径。

允许培训效果减退：在实际情况中，培训与研究之间很可能会有时间延迟，这种延迟可能会使培训中学到的知识和技能"减逐"。应当依据实际使用场景确定延迟的时间。

样本大小：每个分组要有合适的样本大小。尽管需要至少 15~25 名参与者样本才能显示出良好的效果，但管理者似乎不太关注测试样本的大小，如果预期使用者人群的能力差距较大，并且使用器械的方式差异较大，可能会增加样本量。

识别离群值：建立判定一个参与者是"高群值"的标准，在后续研究中应将这些人的数据排除在外。例如：如果一个护理培训师认为一个家庭透析患者能在家中安全地使用一台透析机，那他就不是测试这台器械的合适人选。

收集与使用安全无关的数据：描述计划收集的数据类型与分析方法，并得出有关给定器械使用安全方面的结论。确保将用于确认（例如：观察到的使用失误，与器械使用安全相关的轶事评论）的数据和服务于商业利益（例如：主观易用性和消费者满意度）的数据区分开来。

追踪难点和侥幸事件：除了描述你如何检测并记录使用失误外，还要描述你如何检测并记录操作困难和侥幸事件。

主观评级的价值：易用性评级是起支持作用的背景信息，但其自身并不是确认的基础。同时，主观数据（如易用性评级）有助于识别侥幸事件的发生及其本质。

临床发现的价值：虽然临床试验结果很重要，但不能替代可用性测试结果。需要进行一个关注使用相关风险的可用性测试，然后（如果合适，如在输液泵的案例中）再附上临床使用中进行的可用性研究。

任务时间：只有在任务的执行速度对安全至关重要时，才需要关注任务时间，例如：当治疗延误可能会将患者至于危险中时。

关注产品级器械：总结性研究应当在一台产品级器械上进行，而不在一台未完成的样机或者电脑上模拟进行。

使用失效分析：总结将如何处理使用失误，决定器械是否需要修改，以将相关风险降低到可接受水平。

保护受试者：列出怎样保护受试者，包括计划怎样保护参与者免受生理和心上的伤害，使参与者所受风险最小化，还有保护测试数据的隐私。

准确地开展评价：解释测试环境、场景和定向任务如何准确地反映出实际使用情况。

确保实际工作流：指定的任务要确保参与者可以按照一个实际工作流来执行，而不是照可能错误或顺序颠倒的步骤执行。

三、研究的关注点举例

可用性研究是完全站在使用者和患者角度开展的研究，所涉及的场景和各种可能性太多，在开展研究期间，不必为发现一个新的高风险的因素而震惊，因为那是开展研究的意义所在，也不必为不能发现所有的问题而担忧，医疗器械在经过安全测试和安全风险评价后的剩余风险应不会太高，可用性研究是追求完美的过程。表 12-3 是研究的关键点举例，不代表全部。

表 12-3　可用性研究关键点举例

序号	项目	事例
1	术语	需要同时浏览多个界面，由于菜单选项措辞不当，不知道选择哪个菜单项
2	图理解释	由于对图标误解而选择错误的操作模式
3	易读性	由于数字太小、文字和背景对比度差、屏幕刺眼等原因而读了参数值
4	确认	没有确认对话框，导致意外删除信息
5	视觉区分	由于开关切换模糊和触摸屏上虚拟按钮的位置（正常和缩进）图形区分不足，导致错误地开启了本想关闭的功能
6	兼容性	由于组件的外形（如颜色）和物理兼容性类似，可能使导管连接到错误的端口
7	提示信息	事例 1：由于缺少一个"电量过低"以及尽快插入交流电的提示，导致电池完全放电而失去可重复充电的功能。 事例 2：在切换到另一个窗口之前，应用程序没有明确提示使用者保存，导致输入到在线页面表格上的患者信息全部丢失。 事例 3：在监测一个新的患者之前没有将之前的患者数据清除，导致数据不准确和报警阀值设置不当
8	防护	由于缺乏一个防护装置，导致手指被有铰链的门挤压住。由于意外或者过早释放按下的按钮动作，导致锐利的尖端飞溅
9	手柄	因为手柄既不是铰链式的也没对准重心，导致搬动较重器械时费力或失衡
10	数据录入	由于按键去抖动算法不完善导致输入数字时多输入了一个 0
11	说明	事例 1：由于缺乏说明，导致液体管道（例如：事先准备好的管道）连接到模拟患者的身上之前没有排净管内的空气。 事例 2：由于床的刻度标识没有明确告知医护人员从床上除去附带物品，导致获得的患者体重信息不准。 事例 3：由于使用的说明没有此项步骤或者没有描述适当的消毒方法，导致注射部位消毒失效。由于使用说明书没有索引，找不到执行任务的说明

序号	项目	事例
12	材料	混合袋中的成分时,由于材料缺陷导致输液袋破裂
13	标签	事例1:由于标签提示不清,将警报关闭而不是设置为静音。 事例2:缺乏明确的标签,导致将上次测量的时间信息理解为到下次测量的剩余时间
14	警告	由于报警饱和,而在使用前忽略了清理传感器的警告
15	视觉提示	由于同种药物的不同浓度的分装容器瓶看起来很相似,导致装入容器里的药物浓度超标
16	稳定性	由于难以将微创手术器械定位在预定的位置,导致外科手术钉定位错误
17	储存	丢弃了可重复使用的器械配件,因为这些配件看起来好像是一次性的,而且在使用完毕后没有较明显的空间来储存这些配件
18	速度	没有在瞬间准确地夹紧支路管道,导致血红细胞污染整袋血浆
19	可视性	由于塑料袋中两个独立液体包间的连通针颜色过浅而难以看清,导致本应易碎的连通针还完好无损,妨碍了分装液体的正常混合
20	可视性	事例1:由于有效日期印刷过小、文字不显眼,导致注射过期的药物。由于碰锁不显眼且混杂在相似颜色的器械中,导致未能安全地将注射器放入其固定位置。 事例2:找不到快速参考指南,因为其位于显示屏下方一个不显眼、狭小的角落
21	机械性	移动的设备撞到了门框上,是由于轮子方向没有对准,造成设备突然变向
22	反馈	由于在连接部件到位时没有发出"咔嚓"的声音,而是靠摩擦来确认,导致没有用足力量来连接两个部件以确保安全连接
23	感知	事例1:由于器械上的控制和显示太多,而不愿意去探究,导致没有发现某个必要的功能。 事例2:由于使用了太多种颜色和繁杂的图标,导致图形使用者界面显得花哨、老套和不讨人喜欢
24	负迁移	以为和其他相似器械旋钮的工作方式一样,而在增加气流量时将旋钮扭向错误的方向
25	图解	由于快速参考卡片上显示管子位于患者的嘴前,因此导致在吸入气雾剂类型的药物时,没有将吸入器放到患者的嘴巴中
26	声音	事例1:医疗器械的风扇发出呼呼的响声会影响睡眠。 事例2:由于高频听力能力丧失(中老年男性的常见问),导致听不到到高频报警声。 事例3:由于环境噪音拖盖了中等音量的报警,导致听不到报警声
27	颜色	显示屏上的错误波形被设置为红色(像其他血压波形)而不是用的其他的颜色,导致医护人员反复查看错误的波形
28	功能可见性	一开始不能确定如何打开泵室的门,因为没有明显的把手或者门闩
29	尺寸	传感器的线太短,导致不能从正常位置连接工作站与患者的上半身、颈部和头部
30	握姿	在拔针头的时候由于注射器的把手旋转导致针头变弯
31	移动性	当纸包装从塑料托盘里面掉下来时,器械从包装袋里掉出来落到地上,污染了(因此也浪费了)无菌的、一次性的器械

序号	项目	事例
32	可读性	显示屏没有背光灯，导致作业灯光很暗无法读取显示屏上的信息
33	格式 /标签	由于屏幕上显示时间使用的是欧洲格式（DD-MM-YYYY）或美国格式（MM-DD-YYYY），而不是中国格式（YYYY-MM-DD），而且没有明显的标签，导致日期输入错误
34	视差	由于视差，在触摸屏上选择了错误的菜单选项
35	障碍	在拿着器械时不能像预想那样看到整个显示屏幕
36	组织	由于没有将管线捆扎在一起，寻找管线的接头非常困难
37	控制	导管过度柔软，导致对其位置的控制不够得心应手

四、评价计划

一个可用性评价计划，应至少包含以下五部分内容：

1. 目的，介绍开展测试和评价的意义所在，要解决或发现的问题是什么？

2. 测试内容和范围。

3. 人员，包括组织者和参与者。

4. 时间，计划、组织、实施和结论归档各个环节的时间要求。

5. 地点，在那些有代表性的环境下进行测试。

一般可用性评价测试计划应包括以下要素（表 12-4）。

表 12-4　评价要素表

序号	项目	要求
1	背景	阐述可用性评价在整个研究过程中的重要性
2	目的	阐述为什么要开展本次可用性研究，以及评价结果的应用
3	测试对象	描述将评价的医疗器械或组成部分（如导管套件、标记、使用手册），如果设备是原型机，即应指明其视觉、触觉和功能方面的逼真度
4	测试工具	列出测试所需的设备和耗材
5	参与者	描述参与者类型和人数，重点描述其相关特性（如工作经验、培训等），并简述如何识别、观察和组织测试参与者
6	测试环境	描述测试环境，详述如何模拟真实环境的特性（如声响、灯光、装饰），描述测试工具，测试管理者和观察者的相对位置
7	方法学	阐述可用性测试方法，描述每个测试阶段需开展的特定活动
8	数据收集	列出需要收集的数据类型（如笔记、照片、视频），以及如何记录和存储这些数据
9	数据分析	解释如何分析原始数据，如何根据使用者行为和反馈寻找新发现
10	报告	描述报告，记录测试结果，可行的话提供建议
11	招募宣传	简述招募时提出的问题，以便鉴别招募对象是否符合参加测试的标准

序号	项目	要求
12	保密性和视频影像发布格式	附上测试参与者需要阅读和签名的信息。这些信息包括测试细节的保密性，在汇报和报告中使用参与者的影像资料等授权信息一份单独的"告知许可"是否足够，取决于可用性测试的关注点和性质
13	测试前访谈	列出测试前的访谈问题，如询问参与者是否有相关的研究经历，这样可以更好的帮助分析测试结果
14	设备概要（如适用）	概括设备的目的和基本功能，将这些内容讲述给每个参与者听，来确保他们在测试环节时，对设备的理解程度基本保持在同一水平
15	任务	列出参与者将进行的任务，并标明所有必要的信息（如患者编号、药物注射单等）
16	危险 / 危害分析（如适用）	列出制造商明确的危害及严重性，需将每个危害与某项任务或多项任务关联
17	打分和评级方式	列出参与者对仪器打分，评级和偏好的问题
18	任务完成后访谈	列出在完成每项任务后向参与者提问的问题
19	测试完成 / 结束访谈	列出在完成所有任务和测试活动向参与者提问的问题

第十三章
风险管理

为了综合评定风险和行为受益，一些国家机构通过可行性研究，系统的安全性风险分析，逐步形成今天的风险管理理论和实践经验。风险管理理论提出了风险管理的要求、技术方法和应用，有利于实施对风险的分析、评价和控制，从而使风险降低到人们可以接受的水平。风险管理理论一经形成就受到各行各业的广泛关注，并结合行业各自特点，运用风险管理理论，提出各自领域的风险管理要求，实施风险管理，达到控制风险的目的。医疗器械行业结合医疗器械产品自身的特点，逐渐形成了一套较成熟的医疗器械风险管理理论、要求和方法。

第一节　概念的确立

风险管理是个非常复杂的课题，风险管理的前提，由两大部分组成：受益和风险。

受益和风险没有绝对性，是相对的概念。所有使用医疗设备的目的均是为了使医疗得益，但所有在医疗中获得的利益相关方应当理解，医疗设备的使用必然带来某种程度的风险。每个受益相关方对风险的可接受性，受风险和受益相关方对风险感知度的影响。每个受益相关方对风险的感知度，会受到有关社会的文化背景、社会经济和教育背景、患者实际的和觉察的健康状态以及其他因素的影响，而发生巨大变化。

在 80 年代以前，血液透析机还没有解决自动配液技术，所有透析液的配备由人工进行操作，当时没有人觉得这种配液方式不妥或产生不可接受的风险，因为相对于没有治疗手段，透析技术刚出现时纯人工实现透析过程已经是很大的改善，能利用设备来实现血液和透析液的输送已经属于先进技术。之后，随着计算机技术和控制技术的发展，自动配液系统逐步完善，人工配液的透析机操作复杂，消耗大量人力资源，所配液体电导率偏差大以及容易受污染等风险已经不为人所接受。这是一个典型的例子，同样的设备在不同的时期，人们所接受的程度相差极大。

医疗设备及其所处环境具有广泛的多样性，制定一个通用的限值对现实没有意义，另外，文化的不同或地区差异，法律、习惯、价值观和风险的感知度均会影响人们对风险的接受认知。基于这些原因，风险使用评价的方式进行，但需要遵循以下的一些原则。

1. 控制损害

利用合理的方式把风险控制在可接受的区域内，从而实现对损害的控制。这是风险管理的主要目的。

2. 融入设计和制造管理过程

风险管理不是独立于医疗设备设计、制造和使用过程的单独行动，而是组织管理过程中不可缺少的重要部分。

3. 支持决策过程

设计和制造的所有决策都应考虑风险和风险管理。风险管理有助于判断风险的应对是否充分、有效，有助于决定所采取措施的方式，从而帮助决策者做出合理的决策。

4. 应用系统的、结构化的评估方法

系统的、结构化的方法有助于风险管理效率的提升，并产生一致、可比、可靠的结果。

5. 以信息为基础

风险管理过程要以有效的信息为基础。这些信息可通过标准、经验、反馈、观察和专家判定等多种渠道获取，但需要考虑各种信息均有局限性的可能。

6. 环境因素

风险管理取决于医疗设备所处的环境以及所承担的风险。

7. 广泛参与、充分沟通

医疗设备的利益涉及制造商、使用者和患者的利益，各种角色的意见均有助于风险管理的针对性和有效性。

8. 持续改进

风险管理是一个动态的过程，其各环节之间形成一个信息反馈的闭环。随着内部和外部的一些事情反馈，社会环境和知识的改变以及监督和检查的执行，对风险的认知也会发生改变。因此，应能持续不断地对各种变化保持敏感并做出恰当反应。

第二节　结构

风险管理根据给定的现行社会价值观，利用规定的管理方针、程序，运用所有可以掌握的资料，对危害产生的概率和损害程度的结合进行估算，做出决策并实施保护措施，以便降低风险或把风险维持在规定水平的过程。简单地说，就是风险分析、评价和控制工作的管理方针、程序及其实践的系统运用。

一、总体运行框架

风险管理没有给出具体的要求，但还是有一套较为固定运行的方式，以保证运行的一致性和具有比较性。其具体的过程流程图见图 13-1 和图 13-2。

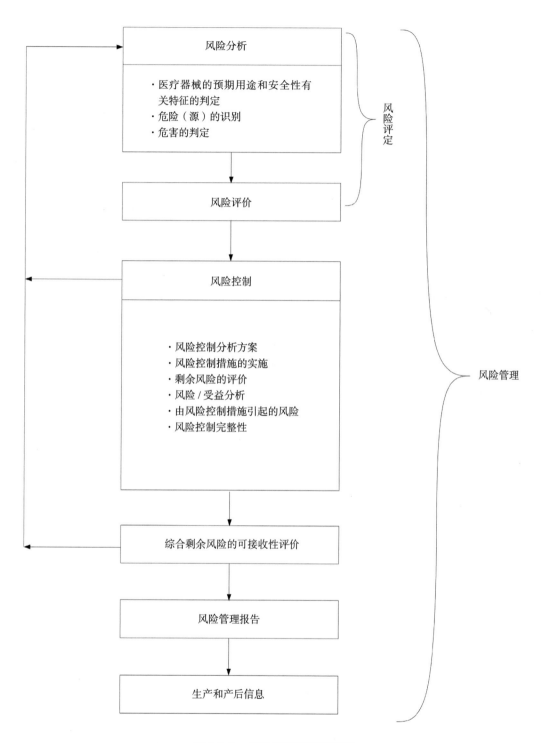

图 13-1　风险管理过程示意图

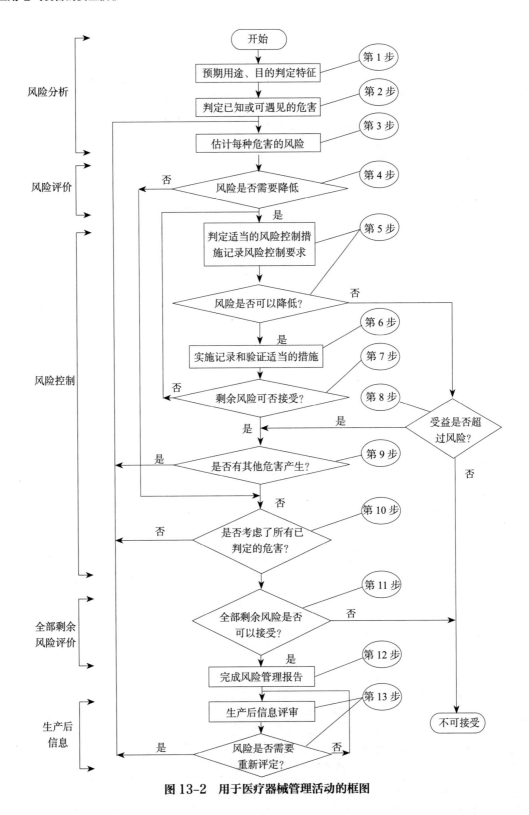

图 13-2 用于医疗器械管理活动的框图

二、资源配置

风险管理需要调动企业大量的内部或外部资源，不是某个人能够独立完成的，应从最高管理者开始，到具体研发的、生产的人员全员参与。

1. 提供充足的资源保障

风险管理能否有效实施关键在于最高管理者所能提供的承诺，以及管理者个人所负责风险管理过程指导的全面性。因为在缺乏充分资源的情况下，即使严格符合 YY/T 0316 标准的要求，风险管理活动也将缺乏有效性。

2. 配备有资格的专业人员

风险管理是专业化的学科，是一项技术性很强的工作，要求制定和执行风险管理的人员具备相应的知识和经验，并且受过风险管理技术培训，下列领域的专业知识对风险管理过程人员是有极大的帮助：

——医疗设备是如何构成的。

——医疗设备是如何工作的。

——医疗设备是如何生产的。

——医疗设备是如何使用的。

——如何应用风险管理过程。

通常，风险管理需要一些来自不同职能和学科的代表，每个人贡献他们的专业知识。在这过程中，考虑完成风险管理工作的人员之间的平衡和关系相当重要。

三、风险管理计划

策划风险管理活动的过程中，一个有组织的计划对于良好的风险管理是重要的，因为计划为风险管理提供了路线图，加强了目标性并帮助预防重要要素的缺失。

在风险管理计划当中，指定一些方向性的要求有助于减少研发和生产等方面的工作量，以下的一些要求可供参考。

1. 策划风险管理活动的范围

风险管理活动计划的范围内有两个不同的要素：一是识别预期的医疗器械，二是识别计划的每一个要素所覆盖的生命周期阶段。通过规定范围，制造商建立全部风险管理活动构建的基线。

范围确定和描述医疗器械以及计划的每一个要素所适用的生命周期阶段。应当将风险管理过程的所有要素规划在制造商规定的产品生命周期之中。风险管理过程的某些要素将发生在制造商建立的产品实现过程阶段，如设计和开发控制。剩余的要素将发生在其他生命周期阶段直至产品生命周期终止。风险管理计划对特定的产品明确地或通过引用其他文件来确定这一规划。

尽管需要计划所有的风险管理活动，但制造商可以具有覆盖生命周期的不同部分的几个计划。通过划清每一个计划的范围，就可能认定覆盖了整个生命周期。

2. 职责和权限的分配

风险管理计划需要对职责和权限进行分配，以确保职责不被遗漏。对负责执行特定的风险管理活动的人员，如评审人员、专家、独立验证的专业人员、具有批准权限的人员。这样的分配可以包括在为设计项目所规定的资源分配矩阵中。

3. 风险管理活动的评审要求

对特定的医疗设备，风险管理计划应当详述如何和何时进行这些管理的评审。风险管理活动的评审要求可能是质量体系其他评审要求的一部分。

风险管理是一个发展的过程，并且需要对风险管理活动进行定期评审，以便确定其是否能正确地实施，整顿薄弱环节，实施改进并使其适应变化。按照计划的时间间隔评审风险管理过程的适宜性，能够确保风险管理过程的持续有效性，并且，将任何决定和采取的活动形成文件。

4. 确定可接受性准则

管理方针是指风险管理的宗旨和方向。通过风险管理将医疗器械风险降低到可接受水平，即管理方针要求的水平。通过风险管理确保医疗器械持续安全有效，并不断总结经验和体会，完善和丰富风险管理理论，提高风险管理的有效性。由于没有通用的可接受的风险水平，最高管理者应根据自身的目标，为每一个产品建立一个可接受风险的方针。此方针应确保准则是基于适用的国家或地区法规和相关的国际标准，并考虑可用的信息，例如：通常可接受的最新技术水平和已知的利益相关方的关注点。

5. 验证活动

验证是过程中的基本活动，验证活动的策划有助于确保获得基本资源。验证风险控制措施的有效性包括收集临床资料、适用性研究等。

6. 生产和生产后信息的收集和评审活动

风险管理需要建立获得医疗器械生产和生产后信息的特定方法，以便有正式和适当的途径将生产和生产后信息反馈给风险管理过程。

获得生产后信息的一个或多个方法可以是已建立的质量管理体系程序的一部分。建立通用的程序，以便从不同来源收集信息（如使用者、服务人员、培训人员、事故报告和顾客反馈）。虽然在多数情况下引用质量管理体系程序能满足，但任何特定产品的要求应当直接加入到风险管理计划中。

四、风险管理文档

在风险管理中，完整性是非常重要的。一个不完整的工作可能意味着一项已识别的危害未被控制，而后果可能是对某人的损害。问题可产生于风险管理任何阶段的不完整性。例如：未判定的危害、未评定的风险、未规定的风险控制措施、风险控制措施未被实施或风险控制措施证明是无效的。为建立完整的风险管理过程，文档为可追溯性提供了支持。

对特定医疗设备，风险管理文档提供对于每项已判定危害的下列各项的可追溯性：

——风险分析。

——风险评价。

——风险控制措施的实施和验证。

——任何一个和多个剩余风险的可接受性评定。

第三节 风险分析

要进行风险分析，必须基于风险的认知，风险是损害的发生概率与损害严重程度的结合。即风险是由两个要素部分组成的：

——损害的发生概率，即损害发生的经常性如何。

——损害的后果，即其严重性可能如何。

对于损害后果严重程度，不仅是指对人身的损害，也包括对财产的、环境的损害。如对设备、基础设施的损害及对环境的损害也是后果评估的重要元素。为了进行严重度水平的定性分析，制造商应使用适于医疗设备的描述符号，其概念实际上是连续的，然而在实际中可以使用许多离散的数值。在这种情况下，我们必须要根据损害程度进行描述，例如：可以忽略的、较轻的、临界的、严重的、灾难性的。

使用医疗设备都有风险，有些设备的风险性非常高，造成的损害也很严重，如直线加速器，有较高的受到意外辐射的风险，但经过综合评价后的风险是可以接受的。但对医疗设备失效，即故障状态下，造成人员伤亡的风险是不能接受的，必须采取措施予以控制。

一、建立可接受性准则

风险分析之前，应先确定风险的可接受准则，确定可接受风险的方法有以下 3 种：

——使用已执行的有规定要求的适用标准，其会指出如何达到所涉及的特定种类医疗器械的可接受水平。

——按照适当的指南，如使用单一故障原理时获得适当的指南。

——和已在使用的医疗器械的明显风险水平进行比较。

用上述方法进行评价，只有在收益明显超过风险的特殊情况下风险才能被接受。

按风险可接受的程度来分，可以划为广泛可接受区、合理可行区和不容许区共 3 个区域（图 13-3）。

图 13-3　3 个区域风险图

1. 广泛可接受区

一些风险，对于与其他风险比较和使用该医疗器械的收益程度来看，是微不足道的，即风险很低但收益非常高。这种风险是可以接受的，而且不用采取特别的措施来控制风险。

2. 合理可行（ALARP）区

介于广泛可接受区和不容许区之间称为合理可行区。如果患者的预后得到改善，任何与医疗设备相关的风险都可以接受的，但这不能作为不必要风险的可接受理由。考虑到接受风险的受益和进一步降低的可行性，任何风险都应降到可行的最低水平。

可行性是指制造商降低风险的能力，包括两个因素：技术可行性和经济可行性。技术可行性是指不计成本来降低风险的能力。经济可行性是指在给定医疗器械一个合理的经济前提下，降低风险的能力。在这里就需要找个平衡点，去评估每个风险的严重性，以便用较低的成本达到防范风险的目的。

3. 不容许区

某些风险的严重性是不能承受的。必须通过一定的手段来降低危害发生的概率，以减少风险的出现。如果不能通过技术手段来降低这些风险，即这些是不能容许的。

4. 风险的可接受性决策

风险的可接受性决策影响主要存在两种因素：一是风险如此之低，以至于都不需要对他们进行考虑；另一种风险虽然较大，但受益明显而且降低风险的不可行性，我们准备对其接受。第一个问题需要考虑的是这个风险是否真的很低？真的不需要考虑风险的后果？真的可以不采取任何措施？在对第一因素进行分析的时候，应慎重考虑，把每一个细节都考虑清楚，因为事实如果不符，又没有采取任何措施，危害出现的时候便没有任何防护措施。

在第一阶段判定风险是需要采取措施的，那么第二阶段就是如何来降低风险。风险降低可能是可行的或是不可行的，均应予考虑。结果可能如下：

——采用一个或多个措施来把风险降低到不需要进一步考虑的水平。

——不管使用什么措施，都不可能把风险降低到不需要进一步考虑的水平。

对于第二种情况，应把风险降低到合理可行水平，然后再对风险和受益进行评估，如果受益大于风险，则风险是可以接受的。如果受益没有超过风险，则风险不可接受，这种设计应该放弃。

在对每种风险进行评估后，如果所有的风险都成为可以接受的，要评价所有的剩余风险，以确保继续维持风险、受益平衡。

以上在评估过程中，主要对风险的提出 3 种问题：

（1）风险是否低到不需要对其进行考虑

如外壳防护能力符合 IPX8 的设备或部件，在考虑防尘或者防潮能力对产品的影响时，可以不考虑。因为设备能在充满腐蚀性的液体下工作，对普通的防潮和防尘来说，是有足够的能力的。

（2）风险已降到合理可行水平，并且风险已经被受益超过

血液透析装置的加温器，当加温器故障失控时，透析液的温度有可能超过 42℃，从而导

致溶血。这种风险非常高，应采取措施把风险降低到合理可行水平，一个独立于控制温度的温度防护系统，当温度控制系统出现故障，透析液温度未达到42℃前，独立的温度防护系统可以引起安全防护方面的动作。两个独立的防护系统同时失效的概率非常小，一般认为，两个独立的防护系统同时失效的情况被认为不会发生。经过这样的设计，风险已经被降低到合理可行水平，而且受益明显高于风险，这种方式被认为是有效的。

（3）是否所有的风险对所有受益的全面平衡是可以接受的

目前，对恶性肿瘤的主要治疗方法就是手术，之后配合放疗和（或）化疗，直线加速器是进行放疗的最常用设备。虽然直线加速器的放射性射线对人体影响较大，但只要严格按照程序进行，患者治疗后的受益还是明显高于不治疗的风险。所以，在现阶段，使用直线加速器的风险是可以接受的。

二、风险分析的方法

按可能影响医疗设备安全性的事件进行定量或定性的研究，风险分析方法根据这些特征也可分为定量分析和定性分析方法。

定量分析方法运用具体数据来对风险进行评估，分析风险发生的概率、风险危害程度所形成的量化值，大大增加了与运行机制和各项规范、制度等紧密结合的可操作性；分析的目标和采取的措施更加具体、明确、可靠。定量分析方法的优点是用直观的数据来表述评估的结果，看起来一目了然，比较客观；缺点是量化过程中容易使本来复杂的事物简单化、模糊化。

定性分析方法是一种模糊的分析方法，主要依靠风险分析人员的知识、经验以及特殊要求等非量化资料对系统风险状况做出判断。定性分析方法的优点是使评估的结论更全面、更深刻；缺点是主观性很强，对评估者本身的要求非常高。

在有足够的数据可利用的情况下，应优先考虑概率水平的定量分析法。如果数据不够准确，一个好的定性描述优于不准确的定量分析。因定性分析方法和定量分析方法各自存在着不足，同时风险评估又是一个复杂的过程，也可以把定性和定量分析方法进行有机结合，取长补短，从而使评估结果更加客观、公正。如图13-4所示，对风险的类别、风险产生的原因以及危害影响程度的分析是采用定性的方法；而对于可能的风险概率、伤害的产生概率、最终的风险评价则采用定量的方法。

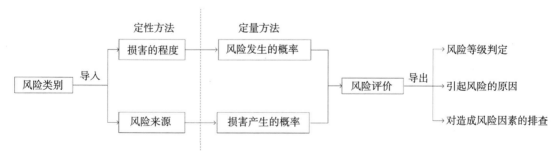

图13-4　风险评估定性和定量方法

医疗设备风险分析的惯用分析方式主要有3种：一是失效模式和效应分析法（FMEA）；二是故障树分析法（FTA）；三是危害和可运行性研究法（HAZOP）。

1. 失效模式和效应分析法（FMEA）

FMEA 主要是一种定性的分析技术，主要用其对单个部件失效模式进行系统地的判定和评价。是一种通常采用"如果……，会输出什么"的归纳法。每次分析一个部件，这样通常观察一个单一故障条件。这是以"倒置"模式进行的，即随着过程进入下一个更高的功能系统层次。

FMEA 对于处理人为错误也是一种有用的方法，可用于判定危害并为故障树分析方法提供有价值的输入。这种方法使用起来比较方便，但也存在明显的缺点：在处理冗余措施和计入修理或预防性维修措施时是困难的，以及仅限于处理单一故障条件。

FMEA 可以扩展到包括后果严重等级、相应的发生概率及其可检测的研究，而成为一种所谓失效模式、效应和危害度分析（FMECA）。FMECA 可以按以下步骤进行：

（1）定义所分析的对象。

（2）建立分析对象的安全性框图。

（3）确定医疗器械所有潜在的风险因素，并确定这些因素对安全性的影响。

（4）按最坏的可能后果评估每一种风险因素，并确定其严重度。

（5）确定每一种风险发生的概率。

（6）分析风险的危害程度。

（7）分析医疗器械所可能造成的后果。

2. 故障树分析法（FTA）

故障树分析法（fault tree analysis，FTA）是一种用来分析已由其他方法判定的危害的手段，其从一种设定的不希望的后果（亦称顶事件）开始，以演绎的方式，将系统总的风险状况作为顶事件开始，判定产生不希望后果的下一个较低功能系统层次的可能原因或故障模式。随着对不希望的系统运行的逐步判定，而接着进入较低系统层次，并将找到所希望的系统层次，通常是部件的故障模式。这将显示出最可能导致设定后果的程序。通过分析造成顶事件的各种可能的原因及彼此间的关系，画出逻辑关系图（即故障树）。根据该逻辑关系图，确定顶事件发生的原因（包括多种因素的组合原因）和概率。由分析结果，可以确定被分析系统的薄弱环节、关键部位、应采取的措施、对安全性实验的要求等。

风险树分析的步骤和顺序如下：

（1）熟悉医疗器械的设计资料。

（2）熟悉医疗器械安全要求、功能和工作模式。

（3）确定顶事件。

（4）建造风险树。

（5）求风险树最小割集，确定医疗器械的风险模式。

（6）用最小割集的结构函数求顶事件的发生概率。

其中前 4 个步骤主要是对被分析系统的内容、结构、各要素彼此之间的风险逻辑关系进行定性的研究。后两个步骤则是对风险树中各要素风险概率的定量分析。

顶事件是风险分析所关心的结果事件，其位于风险树的顶端。而底事件是在特定风险分析中无需或暂时不能探明其发生原因的事件。割集是风险树的若干底事件的集合，如果这些事件都发生，则顶事件发生。最小割集是底事件不能再减少的割集，即在最小割集中任意去掉一个底事件之后，剩下的底事件就不是割集。

3. 危害和可行性研究法（HAZOP）

HAZOP 类似 FMEA。HAZOP 的基础理论，是假定事故由偏离设计或运行目的引起的，是一种判定危害和可运行性问题的系统方法。HAZOP 可以用于医疗设备的运行（例如：用于作为"设计目的"的疾病诊断、治疗或缓解的现行方法或过程），或用于对医疗器械有重大影响的制造或维修过程（例如：灭菌）。HAZOP 的两个特点如下：

（1）由一组具备医疗器械设计及其应用的专门知识的人员参与。

（2）用引导词汇（没有、部分、等等）帮助判定对正常使用的偏离。

HAZOP 方法的目标是：

——做出对医疗器械及其预期用途的全面描述。

——对预期用途或预期目的的每个部分进行系统地评审，以便发现对正常运行条件和预期设计的偏离是怎样发生的。

——判定此种偏离的后果，并决定此种后果是否会导致危害或可运行性的问题。当用于医疗器械的制造过程时，最后一个目标对医疗器械特性依赖于制造过程时特别有用。

三、医疗器械预期用途、预期目的和与安全性有关的特征判定

进行风险分析时，对医疗设备及其附件，描述其预期用途、预期目的以及任何合理可预见的误用。判定危害的第一步是分析医疗设备可能影响安全性的特征。常用的方法之一就是对涉及医疗设备制造、使用和最终处置提出一系列问题。然后根据这一系列问题逐条进行分析评价，最后判定这医疗器械所有可能的危害（表 13-1）。

表 13-1 用于判定医疗器械可能影响安全性的特征的问题（举例，取自 YY/T 0316—2016）

序号	安全性相关问题	特征判定方向
1	医疗器械的预期用途是什么和怎样使用医疗器械	应当考虑的因素包括： ·医疗器械的作用是与下列哪一项有关：对疾病的诊断、预防、监护、治疗或缓解，或对损伤或残疾的补偿，或解剖的替代或改进，或妊娠控制？ ·使用的适应证是什么（如患者群体）？ ·医疗器械是否用于生命维持或生命支持？ ·在医疗器械失效的情况下是否需要特殊的干预
2	医疗器械是否预期和患者或其他人员接触	应当考虑的因素包括预期接触的性质，即表面接触、侵入式接触或植入以及每种接触的时间长短和频次
3	是否有能量给予患者或从患者身上获取	应当考虑的因素包括： ·传递的能量类型； ·对其的控制、质量、数量、强度和持续时间； ·能量水平是否高于类似器械当前应用的能量水平
4	是否进行测量	应当考虑的因素包括测量变量和测量结果的准确度和精密度

序号	安全性相关问题	特征判定方向
5	是否有不希望的能量或物质输出	应当考虑的与能量相关的因素包括噪声与振动、热量、辐射（包括电离、非电离辐射和紫外/可见光/红外辐射）、接触温度、漏电流和电场或磁场。 应当考虑的与物质相关的因素包括制造、清洁或试验中使用的物质，如果该物质残留在产品中具有不希望的生理效应。 应当考虑的与物质相关的其他因素包括化学物质、废物和体液的排放
6	医疗器械是否在因分散注意力而导致使用错误的环境中使用	应当考虑的因素包括： ·使用错误的后果； ·分散注意力的情况是否常见； ·使用者是否可能受到不常见的分散注意力情况的干扰

注：YY/T 0316—2016《医疗器械　风险管理对医疗器械的应用》附录 C 给出了影响医疗器械安全性的特征判定，但并不限于该标准所规定的内容。

四、判定已知或可预见的危害

在进行了医疗器械预期用途、预期目的和与安全性有关的特征判定后，应对每种引起危害因素可能造成的后果进行判定。在确定危害来源和判定危害之后，可以推断危害的后果和损害之间的关系（图 13-5 ）。

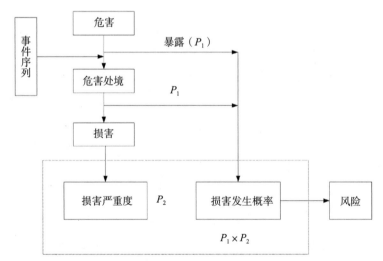

图 13-5　危害、事件的后果、危害处境和损害之间的关系示意图
注：P_1. 危害处境发生概率；P_2. 危害处境导致损害的概率

1.危害示例

为了帮助判定与特定医疗设备可能导致对患者或其他相关人员的危害，表 13-2 所列示例有助于风险分析人员的工作。

表 13-2 危害示例

能量危害示例	生物学和化学危害示例	操作危害示例	信息危害示例
电击 辐射能 热能 机械能 运动零件	生物学的：细菌；病毒；再次或交叉感染 化学的：酸或碱；残留物；污染物 生物相容性：致敏性／刺激；致热原	功能 性能特征的不适当的描述 不正确的测量 使用错误 缺乏注意力 不遵守规则 缺乏知识 违反常规	标记 不完整的使用说明书 不适当的预期使用规范 过于复杂的操作说明 警告

2.初始事件和环境的示例

考虑可引发各事件序列的初始事件和环境对识别可预见的事件序列是有很大帮助的。表 13-3 列举了通用类别的初始事件和环境。

表 13-3　初始事件和环境示例

通用类别	初始事件和环境示例
不完整的要求	下列各项的不适当的规范： ·设计参数 ·运行参数 ·性能要求 ·在服务中的要求（如维护、再处理） ·寿命的结束
制造过程	制造过程更改的控制不充分 多种材料／材料的相容性信息的控制不充分 制造过程的控制不充分 分包商的控制不充分
运输和贮藏	不适当的包装 污染或变质 不适当的环境条件
环境因素	物理学的（如热、压力、时间） 化学的（如腐蚀、降解、污染） 电磁场（如对电磁干扰的敏感度） 不适当的能量供应 不适当的冷却剂供应
清洁、消毒和灭菌	缺少对清洁、消毒和灭菌的经过确认的程序，或确认程序的规范不适当 清洁、消毒和灭菌的执行不适当
处置和废弃	未提供信息或提供的信息不充分 使用错误
配方	生物降解 生物相容性 没有信息或提供的规范不适当 与不正确的配方有关的危害警告不充分 使用错误

通用类别	初始事件和环境示例
人为因素	设计缺陷引发可能的使用错误，例如： ·易混淆的或缺少使用说明书 ·复杂的或易混淆的控制系统 ·器械的状态不明确或不清晰 ·设置、测量或其他信息的显示不明确或不清晰 ·错误显示结果 ·可视性、可听性或触知性不充分 ·控制与操作不对应，或显示信息与实际状态不对应 ·与已有的器械比较，样式或布局有争议 ·由缺乏技术的 / 未经培训的人员使用 ·副作用的警告不充分 ·与一次性使用医疗器械的再使用有关的危害的警告不充分 ·不正确的测量和其他的计量学方面 ·与消耗品 / 附件 / 其他医疗器械的不相容性 ·疏忽、失误和差错
失效模式	·不希望的电能 / 机械完整性的丧失 ·由于老化、磨损和重复使用而导致功能退化（如液 / 气路的逐渐堵塞，或流动阻力和电导率的变化） ·疲劳失效

3. 危害、可预见的事件序列、危害处境和可发生的损害之间的关系（表 13-4）

表 13-4　危害、可预见的事件序列、危害处境和可发生的损害之间的关系（举例）

危害	可预见的事件序列	危害处境	损害
电击	心电电缆因误用插入了电源线插座	心电电极上出现网电压	严重烧伤、心脏颤动或死亡

注：一个危害可导致一个以上的损害，一个以上的事件序列可引致危害处境。

五、估计每种危害的风险

当完成已知或可预见的危害判定，提出了危害清单，就要进入估计每种危害的风险分析步骤。估计每种危害的风险是风险分析的结果也是风险分析的输出。只有估计了医疗器械每种危害的风险，才可能对其实施评价和控制。才有可能把风险控制到可接受水平，从而达到风险管理的目的。

对每一个判定的危害，都应利用可得的资料或数据估计在正常和故障两种条件下的一个或多个风险。对于其损害发生概率不能加以估计的危害，应编写一个危害的可能后果的清单。风险的估计应在风险管理文档中加以记录。任何用于概率估计或严重度水平的定性或定量分类的体系都应在风险管理文档中加以记录。

风险估计的资料或数据来源举例如下：

—已发布的标准。

—科学技术资料。

—已在使用的类似医疗器械的现场资料（包括已公布的事故报告）。

—由典型使用者进行的适用性实验。

—临床证据。

—适当的调研结果。

—专家意见。

—外部质量评定情况。

第四节　风险评价和风险控制

一、风险评价

对产品进行了风险分析之后，应对分析内容产生的危害进行评价。即对每个已判定为危害的项目，应使用风险管理计划中规定的准则，来决定其估计的一个或多个风险是不是低到不需采用任何措施的程度，或者经过评价后采用下一步的措施。

1. 风险评价的准则

风险评价所参考的准则主要有两种，一种是国内外基本的可接受安全要求。二是生产商所期望达到的目标。第一种是基本准则，是生产商必须要达到的要求，经过评价后，如果危害不能低到理想状态，即必须采取措施。第二种是生产商自定目标，按自身要求，如果评价的结果不理想，达不到可接受程度，可以选择采取措施，也可以通过修改自定目标来通过评价。

2. 风险评价的方法

根据风险的可接受性准则进行。在判断某一特定医疗器械的风险是否可接受时，对照可接受准则，利用经验丰富的人员，进行反复的评价，作出风险是否可接受的最终决定，这就是风险评价的主要方法，评价后的结果应在三区域风险图内。

（1）制造商提供的特定医疗器械风险水平很低，在同类产品中没有出现过不良事故，在理论上不会造成危害的，不需要深入评价，如某些医疗器械的风险水平低于日常生活的风险，完全是可接受的。

（2）制造商提供的特定的医疗器械有一定的风险水平，这时就要权衡受益是否大于风险还是要降低风险来保证安全。

（3）对于需要降低风险的项目，制造商应对采用措施的评价，包括措施后风险是否可以降低到可接受程度。对于所采用的技术成本等因素，也应进行评价。

二、风险控制

风险控制是风险管理活动的第三阶段（图 13–1），共包括 6 个步骤。风险控制的目的是主动采取有效措施使判断的风险降到可接受水平，具体的风险控制方法如下。

1. 方案分析

为使风险控制降到可接受水平，应识别、选择、确定风险控制的具体措施。以达到可以降低潜在损害的严重度，或者减少损害的发生概率，可使用以下一种或多种方法：

（1）通过修改设计达到安全，如设计成双重防护系统。

（2）医疗器械本身或生产过程中的防护措施，如采取高完善性的元器件。

（3）使用警告性的说明，如在高温的地方贴上提示标记或警示语。

2. 风险控制措施的实施

通过对风险控制方案的分析，采用其中的一种或多种方案进行控制，在风险控制过程中要求制造商做好验证工作。风险控制措施包括两方面的内容，一是对风险控制措施的有效性予以验证，二是对风险控制措施的实施予以验证。

3. 剩余风险评价

在采取风险控制措施后，对于可能遗留的风险，应在整个风险管理计划中有相应的评价准则。对剩余风险的评价不满足风险可接受性准则要求的，应采取进一步的风险控制措施。如果评价的剩余风险达到可接受限度的，应把所有未说明一个或多个剩余风险所需要的相关信息写入附件文档中。

4. 风险、受益分析

在评价医疗设备过程中，可能会出现剩余风险不可以接受的情况；或是采取风险控制措施成本高，不实际；或是采取措施后，设备的预期目的下降。如放射性设备，即使采用很好的防护手段，也会有射线泄露的可能，出现这种情况，可以采用对预期用途、预期目的的医疗受益的资料和文献，来分析设备应用后对患者的受益程度是否超过剩余风险。如果能证明受益确实超过了剩余风险，也是可以接受的，但应把这些分析的过程和结果列在随机文件中。

5. 风险控制措施的评审

采取相应的风险控制措施后，也应对其进行评审，以便判定实施的风险控制是否会引入了其他新的危害，包括可能引起对人体、财产或环境新的危害。对这些新的危害要进行进一步的评价。

6. 风险评价的完整性

在风险控制的最后阶段，要对整个评价活动进行检查，以确保所有已判定危害的风险都得到有效的评价和控制。

第五节　综合剩余风险的评价

综合剩余风险评价是风险管理活动的第四个阶段（图 13-1），也是医疗器械风险管理活动的框图中的第十一步骤。综合剩余风险评价就是从各个方面检查剩余风险，需要考虑如何按可接受性准则评价尚存的剩余风险。

综合剩余风险的评价需要由具有知识、经验和完成此项工作权限的人员来完成，通常由具有医疗器械知识和经验的应用专家担任。在所有的风险控制措施均已经实施并验证后，如果未能确认所有的剩余风险都可接受，制造商需要收集和评审预期用途 / 预期目的的医疗器械受益资料和文献，判定受益是否超过全部剩余风险。如果受益不能超过全部剩余风险则判断全部剩余风险是不能接受的。

综合剩余风险没有强制的评价方法，可以参考下列的一些方法进行。

1. 事件树分析

特定的事件序列可导致几种不同的单个风险，每一个风险影响综合剩余风险。例如：血液透析机静脉压监控失效，可以导致体外失血未能觉察，透析压力偏离，静脉压检测不准确等。事件树可以是分析这些风险的适当的方法。需要对单个剩余风险进行共同研究，以便确定综合剩余风险是否可以接受。

2. 相互矛盾的要求的评审

对于单个风险的控制措施可能产生相互矛盾的要求，例如：阐述一个失去知觉的患者从病床跌落的风险警告可能是"决不要把失去知觉的患者单独留下，无人照管"，这就可能和"离开患者后将 X 射线曝光"的警告相互矛盾，后者的意图是保护操作者避免暴露于 X 射线。

3. 故障树分析

对于患者或使用者的损害可以是由不同的危害处境造成的。在此情况下，用于决定综合剩余风险的损害概率是基于单个概率的结合。故障树分析可以是导出损害的结合概率的适当方法。

4. 警告的评审

考虑单个警告本身可能提供适当的风险降低，然而，过多的警告可降低单个警告的效果。可能需要分析以便评定是否对警告过分依赖和此种过分的依赖可能会对风险降低和综合剩余风险的影响。

5. 操作说明书的评审

对器械的全部操作说明书的研究可能会检出信息是不一致的，或者难以遵守。

6. 比较风险

此方法是将由于器械造成的整理过的单个剩余风险和类似现有医疗器械进行比较。例如：考虑不同的使用情形对逐个风险进行比较，应当注意在此种比较中要使用现有医疗器械不良事件的最新信息。

7. 应用专家的评审

为证实器械的可接受性，可以要求对患者使用器械的受益进行评定。利用不直接涉及器械开发的应用专家，得到综合剩余风险的新观点可能是一个方法。应用专家通过考虑各个方面，如在有代表性的临床环境中使用器械的适用性来评价综合剩余风险的可接受性。这样，在临床环境中对器械的评价可能确定可接受性。

第六节　风险管理报告和生产后的信息

一、风险管理报告的要求

风险管理报告的编写尽量按本标准要求的内容进行，如果有特殊要求，也可以根据自身要求进行编写，并没有强制的格式和内容要求。风险管理报告可包括如下内容：

（1）首页，产品的一些说明。

（2）产品特征。

（3）可接受准则的说明。

（4）危害构成因素。

（5）危害程度的评定。

（6）风险控制的措施。

（7）风险控制实施后的评定。

（8）结论。

二、生产后的信息管理

在风险管理过程中，应建立和保持一个系统的程序，以便收集和评审医疗设备在生产和生产后阶段中的信息。在建立收集和评审医疗器械信息的系统时，尤其应当考虑：

（1）由医疗设备的操作者、使用者或负责医疗设备安装、使用和维护人员所产生信息的收集和处理机制。

（2）新的或者修订的标准。

上述系统也应当收集和评审市场上可得到的类似医疗器械的公开信息。

对于可能涉及安全性的信息，应予以评价，特别是下列方面：

——是否有先前没有认识的危害或危害处境出现。

——是否由危害处境产生的一个或多个估计的风险不再是可接受的。

如果上述任何情况发生：对先前实施的风险管理活动的影响应予以评价，作为一项输入反馈到风险管理过程中，并且应对医疗器械的风险管理文档进行评审。如果可能有一个或多个剩余风险或其可接受性已经改变，应对先前实施的风险控制措施的影响进行评价。

制造商应建立、形成文件和保持一个系统，以便收集和评审医疗器械（或类似器械）在生产和生产后阶段中的信息。在建立收集和评审医疗器械信息的系统时，制造商尤其应当考虑：

（1）由医疗器械的操作者、使用者或负责医疗器械安装、使用和维护人员所产生信息的收集和处理机制。

（2）新的或者修订的标准。

上述系统也应当收集和评审市场上可得到的类似医疗器械的公开信息。

对于可能涉及安全性的信息，应予以评价，特别是下列方面：

——是否有先前没有认识的危害或危害处境出现。

——是否由危害处境产生的一个或多个估计的风险不再是可接受的。

如果上述任何情况发生：对先前实施的风险管理活动的影响应予以评价，作为一项输入反馈到风险管理过程中，并且应对医疗器械的风险管理文档进行评审。如果可能有一个或多个剩余风险或其可接受性已经改变，应对先前实施的风险控制措施的影响进行评价。

第七节　体外诊断医疗器械的风险管理

体外诊断（IVD）设备预期用于对取自人体的样本的收集、制备和检查，并给出结果来诊断疾病或其他状况，包括确定健康状况，以便减轻、治疗或预防疾病，也可以用于监视治疗药物和确定捐献的血液或组织的安全性。IVD 设备具有促成患者损害的可能性，不正确的或延误的结果可导致不适当的或延误的对患者产生损害的医学决策和措施。预期用于输血筛查或移植筛查的 IVD 设备的不正确的结果具有对血液或器官的接受者造成损害的可能性；预期用于检测传染性疾病的 IVD 设备不正确的结果可能成为对公众健康的危害。

IVD 设备的预期使用可能在以下的某一环节导致患者的伤害：

——IVD 设备所在的质量体系（如在设计、开发、制造、包装、标记、分销或服务期间）失效，引发出首先是有缺陷或失灵的 IVD 医疗器械的事件序列。

——当 IVD 设备在医学试验室失效时，就产生一个不正确的检查结果。如果试验室不能识别结果是不正确的，则不正确的结果将被报告给卫生保健提供者。

——如果卫生保健提供者不能认识到结果是不正确的，则可能对诊断产生不利影响，并可能对患者造成危害处境。医师使用 IVD 检查结果并结合其他可得的医学信息，评价患者和得出诊断或指导治疗。有时 IVD 结果可以是做出医疗决策的主要的、乃至唯一的基础。

图 13-6 表明了假如不遵守程序、不坚持维护或校准计划，或不留意警告或注意事项，试验室可以促成不正确或延误的检查结果。此外，导致患者损害的事件也能产生于试验室。已经认识到需要通过在医学试验室进行风险管理来减少错误，研发部门风险管理过程输出的安全性信息可作为试验室风险管理过程的输入。

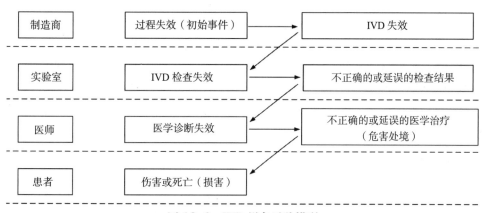

图 13-6 IVD 设备风险模型

注：YY/T 0316—2016《医疗器械 风险管理对医疗器械的应用》附录 H 给出了较具体的 IVD 设备风险管理指南。

第十四章
特定的安全防护

不同类型的医用电气设备的结构和特性差异极大，其防护要求也存在相应的差异，例如：X射线诊断设备和电子血压计，除了都应用于患者外，结构和功能没有多少相似之处，所以必须制定符合各自产品特性的安全要求。针对这些情况，为建立特定安全防护的理念，本章以八类较有代表性产品进行特定安全防护的描述。

注：本章的目的是建立特定安全防护理念，对特定安全防护的具体要求应参考相关产品的安全标准。

第一节　血液净化设备

血液净化设备是通过清除或置换患者血液中的特定物质，以达到补偿患者特定脏器失效的目的，例如：急性或慢性肾衰竭、尿毒症或肝功能减退等。常见的血液净化方式为血液透析、滤过和吸附等，常见的血液净化设备有血液透析设备、血液透析滤过设备、连续性血液净化设备（CRRT）、血液灌流设备（人工肝）和腹膜透析设备，这些设备间接或直接和血液进行接触，除了腹膜透析外，其他的设备在结构上类似，其中血液透析设备的应用范围最广，也最具有代表性，以下以血液透析设备为代表进行描述。

一、产品描述

人的肾脏具有清除血液中的尿素、肌酐等代谢废物功能，当肾脏出现衰竭时，对血液的废物清除能力降低，这些废物在人体的血液中积聚，最终使人中毒至死，血液透析设备的目的就是清除这些代谢物。

为了实现血液净化目的，需要从患者身上把血液导出，经过透析器对血液进行滤过净化，再把净化后的血液回输患者体内。因为患者的有害物是不断产生的，所以患者的疾病不会完好，只能短时好转而已，而且当开始治疗时，肾脏会完全失去功能。

二、基本结构

除了电气设备通用的结构外，为实现功能的结构可以分为两部分，一是对血液进行运转和监测的部分，被称为血路部分；二是为了实现对血液进行有效净化目的的液路部分，被称为水路部分。为了实现滤过功能，也有些设备增加了置换液系统。

1.血路部分（图 14-1）

血液流过的通路主要包括动脉压监测、血泵、肝素泵、静脉压监测、空气监测和阻流夹等，如果需要，也可以增加一些置换液的注入等。

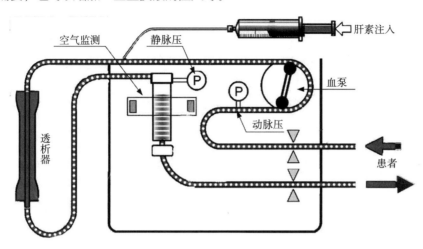

图 14-1　血液透析设备血路部分

2.水路部分（图 14-2）

水路部分主要包括加热器、除气罐、温度监控系统、电导率监控、透析液压监控、漏血监测、透析液的吸引泵和阀门等。

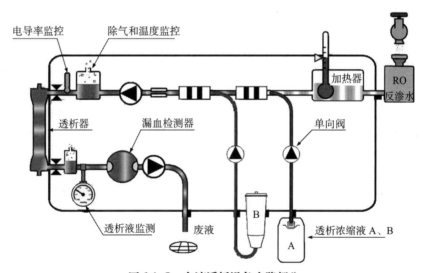

图 14-2　血液透析设备水路部分

三、特定的安全防护

从上面的一些功能描述和产品结构来看，要保证把血液安全地导出和回输，并充分的进行有毒物质清除，对患者来说才是安全有效的。具体可以从下面的一些措施来进行防护。

1.体外失血的防护

血液从人体导出，就存在失血的可能。血液在血路中运转，因血液管路不是连接可靠的密闭环境，会存在连接器脱落和一些部位破裂的危险，我们需要对这些可能的失血采取措施。

（1）透析膜破裂造成失血

透析膜破裂是体外失血常见的现象，当出现透析膜破裂造成失血时，血液会跟随废液排出。如果在透析设备水路中的废液端安装一个漏血探测器（图14-2），可以实现漏血的初期发现失血，报警和采取相应的补救措施。

从历史数据来看，高于0.35ml/min的失血量才是危险的，在漏血检测器中，常用分光光度计原理来对血红蛋白进行探测漏血量。

（2）因血液凝结造成失血

当血液从人体中流出，在血小板的作用下，会产生凝结现象。治疗过程中，需要添加抗凝剂，如肝素等防止血液凝结，但由于血液特性所致，血液的微细凝结在所难免。凝结常见于透析器中，当凝结发生时，会堵塞透析膜，使透析器前端的血液压力升高，也会使透析液端和血液端之间的压力梯度变大。可以在透析器入口处设置一个压力传感器，当发现压力升高到限值时，发出警报和触发防护动作；也可以利用监测血路压力和透析液压力差值的变化来实现透析膜被堵的防护。

造成血液凝结的情况还有血泵的意外停转和肝素泵出现被堵或注射完毕没有添加等情况。所以在血液透析设备中，需要增加泵被堵转时的检测电路，当肝素注射完毕，应该有明显的提示。

（3）静脉管路脱落造成失血

透析和连续性血液净化的治疗时间都比较长，患者在治疗过程中会出现吃饭和睡觉等各种状态，这些状态动作可能会导致静脉穿刺导管脱落，治疗过程的流速一般>300ml/min，这个失血是灾难性的。为了防止过度失血，可以在静脉端设置静脉压监测，当静脉压变化过大时发出警报。为了防止人为把静脉压报警限设置到很低状态（如0mmHg）而造成灾难性后果，需要在设备设计阶段把静脉压不能人为设置到0mmHg，建议不能低于10mmHg。即使这样，因为穿刺针的阻力作用，在高流量状态，如500ml/min，即使静脉穿刺针为悬空状态，静脉压力也不会下降到10mmHg，现在也有一些设备，会自动记录治疗稳定后的静脉压，然后设定报警窗宽，当静脉压波动较大时报警。

（4）防护动作

当出现体外失血的情况时，设备应立即暂停治疗，停止血液的运转，以免造成继续失血。同时用声音和光的方式提示医护人员，光提示不能在设备显示屏幕上，应是容易分辨的单独的光报警器。

2. 空气进入人体

空气进入血液中也可能会产生灾难性后果，日常在医院进行静脉输液时医护人员对液体进行谨慎的排气就可见一斑。多少量的空气才会导致危害呢？到现在还没有足够的科学文献来说明，在 *Hemodialysis Machines and Monitors* 一书中的第14章，Polaschegg 和 Levin 认为连续注入低于0.03ml/（kg·min）的空气和快速注入0.1mg/kg的空气不会造成危害。

在血液透析中，血路有很多潜在的空气来源，例如：

——静脉壶（气泡捕捉器）的空气。

——血路管中的残余空气。

——透析器中的剩余空气。

——通向压力传感器管路的空气。

——在进行单针治疗时进入再循环系统中的空气。

——进入血路管路中的空气。

——溶解在透析液中的空气。

为了防止空气进入，首先需要对进入体外管路血液的空气进行排气，然后再回输体内，常见的方法为在体外血路静脉端设置静脉壶（也被称为气泡捕捉器），利用空气和血液的重力差来排出空气。在静脉壶后需要增加气泡检测器，作为血液进入体内的气泡最后监测，现在的体外管路气泡检测常用超声波空气探测器，可以检出体积为 10μl 的单个气泡。*Hemodialysis Machines and Monitors* 的第 14 章提到，并不是全部气泡都会导致危害，只有积累到一定的量和快速注入一定的量才会产生危险，这就需要设备将检测到的气泡数、体积和时间的函数进行综合计算，最后给出警报和阻止动作。

3. 温度

进行血液透析时，除了血液在体外散发热量外，透析器作为一个高效的热交换器，透析液的温度会在短时间影响到人的体温和血液温度，所以温度的防护也是很有必要的。

有研究表明，长期在较高温度下进行透析，如 42℃，会导致患者阳性热量平衡，紧接着会出现临床上的血压下降，如果温度达到 46℃，就会出现溶血现象。低温条件下进行透析，对血压不会带来负面的影响，在透析的历史上，也出现过用 5℃透析液进行透析的，但考虑到患者的体质，过低温度会出现寒颤情况，建议透析液的温度不要低于 33℃，不高于 41℃。

透析液的温度过高和过低会危及患者，必须对其进行限制。鉴于温度失控的后果可能是灾难性的，对于透析设备，除了配备控制温度的系统外，还需要添加防护系统，而且是独立于控温系统。对控温系统来说，防护系统是完全独立的，包括独立的温度传感器，独立的信号传输系统，独立的信号处理系统和防护动作系统。即使控温系统的处理器坏了，也不能影响到防护系统的正常工作。

除了对透析液的温度进行防护外，置换液和补充液的温度也同样适用。

当出现温度过高或过低情况时，设备应该有这样的措施：

——触发声光报警信号。

——阻止透析液流向透析器或血液。

4. 透析效率

透析效率虽然和电气安全无关，但其效率的高低会直接影响患者的体质和寿命，所以这也是我们要考虑的功能安全之一。

在透析过程中，影响血液中尿素等的清除率的决定性因素包括以下 3 个方面：

（1）血液流速

有学者认为血液净化和血液流速具有直接的关系，给出清除量等于血液流速乘以透析器中血浆尿素氮水平下降的百分率。这种观点只是部分正确，因为血液流速提升，同样的透析器不能按同样的效率清除尿素。虽然净化效率和血液流速的直接关系不完全正确，但关系还是很大的，尤其是当血液流速下降时透析效率会降低。我们对血液的流速的确定，主要考虑其流速低于设定值的情况，血液流速低于设定值的 5% 时会影响其透析的效率。

（2）透析液流速

尿素的清除率同样与透析液流速相关。透析液流速增加会提高透析器中尿素从血液扩散到透析液的速度。血液流速为 350ml/min，800ml/min 的透析液流速比 500ml/min 的透析液流率效率增加 12%，这个效率并不太显著。然而，当透析液流速低于 500ml/min 时，效率会大大降低，所以 500ml/min 的透析液流速是效率和成本较好的结合，如果透析液流率低于 500ml/min 时，不太适合进行透析。

（3）透析器的效率

具有薄的、表面积大的和膜孔大的，并具有血液和透析液最大限度接触的设计的高通量透析器比低通量透析器的清除废物效率要高，因为透析器是独立的产品，这里不对其进行描述。

5. 液体平衡

（1）平衡失效的危害

要实现血液净化，就必须从血液中析出溶液，也可能补充一些液体，这就会存在体内液体平衡失调的风险。在血液净化过程中，单次的尿素清除不足不会造成危害，但液体的过度去除危害极大，而液体的补充过度也会造成伤害。水去除少了，身体积水太多，尿毒症患者的血压降不下来，胸闷气短的症状改善不显著，透析后维持时间缩短，生活质量受到影响；水去除多了，患者会出现血压降低，手脚抽筋，头昏耳鸣，心律失常等失水的征兆，同样会影响患者生活质量。

（2）影响液体平衡的因素

影响到液体平衡的来源主要有以下方面：

①液体管路泄漏，也包括置换液管路。

②平衡系统出现故障，例如：电子天平精度偏移，流量计精度偏离和平衡腔破裂等。

③平衡系统意外改变，例如：患者家属无意识把一些物体放在电子天平上。

（3）防护限值

血液透析一般的透析时间为 4 小时，评价液体平衡通常也是按 4 小时来计算的，要求通常包括两方面：

①单位时间的误差：在全透析过程中，任选定 1 小时，其液体的平衡精度都在设定值的 ±0.1L/h 内，当中包括脱水和补充液体各个因素。

②全过程的误差：在透析的全过程，任何时间段内的平衡误差不能超过 400ml。

（4）防护措施

有学者认为，利用跨膜压的监测可以实现液体平衡失调的防护，其实这是不足够的，特别是在使用高通量的透析器的情况下，但跨膜压监测可以提高液体平衡一定的安全性。对于液体平衡失衡的防护，应提供独立于超滤和置换液控制系统的防护系统。例如：用流量计来测量超滤液的量，当发现超滤液的量和设定量发生改变，就进行修正或报警；同理，也可以用重量的方式（如电子天平）来验证置换液的量。

6. 其他安全防护

除了上述内容外，血液透析设备还有很多风险存在需要进行安全防护。

（1）透析液成分偏差

在血液透析过程中，透析液成分是实现血液净化和电解质酸碱平衡的重要保障。在透析液中，有钠、钾、钙、镁、氯、醋酸根、碳酸氢盐和葡萄糖等，这些物质都需要有严格的比例关系。透析机在配备透析液时，是按比例抽取浓缩液和水进行配备的，抽取浓缩液的泵的精度亦会产生偏差，从而造成各种离子的浓度偏差。

钠浓度对血液透析患者的心血管起到稳定性的作用，当钠浓度偏低时，血压降低、产生痉挛和头晕恶心等；当浓度偏高时，会导致血压偏高和口渴等问题。高血钾会诱发心律失常，低血钾会使代谢性酸中毒纠正不充分。透析液中的钙浓度对维持机体钙的动态平衡很重要，可避免患者体内钙代谢紊乱所导致的不良反应。

鉴于透析液各组成成分浓度的重要性，应该对这些浓度进行监测。但由于透析液的成分复杂，至今为止还没有一种简单的技术可以用于透析设备中来实现实时监测，较为实用的办法是用总离子数的方法来实现监测，即电导率。电导率的监测和防护系统同温度系统一样，需要用分离的两套独立监控系统来实现安全防护。

（2）网电源的中断

对多数医用电气设备来说，网电源中断是不必进行特别防护的，需要考虑的是网电源中断后恢复时的危险。在透析治疗过程中，血液管路和透析器血室充盈情况下，约有 400ml 血液，如果网电源突然中断，血液不能回输体内，存在体外失血的危险。为了防止因电源中断后而造成体外失血，可以采取以下措施：

①对无内置电源的透析设备：网电源中断后，应立即触发声报警，报警声至少 65dB（A），报警的声音至少持续 1 分钟来提示医护人员。应具有简单程序方便医护人员实施人工回血的措施。

②对带内置电源的透析设备：带内置电源的透析设备，在网电源中断后，能够自动转到内部电源供电状态，透析液供应系统可以停止工作，但血泵和血路的安全防护还需要正常运转，需要光警示医护人员采取措施。

③防止泵的反转：在血液透析场所，同时运转的透析机可能达数十台，当发生电源故障时，医护人员在紧张的情况下，回血时容易出现血泵反转的人为操作错误，导致空气通过动脉血路进入人体，从而产生危险。为了防止这种情况的出现，可以把血泵设计成单向的机械装置或在血泵上有清晰的方向标记。

（3）化学污染

在每次进行透析治疗后，应该进行内部管路的清洗消毒，常用的消毒方式为化学消毒和热消毒，如果使用化学消毒，就存在化学污染的风险。为了防止化学污染的危险，在清洗消毒的时候，不能运行任何治疗模式，血泵也不能运转。

（4）误操作

血液透析的程序比较复杂，容易导致风险，例如：多治疗模式的设备，一些误操作或无意识的触摸会导致操作模式变更，这些人为因素应该被考虑。

在透析设备当中，有很多不同用途的连接器，例如：浓缩液的连接器，应该用颜色来区分，以防止出现错误的连接，从而导致对患者的危险。规定的连接器颜色为：

——醋酸盐连接器为白色。

——重碳酸盐透析中的酸性成分连接器为红色。

——重碳酸盐透析中的重碳酸盐成分连接器为蓝色。

第二节　超声诊断设备

超声技术经过多年的发展，衍生出多种类型的超声诊断设备，逐渐形成一大门类，例如：胎心率仪、胎儿监护仪、经颅多普勒、A 超、M 超、B 超、彩超和三维超声成像等。这些产品在结构、功能、成像原理和计算方式上有较大区别，但在特定的安全防护上还是较为统一的，主要是防止超声作用于人体而导致了有害生理效应的出现。以下用 B 超为例进行具体的说明。

一、产品描述

声音在传播过程中遇到障碍物会产生反射回波现象，超声波在液体和人体组织中有较好的传导性，但遇到不同质地的物体时也会产生回波现象，人们根据超声波在不同人体组织界面之间的回波信号所携带的信息，经过处理后，提取临床所需的信息，这就是超声诊断设备的基本原理。

上述原理主要的点声源所携带的信息，在回波后形成波形图，如果需要得到平面图，即需要通过对一系列切面声像图的分析算出，这就是 B 超形成图像的方式。所以 B 超的探头由一系列的声输出晶片组成（图 14-3）。

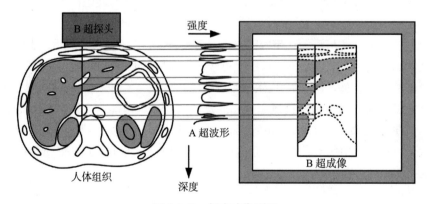

图 14-3　超声成像原理

二、基本结构

B 超的发射和计算有许多不同的模式，有机械线扫、电子线阵、电子相控阵等形式，但主要电气结构相差不大，主要由电源部分、高频脉冲调制部分、换能器、前置放大器、信号处理和图像显示等部分组成（图 14-4）。

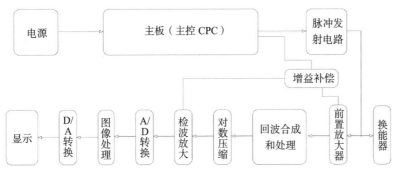

图 14-4 相控阵 B 超原理结构图

三、超声辐射的效应

超声诊断设备以声辐射的形式对人体施加能量，超声波在人体组织内传播，会由于声波被人体组织吸收而逐渐减弱，其中骨组织吸收的系数最高。这些被吸收的超声波会转化为另一种形式的能量作用于人体组织中，这就会导致生理效应的出现。超声波在人体的生理效应可分为热效应和机械效应。

1. 热效应

超声波在人体组织内传播，由于组织吸收了超声能量，引起组织的温度升高，这就是热效应。超声波的频率越高，转化为热能的效率就越高。

对于超声诊断设备的热效应的衡量，IEC 相关标准引入了热指数的概念，是指指定点处衰减后输出功率，与在指定组织模型条件下，使该点温度上升 1℃ 所需要的衰减后输出功率数值的比值。在人体组织中，由于不同组织热效应的指数不一样，可分为软组织热指数、骨热指数和颅骨热指数 3 种形式。

热指数已经有较为成熟的理论模型，根据实际情况，软组织、骨、颅骨在扫描模式、非扫描模式和复合工作模式下均有不同的算法，根据表 14-1 中的公式可以算出相应的热指数。

表 14-1 热指数计算公式

热指数	扫描模式	非扫描模式	参数
软组织	$TIS=\dfrac{P_1 f_{awf}}{C_{TIS1}}$	$TIS=\dfrac{P_a f_{awf}}{C_{TIS1}}$ 或 $TIS=\dfrac{I_{spta,a}(z_s)f_{awf}}{C_{TIS2}}$ 注：以上公式为当 $A_{aprt}>1.0cm^2$ $TIS=\dfrac{Pf_{awf}}{C_{TIS1}}$ 注：以上公式为当 $A_{aprt}\leqslant 1.0cm^2$	C_{TIS1}=210mWMHz C_{TIS2}=210mW·MHz/cm^2 P_a 衰减后输出功率（mW） f_{awf} 声工作频率（MHz） $I_{spta,a}(z_s)$ 衰减后空间峰值时间平均声强（mW/cm^2） P 输出功率（mW） P_1 有界输出功率（mW） A_{aprt} -12dB 声束输出面积
骨组织	与软组织公式相同	$TIB=\sqrt{\dfrac{P_a(Z_b)I_{zpta,a}(Z_b)}{C_{TIB1}}}$ 或 $TIB=\dfrac{P_a(z_b)}{C_{TIB2}}$	C_{TIB1}=50mW/cm C_{TIB2}=4.4mW $P_a(z_b)$ 在深度 z_b 处的衰减后输出功率（mW） $I_{zpta,a}(z_b)$ 在深度 z_b 处的衰减后空间峰值时间平均声强（mW/cm^2）

热指数	扫描模式	非扫描模式	参数
颅骨组织	扫描模式中针对特定发射图案的颅骨热指数，应与非扫描模式中相同的参数一起计算	$TIC=\dfrac{P/D_{ep}}{C_{TIC}}$	C_{TIC}=40mW/cm P 输出功率（mW） D_{ea} 等效直径（cm）

注：1. 对于复合工作模式，其组成中每一个单一模式的热指数应单独计算，然后按规定进行数据叠加。
　　2. 表 14-1 中详细内容见 GB 9706.9—2008。

2. 机械效应

机械效应主要体现为空化效应，当超声波作用于人体组织时，有些组织的液体含量较大，超声的疏密波使液体内部压力正、负压发生交替变化。当压力差达到分子承受能力时，会发生断裂，产生负压空洞，并伴随着局部高温。这种由于空穴的迅速形成和消失而与周围液体分子摩擦所导致现象，被称为空化效应。

在目前所使用的超声诊断设备中，机械效应对人体所导致的生理效应研究还不很完善，也没有具体的不良医疗事故，但有些实例可以用来说明：

——在给孕妇检查胎儿的时侯，有大量统计证明，胎儿对超声辐射有动作反应，而且动作幅度与强度成正比关系。

——在声输出强度很高的时侯，可以导致明显的空化效应，例如：超声碎石机，能够碎石也能够破坏人体组织，但其产生破坏的阈值还不明确。

——使用超声诊断设备对成年老鼠进行辐照时，发现其肺部存在出血现象，对其他低等生物试验时，也证明了空化效应的存在。

目前研究认为空化效应主要由 B 超所产生的峰值稀疏声压所导致，伴随着其绝对值的增大而增大，频率对空化作用也有一定的影响，机械效应的计算如下：

$$MI=\frac{P_{ra}f_{awf}^{-1/2}}{C_{MI}}$$

式中：C_{MI}=1MPaMHz$^{-1/2}$；P_{ra} 衰减后峰值稀疏声压（MPa）；f_{awf} 声工作频率（MHz）。

3. 超声辐射的要求

超声诊断设备的声输出水平在医疗活动当中潜在危害，这已经得到广泛的认同，但基本上可以明确的是，超声辐射和 X 射线辐射不一样，不会有累积效应，体现出来的是阈值效应，只要不超过某个限值，即不会产生不利的生理效应。对于热效应，只要不超过 41℃，即是安全的；对于空化效应，也同样需要一个阈值。限于目前对声输出的阈值认识有限，没有办法得出具体的数值，IEC 相关组织根据可能导致温升和空化效应的相关参数，如总的能量输出、模式、波束形状、焦点位置、中心频率等，给出了一个声输出的相关信息表（表 14-2），告知使用者，在使用和选购时要考虑声辐射等安全因素。

表14-2　声输出报告表格

指数名称		MI	TIS 扫描	TIS 非扫描 $A_{aprt} \leqslant 1\text{cm}^2$	TIS 非扫描 $A_{aprt} > 1\text{cm}^2$	TIB 扫描	TIC
最大指数值		×	×	×	×	×	×
相关参数	p_{ra}	×					
	P		×	×		×	×
	$P_a(z_s)$ 和 $I_{ta,a}(z_s)$ 最小值				×		
	z_s				×		
	z_{bp}				×		
	z_b					×	
	在最大 $I_{pi,a}$ 处的 z	×					
	d_{eq}					×	
	f_{awf}	×	×	×	×	×	×
	A_{aprt} 的直径　X		×	×	×	×	
	A_{aprt} 的直径　Y		×	×	×	×	
其他信息	t_d	×					
	p_{rr}	×					
	p_r 在最大 I_{pi} 处	×					
	d_{eq} 在最大 I_{pi} 处					×	
	$I_{pi,a}$ 在最大 MI 处	×					
操作控制条件	控制 1	×	×	×	×	×	×
	控制 2	×	×	×	×	×	×
	控制 3	×	×	×	×	×	×
	……	……	……	……	……	……	……

注：1. 对不产生该模式下最大 TIS 数值，不需要提供任何 TIS 信息。

2. 对任何不用于经颅或新生儿头部的换能器组件，不需要提供关于 TIC 的信息。

3. 复合豁免条款要求的，可以不提供 MI 和 TI 信息。

4. 表14-2 中的参数解释见 GB 9706.9—2008。

某些超声诊断设备因输出能量低到不会产生热或空化现象时，可以免除公布声输出信息，免除公布的条件：$P_- < 1\text{MPa}$；$I_{ob} < 20\text{mW/cm}^2$；$I_{spta} < 100\text{mW/cm}^2$。

4. 意外声输出的防止

为防止意外选择过量的声输出，在改变输出量相关的模式时应有明显的提示。

（1）超声诊断设备的热指数具备超过 1.0 的能力时，在启动任何工作模式时，热指数超过 0.4 时，应在显示屏上给出相关热指数的数值。

（2）超声诊断设备在实时 B 模式工作的情况下，机械指数具备超过 1.0 的能力时，在机械指数等于或超过 0.4 时，应在显示屏上提示相关机械指数的数值。

（3）对于非全软件控制的超声诊断设备，操作模式从非胎儿转换成胎儿模式时，应给出相应的热指数 / 机械指数，让操作者核实。

四、其他安全防护

1. 应用部分的表面温升

超声换能器在高频振动下产生超声波，也会产生一些热量，从而导致超声探头的温度过高，如果按安全通用要求的规定执行，基本上所有的 B 超探头温度都超过限值，针对超声诊断设备，IEC 组织给出了具体的温度限值，见表 14-3。

表 14-3　应用部分的温度限值

使用方式	体外使用	非体外使用	通用要求
温度	温度不超过 43℃。模拟通常使用的环境下，假设环境温度为 33℃	温度不超过 43℃。正常使用时，换能器插入人体中，人体温度为 37℃	温度不超过 41℃要求在最严格的温度下进行使用，如 40℃
温升	温升不超过 10℃	温升不超过 6℃	温升不超过 1℃

为了降低应用部分的温度，可以降低声功率，但这样会影响成像的清晰度；也可以采用隔热材料，这同样会影响超声的传播。只能综合各种因素，取一个合理的值。

2. 应用部分的防进液

B 超探头作用于人体时，需要和半凝状的耦合剂相接触，甚至是与液体接触，这就要求探头具有防进液的能力。在 GB 9706.9 标准中，探头要求至少达到 IPX1 的防滴水能力，但实际情况下，需要和耦合剂接触的部分，应该达到防浸水的要求，即 IPX7 的要求。

第三节　呼吸机

呼吸机是生命维持或肺通气的辅助装置，是呼吸系统疾病治疗、麻醉术中呼吸管理和危重病后续治疗的重要设备。呼吸机按用途分可以分为治疗用呼吸机、急救和转运呼吸机以及家用呼吸机 3 种，其结构有较大差异，这里主要以使用量最大的治疗用呼吸机为主进行描述。

一、产品描述

呼吸机的通气方式可以是正压或负压，很多情况下治疗用呼吸机提供的是正压通气。呼吸机通过电力使机械装置产生正压把气体压进肺脏，使肺叶膨胀，形成吸气；然后停止正压通气，利用肺部组织的弹性回缩力把气体呼出，形成呼气，如此循环，就形成了呼吸运动。

呼吸机多是使用活塞－风箱或高压气源控制器驱动气流以实现潮气呼吸，也能够根据患者的自主呼吸动作来实现人机联动，人机联动使用传感器探测气流压力的改变来探测信号，再使用微机综合处理呼吸机的动作，其工作原理见图 14-5。

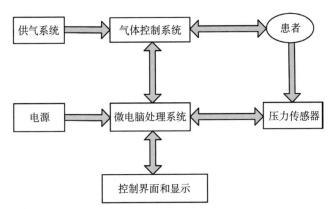

图 14-5　呼吸机基本工作原理框图

二、基本结构

呼吸机的基本结构由供气部分、呼气部分、附属部分和监控部分共 4 个部分组成（图 14-6）。

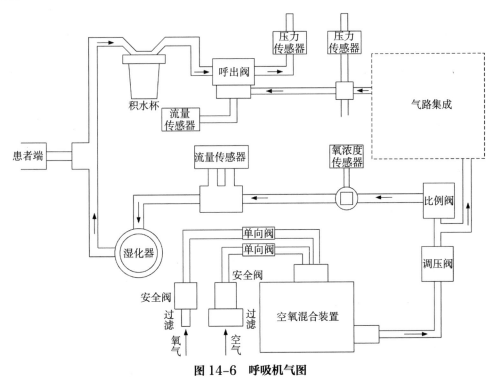

图 14-6　呼吸机气图

1.供气部分

供气部分包括供气的动力、供气的发动和吸气流量控制，其主要作用是提供吸气压力，产生潮气量，改变气体流速和时间。供气的动力包括电动、气动和电气混合共3种方式。在供气部分中，包含了气体流量的控制和气体压力的控制等部件。

2.呼气部分

当吸气过程结束时，呼吸机进入设定好时间、容量、压力或流速等参数切换条件转入呼气。

3.附属结构

附属结构包括调节潮气所需气体浓度的空气氧气配比装置；为减少和预防呼吸道并发症产生的气体湿化器；为增加吸入气体水分含量的雾化器和为防止吸气期间气道压力过高的安全阀等。

4.监控系统

呼吸机的动力系统主要为机电结构，监控系统主要为电子结构。由于呼吸机是生命维持设备，其有关安全的监测系统和控制系统显得尤为重要，其故障都可能导致严重损害的产生。监控主要有两方面的内容：①患者的生理状况；②设备的运行状况。主要的参数如下：

（1）气道压力。

（2）流量。

（3）通气量。

（4）压力 – 容积环和流速 – 容积环。

（5）温度。

三、特定的安全防护

呼吸机是一种生命维持设备，患者的生存可能全部或部分依靠呼吸机来维持，其特定安全的防护包括运行的可靠性、准确性、患者生理参数出现异常所采取的措施以及操作者误操作的可能性等，这些都关乎患者的生命。

1.外源气体可能导致的危险防护

治疗用呼吸机多与医用气体管道连接，如医用中心供氧系统，其管道压力可能会超过3000kPa，这些外源气体的高压强可能会损坏呼吸机，从而导致伤害患者。一般来说，医用中心供氧系统在进入呼吸机前的管路中会设有减压装置，呼吸机的正常工作压力范围为280~600kPa，但应设计到超过1000kPa也不会使呼吸机引起任何危害。

一般的患者吸气流速设置，成年人：20~60L/min，儿童：6~8L/min。为了得到较为安全的流量，在压力最低的时候，如280kPa，呼吸机高压气体输入的气流流量不应超过60L/min，瞬时流量不应超过200L/min。

2.防火的防护

医用电气设备的设计要求高，使用环境较好，所引起的火灾并不常见。但是，一旦呼吸机起火，所造成的后果会非常严重。

起火需要符合 3 个基本调节：①可助燃的氧化剂；②可燃性材料；③能引起燃烧的最低温度或点火装置。在呼吸机中，使用了纯氧，氧气的泄漏可能会造成富氧环境，有很强的助燃性。美国的相关标准（NFPA 53 M）认为，在 100% 的氧气环境中，耐火棉的最低可燃烧温度为 310℃。鉴于此，医用电气设备在富氧环境的大气中公认的温度限定为 300℃。为了避免起火，较为合理的设计是限制电路的能量，以保证在正常状态下温度低于最低可燃值，并且保证电路处于密闭空间；或增加强制通气来保证单一故障状态下氧气含量不超过大气中的氧气含量。

3. 附件的清洗和消毒

呼吸系统疾病中，有部分疾病的传染性是十分强大的，对可重复使用的附件，其清洗、消毒的程序和使用的消毒剂应规定清楚，并能做好培训工作，以免出现因消毒不当而导致感染事件。

4. 供电电源的意外中断

呼吸机是生命支持设备，电源中断如果导致呼吸机停止工作，则会造成患者的呼吸停顿，严重时会致人死亡。对供电电源的意外中断，应采取如下的一些设计措施。

（1）报警

——断电时应触发一个高优先级的报警状态，其声报警至少能维持 120 秒。

——如果设备能自动转入内部电源运转模式，可不触发高优先级报警状态，但至少给出提示信息或低优先级报警状态指示。

（2）内部电源

——内部电源应设计电量状态的检测电路，并给出指示，如充电状态指示、电量耗尽的指示。

——在内部电源将失电前，应提供一个中优先级的紧急断电警告，在完全耗尽时，警告必须升级到高优先级。

（3）手动呼吸操作

呼吸机应该设计为当供电出现故障时，可实现人工的手动呼吸操作，以免呼吸停顿。

4. 报警系统

呼吸机的安全实现很大程度依靠报警系统，符合第十章的报警系统设计，基本能满足呼吸机的报警要求。

5. 危险输出的防止

（1）一种气体的缺失

当空气、氧气混合系统中缺失一种气体，呼吸机应能自动转换至剩余的气体，并能维持正常使用。同时产生至少为低优先级的报警信号。

（2）误调节的防护

由于操作者的失误或无意识的触压控制件，可能会导致危险输出，这些情况应设计相应的防护措施。例如：机械控制部件可以使用闭锁、屏蔽、阻尼加载和制动等，对于压力敏感的按键、容性触摸开关和微处理器调节的软控制器，用特定的次序或长时间持续按压是适当的防护方法。

（3）有关气压的防护

——在患者和呼吸机的连接处，压力过高会导致连接口脱落，应设计一个压力释放装置，当患者连接口出现压力超过 125hPa 时，能触发压力释放装置动作。

——为了让操作人员实时观测患者连接口处的呼吸压力，应有装置指明其压力的数值，精度为 ±2%。

——为了防止高压的出现，应设置一个可调高压报警限值，当压力超过限值时，呼吸机能启动高优先级的报警信号。

（4）呼气量的测定和低通气量报警

——对于用于潮气量大于 100ml 的呼吸机，需要提供用于测定呼出潮气量的分钟通气量的测定装置。潮气量大于 100ml 或分钟通气量大于 3L/min 时，精度应为实际读数的 ±15%。

——当提供的潮气量测量值小于 100ml，应提供当被监测的潮气量低于报警限定值时启动低通气量的报警，报警装置至少符合低优先级的报警要求。

6. 连接处的气体泄漏

为了防止气体回流而污染供气管道，要设计一种方法，把气体回流到该气体的供气系统的速率在 100ml/min 以下。

对于高压入口之间的交叉气流流量，不应超过 100ml/min，如果在单一故障时会超过 100ml/min，则应配备一个报警装置，来防止超过限值。

7. 气体接口

呼吸机的气体接口很多，这也造成误接的可能性增加。为了避免误接的可能性出现及接口的牢固性，应对每种不同功能的接口进行规定。

（1）高压输入口

高压输入口接头需要符合 ISO 5359 规定不能互换的螺纹接头，或者是不能互换的快速接头。

（2）其他接口

其他接口包括新鲜空气吸入口、气体输出口、回气口、手动通气口、应急空气吸入口、附件接口、监控探测器接口和排气口等。这些接口都需要有特定形式和命名方式，接口牢固和误接的防护是接口主要要求。

四、其他类型的呼吸机

除了治疗用的呼吸机以外，还有家用呼吸机、急救用呼吸机和转运用呼吸机，因使用的环境和目的不一样，其特定的安全防护有一定的差异性，这里把这几种差异的安全防护进行简单的描述。

1. 家用呼吸机

家用呼吸机分为非呼吸机依赖患者使用和依赖呼吸机患者使用两种情况，由于患者非依赖呼吸机的支持也能生存，且健康状况无显著的下降，这种呼吸机没有特殊的要求。对于那些在家中使用，无需持续的专业监控，又必须依赖呼吸机来提供患者通气的，这种呼吸机是生命支持设备，其正常使用的有效性和故障时防护，都与患者的生命相关。在治疗用呼吸机的基础上，还需要注意以下的一些问题。

（1）供电电源的中断

家用呼吸机不是在专业人员的监控下，电源意外中断且没有相关的措施时，后果是严重的。这就要求呼吸机应有内部电源，并能提供至少1小时的供电。内部电源的信息要求及报警要求和治疗用呼吸机一致。内部电源持续时间是有限的，还应提供将呼吸机连接到附加外部电源的一些方法，以免在没有恢复供电和内部电源耗尽能量时呼吸机失去动力。

（2）呼吸通气系统的压力限制

在患者和呼吸机的连接处，压力过高会导致连接口脱落，应限制患者连接口不会出现超过60hPa的压力。治疗用呼吸机在医疗监护的环境下使用，所以压力值可以放宽至125hPa。

（3）安全分类

家用呼吸机应设置为Ⅱ类结构，因为在很多地区，家庭用电其实没有保护接地，即使电源插头是有保护接地接口，接地线也是缺失的。为了避免呼吸机一直在单一故障下运行，应设计为Ⅱ类结构。

（4）报警状态日志

为了便于医护人员的检查，家用呼吸机的报警系统应记录一些报警信息：

——发生时间。

——报警信号不激活状态。

——生理报警条件。

——技术报警条件。

对报警信息的处理，具体如下：

——储存时间应不少于72小时或直到用户删除。

——掉电后的72小时内不应丢失。

——操作者不可删除。

——操作者可以查阅。

2. 急救和转运用呼吸机

急救用呼吸机是指主要用于医院以外、呼吸抢救用的便携式呼吸机。转运用呼吸机是指向医院运送以及在医院内部和医院之间运送患者的呼吸机。急救和转运用呼吸机有很多类似之处，例如：都常被安装在救护车或者其他救援车辆上，或在车辆之外而必须由操作者或其他相关人员随身携带的场合。考虑到使用场所的不同，急救和转运用呼吸机在机构上有自身的特定要求。

（1）机械强度

由于急救和转运用呼吸机经常被搬运、运输和受到粗鲁的碰撞，这类设备需要考虑进行振动、碰撞和搬运过程中跌落的试验。

（2）电动或气动能源报警

当电动或气动能源的供给达不到制造商规定的值时，呼吸机的能源供给报警应发出至少长达7秒的听觉报警信号。

（3）呼吸通气系统的压力限制

在患者和呼吸机的连接处，压力过高会导致连接口脱落，应限制患者连接口不会出现超过100hPa的压力。治疗用呼吸机在良好的医疗监护环境下使用，家用呼吸机是不在医疗监护环境下使用，急救和转运呼吸机介于两者之间。

第四节　高频手术设备

高频手术设备是一种取代机械手术刀进行组织切割的电外科器械，通过有效电极尖端产生的高频高压电流与肌体接触时对组织进行加热，实现对肌体组织的分离和凝固，从而起到切割和止血的目的。由于高电压和高电流同时作用于人体，当设备的设计不合理或操作不慎时，会导致患者的灼伤或心跳骤停等伤害。

2006年第9期国家医疗器械质量公告中，我国境内销售的部分高频手术设备的监督抽验结果是：抽验15台高频手术设备，合格8台，不合格7台。不合格率接近一半。仔细分析发现，不合格项目多为功能安全性方面。高频手术设备所造成的众多不良事件中，除了使用不当和环境不符合外，部分因素是设备本身的功能安全防护措施设计不符。

一、基本原理

高频手术设备主要有两种输出原理模式：单极输出模式和双极输出模式。

1. 单极输出模式

在单极输出模式中，手术电极为一连续的金属片，用来切割和凝固组织。在整个患者电路中，电流由高频手术设备内高频发生器产生、经过高频手术刀的控制器来控制其输出，电流经过手术电极作用于人体，人体成为电路回路的一部分，再经过中性电极把电流到回到设备中，形成一个电流回路。也有一些低功率（如低于50W）的高频手术设备可以没有中性电极，因为功率较低，电流可以经过与患者接触的物体流向大地。

实现切割组织的热效应，并不是对手术电极的加热来实现。当高频电流通过手术电极的小接触面与人体组织接通时，会产生极高的电流密度，使其接触的或相邻的组织和细胞在焦耳定律的作用下，温度骤升使细胞中蛋白质变性，产生凝血。这种良好的手术效果是由电流的波形、电压、组织的类型和电极的形状及大小决定的。

2. 双极输出模式

双极输出模式是通过电极的两个尖端和机体组织间形成高频放电回路，使双极两端之间的组织产生热效应而出现水分蒸发凝固，达到止血和灼除组织的目的。其作用范围只限于镊子两端之间，对组织的损伤程度和影响范围远比单极输出模式要小，适用于小血管（直径＜4mm）、输卵管的封闭和小面积的手术。故双极输出模式多用于脑外科、显微外科、五官科、妇产科以及手外科等较为精细的手术中。双极高频手术设备的安全性相对较高，其使用范围也在逐渐扩大。

二、基本结构

1.电气结构

高频手术设备经过网电源转换后，需要一个振荡电路对调整过的电流进行高频振荡，可以选择电子管与 LC 电路形成振荡电路来实现；经过高频调节后的电流，需要经过功率放大后才能得到需要的高频能量；最后需要一个控制能量输出型式的能量控制器（图 14-7）。

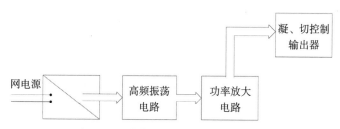

图 14-7　高频手术设备电气结构框图

2.部件结构

以下用一台单极输出模式的高频手术设备进行说明（图 14-8，表 14-2）。

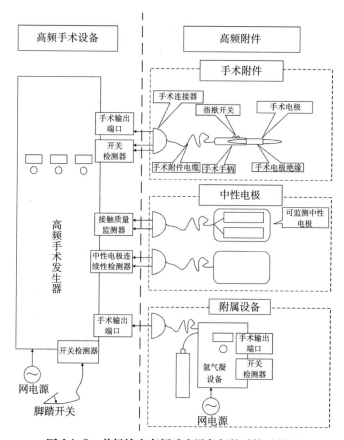

图 14-8　单极输出高频手术设备部件系统示例图

表 14-4　图 14-8 的部件结构解释

部分	部件	作用
网电源	—	提供能量来源
高频手术发生器	包括高频振荡电路和功率放大电路	提供高频能量
脚踏开关	—	能量输出通断控制
手术输出端口	—	预期与手术附件连接并传递高频电流的出口端
开关检测器	—	响应所连接的指掀开关或脚踏开关的操作来控制高频输出的启动
中性电极接触检测器	接触质量监测器	中性电极与患者接触变差时提供报警的线路
	中性电极连续性检测器	当中性电极电缆或其连接器出现电气中断时提供报警的电路
手术附件	手术连接器	预期连接到一个手术输出端口的手术附件部件，其可含有将一个指掀开关连接到开关检测器的一些附加端子
	指掀开关	通常是包含在一个手术附件内的装置，由操作者控制可启动高频输出，在释放时能禁止高频输出
	手术附件电缆	在手术输出端口和手术手柄之间传输高频电流的软电线
	手术手柄	由操作者手持的手术附件的部件
	手术电极	使手术手柄延伸到手术部位的手术附件的部件
	手术电极绝缘	固定在手术电极部件上的电气绝缘材料，预期用来防止对操作者护或邻近的患者组织产生不希望的损伤
中性电极	中性电极	用于同患者身体相连接的、具有一个相对较大面积的电极，预期为高频电流提供一个低电流密度的返回通道，以防止在人体组织中产生不希望的灼伤等物理效应
	可监测中性电极	预期与接触质量监测器一起使用的中性电极

三、危害来源及防护措施

高频手术设备的特征是设备工作时会产生高能量的高频电流作用于人体，所以，相关的特定安全防护主要是围绕高频电流所产生的危害来进行的。

1.状态指示灯颜色

为了减少操作医生的工作量及减少误操作的可能性，对所有的高频手术设备输出状态进行统一的规定是有意义的，具体的要求见表14-5。

表14-5　状态指示灯颜色

颜色	作用
绿色	电源开关接通
红色	故障状态，如患者电路中的故障
黄色	切模式启动
蓝色	凝模式启动

注：蓝灯和黄灯不应同时用于"混切"模式。

2.警示性建议

高频手术设备输出高频电流，设备本身就是一个高危险源，需要操作者和环境设施的合理配合才能实现基本的安全。针对一些容易被忽略的操作和要求，应特别给出警示，例如：

（1）对于单极输出模式的中性电极板，与患者的皮肤粘贴要良好，并尽可能靠近患者手术部位，缩短电流路径来降低负载电阻。

（2）患者对地形成通路时，可能导致皮肤高电流密度出现而灼伤。

（3）防止监护设备使用针状电极。

（4）高频可能影响其他设备的正常运行。

3.高频漏电流的限制

治疗时通过人体的高频电流值是巨大的，这里需要限制的是可能引起灼伤的非预期功能电流。这个电路不是在手术电极和中性电极之间流动，而是流向其他通道形成回路。

（1）高频漏电流的限值

高频漏电流在机体皮肤所产生的功率不超过4.5W是认为合理的。根据公式 $P=I^2R$，当选择200Ω阻抗为测试基准时，可以计算出 $I=150mA$，即高频漏电流不超过150mA被认为是合理的。

（2）高频漏电流的试验

①中性电极与地为基准：患者电路对地绝缘，但中性电极利用一些元件使其在高频下以地为基准，试验时，从中性电极经一个200Ω无感电阻流向地进行测试。测试方式有两种：

——手术电极输出电流经中性电极构成回路，从中性电极泄漏出来的高频电流（图14-9）。

——高频电流不经中性电极，经患者接地构成回路，但因为电极接地所感应产生的高频漏电流（图14-10）。

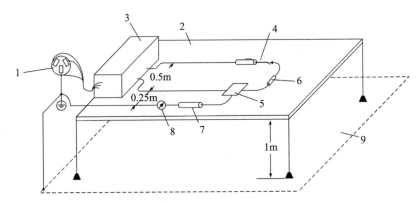

图14-9 中性电极以地为基准、电极之间加载时测量高频漏电流

1. 网电源；2. 绝缘材料制作的台板；3. 高频手术设备；4. 手术电极；5. 中性电极，金属或与同样尺寸的金属箔相接触；6. 负载电阻200Ω；7. 测试电阻200Ω；8. 高频电流表；9. 接地的导电平面

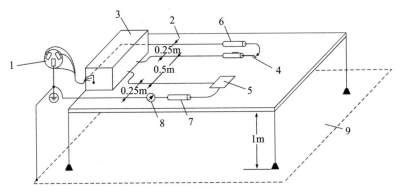

图14-10 中性电极以地为基准，手术电极到地加载时测量高频漏电流

1. 网电源；2. 绝缘材料制作的台板；3. 高频手术设备；4. 手术电极；5. 中性电极，金属或与同样尺寸的金属箔相接触；6. 负载电阻200Ω；7. 测试电阻200Ω；8. 高频电流表；9. 接地的导电平面

②中性电极与地隔离：在手术电极和中性电极不构成回路时，加载或不加载的状态下，分别测量每一个电极的高频漏电流（图14-11）。对于没有保护接地的设备，应将其金属外壳与地相连，并放置于至少与其投影面积相同的接地金属板上。

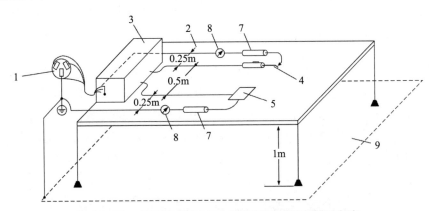

图14-11 高频下中性电极与地绝缘时测量高频漏电流

1. 网电源；2. 绝缘材料制作的台板；3. 高频手术设备；4. 手术电极；5. 中性电极，金属或与同样尺寸的金属箔相接触；7. 测试电阻200Ω；8. 高频电流表；9. 接地的导电平面

③双极输出的测量：对于双极输出的患者电路，应用部分应与地隔离。对应双极的漏电流限制，需要有更严格的要求，因为，流经中性电极的电流全部是非功能性电流。高频漏电流值为输出额定功率的1%，鉴于双极输出的功率较小，所以双极高频漏电流的数值会比150mA低（图14-12）。

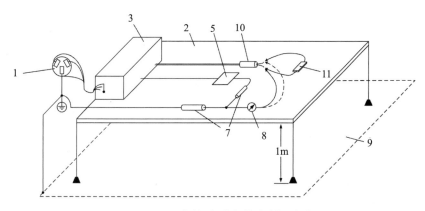

图14-12　测量双极电极的高频漏电流

1. 网电源；2. 绝缘材料制作的台板；3. 高频手术设备；5. 中性电极，金属或与同样尺寸的金属箔相接触；7. 测试电阻200Ω；8. 高频电流表；9. 接地的导电平面；10. 启动的双极电极；11. 负载电阻，如要求，可带高频功率测量装置

④直接在输出端口测量：为检查输出线对高频漏电流的影响，在上述3种形式的输出端口分别进行测量，但漏电流的限值作了相应的下调。

⑤注意事项

——对于不带中性电极的高频手术设备，功能电流和非功能电流无法分开，所以高频漏电流的测试是无意义的。

——在测试中，为得到重复性较好的结果，应把电源电缆折扎成长度不超过40cm的线束。

4. 电介质强度

高频手术设备的输出频率为高频形式，所受到的电压应力为手术附件部分，所以在手术附件的绝缘部位和导电部分之间应能承受相应的高频和工频电介质强度的试验。

（1）电晕放电故障试验

为了检查电晕放电故障对绝缘材料的损伤，将一段直径为0.4mm的裸导线以节距至少为3mm在经过盐水处理过的绝缘部分最多绕5圈。之后，在裸导体和工作导体之间施加1.2倍额定的高频电压，保持30秒。在线圈之间进行高压试验时，可能出现蓝色的电晕现象，这不属于击穿，但会烧伤绝缘。

（2）绝缘表面和导体间的高频电介质强度试验

为了确保操作者的安全，手术电极手柄和电缆与导体之间需要对高频电压实现绝缘，用生理盐水浸泡过的纱布将绝缘表面包复，包布的距离至少150mm，然后再在上面包复金属箔。然后在工作导体和金属箔之间施加1.2倍额定的高频电压，保持30秒。

（3）工频电介质强度试验

为检查高频电介质强度对绝缘材料的影响，还需要进行工频电介质强度试验。试验在绝缘表面和导体间进行，方式和上述（2）类似。对于手术手柄和手术连接器，试验持续时间为30

秒；对于手术附件电缆，试验持续时间为 5 分钟。试验后，操作开关 10 次，应能正常激励。

5. 防进液

高频手术设备在手术过程中使用，一些控制部件接触液体的概率较高，例如：

（1）脚踏开关

预期在手术室中使用的高频手术设备和附属设备的脚踏开关，当手术室地板被泼洒或清洁时可能会接触到大量的液体而造成意外激励。为了防止液体进入电气开关部件，脚踏开应设计成能防止液体浸泡形式。

检查时，将脚踏开关浸泡于 0.9% 的氯化钠溶液中、150mm 深度 30 分钟，在浸没状态下操作 50 次，每次释放后，都应没有启动高频输出。

（2）指揿开关

医生在进行手术过程中，手等部位可能接触到血液等液体，在操控指揿开关时，进液可能会造成意外激励。

检查指揿开关防进液时，在 15 秒内将 1L0.9% 的氯化钠溶液均匀倒在手术手柄上，此后激励每一个按钮 10 次，在每一次释放后 0.5 秒内开关端子上的交流阻抗应不低于 2000Ω。

6. 人为差错的防止

对设备结构进行一个简单的、标准化的结构要求，是防止人为错误操作的最好方式。对于高频手术设备，下列的一些设计要求是必要的。

（1）如果使用一个双踏板脚踏开关组件来选择切和凝输出模式，则应设计成：按操作者方向观察，左脚踏启动切，右脚踏启动凝。

（2）如果在一个手术手柄上装有独立而分开的指揿开关来选择启动切和凝模式，那么启动切的开关应比另一个开关更靠近手术电极。

（3）除非有特殊情况，尽量不设计成同时激励多个手术输出端口。

（4）手术电极输出端口和中频电极端口要设计成不能互换的可能性。

（5）某个开关能控制多个模式时，在高频输出时，应指示所选中的高频手术模式。

7. 工作数据的准确性

对于具有电能量输出的设备，当负载发生改变时，其输出功能可能也随着负载的改变而产生线性的改变。为了给出不同负载时对应的输出功率参数，应制作各个输出模式的函数输出功率图，至少包括 100Ω、200Ω、500Ω、1000Ω、2000Ω 和额定负载等特定负载电阻的额数输出功率对应关系。并且在输出功率大于额定功率 10% 时与曲线的偏差不能超过 20%。

以下是某型号高频手术设备的两组输出模式的的功率随负载变化的曲线：

（1）切模式（Effect1, 2, 3, 4）输出功率随负载变化曲线（图 14-13）

（2）软凝模式输出功率随负载变化曲线（图 14-14）

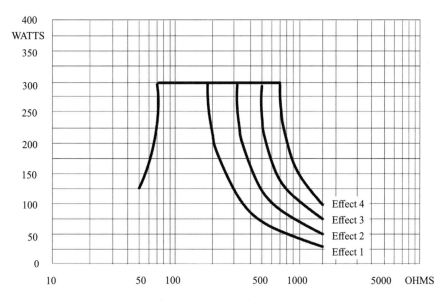

图 14-13　切模式（Effect1, 2, 3, 4）输出功率随负载变化曲线

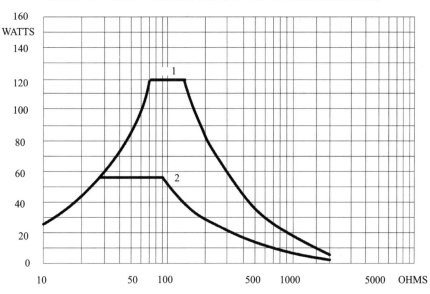

图 14-14　软凝模式输出功率随负载变化曲线

8. 危险输出的防止

为了防止危险的输出，对设备的设计应有以下的一些限制：

（1）任何输出模式下，在额定负载时的平均任何一秒的输出功率不能超过400W。

（2）需要设计一个指示输出功率变化的连锁系统，来指示输出增加的量。

（3）电源中断后恢复，输出量不应增加超过20%。

9. 中性电极要求

中性电极是为高频电流提供回路的，只有在那些高频电流较高的情况下才需要配备中性电极，如输出功率50W以上，以防患者在手术过程中有被灼伤的可能。

（1）阻抗要求

中性电极与电缆连接的连续性应良好，阻抗要低于 1Ω。

（2）防止意外接触到高电流密度部件

中性电极和电缆的连接端，电缆侧的连接器应设计成即使未连接中性电极时，其金属部件也不能被触及。

（3）中性电极电缆绝缘要求

能够承受 500V 峰值高频电压和 2100V 峰值工频电压的试验。

（4）温升要求

高温灼伤为中性电极最常的危害之一，在可监测电极的报警面积和其他的中性电极的规定面积进行试验，其温升不能超过 6℃。

（5）中性电极的持粘力

持粘力是防止中性电极脱离的措施之一，中性电极的部分脱离或全部脱离均可能灼伤患者。对用于弱小患者的中性电极可以适当降低黏性，对可监测的中性电极，因为已经具有防脱离的报警措施，对持粘力可不作要求。

第五节　医用激光设备

20 世纪 60 年代初发现激光以来，激光的研究热潮一直未消退，在很多应用领域均取得卓越的效果，例如：①利用激光的高亮度及极佳的方向性研发了激光测距仪、激光雷达和激光准直仪；②以激光良好的单色性和相干性为基础，可以用作无损探伤，即不用损坏零件便可检测出零件内部的缺陷；③利用激光全息技术，研发出高性能的信息处理设备；④利用激光束单色性好，方向性好的特点，研发出激光通信设备；⑤利用激光束产生的热效应以及单色性好的激光束产生的生物效应，研发出一系列的医用激光设备，激光技术已成为现在医学中的新技术。

医用激光设备主要包括激光手术和治疗设备、激光诊断仪器、介入式激光诊治仪器、激光手术器械、激光体外治疗仪器和利用激光分析的 IVD 设备等。根据其发射激光的强度不同，其安全防护有较大的差异，在特定安全防护中进行详细的描述。

一、激光原理

光与物质进行相互作用时，组成物质的微观粒子会吸收或辐射光子，同时自身能量等级亦发生改变。

微观粒子具有特定的能级。任一时刻粒子只能处在与某一能级相对应的状态。在光子的作用下，微观粒子从一个能级跃迁到另一个能级，并相应地吸收或辐射光子。处于较低能级的粒子在受到外界的激发，吸收了能量时，跃迁到与此能量相对应的较高能级。这种跃迁称为受激吸收。当粒子受到激发而处于高能态，这种状态不是粒子的稳定状态，如存在着可以接纳粒子的较低能级，既使没有外界作用，粒子也有一定的概率，自发地从高能级（E_2）向低能级（E_1）跃迁，同时辐出能量为（E_2-E_1）的光子，光子频率 =（E_2-E_1）$/h$。这种辐射过程称为自发辐射。光子的能量值为此两能级的能量差 ΔE，频率为 $=\Delta E/h$（h 为普朗克常量）。

1916 年爱因斯坦指出：处于高能级 E_2 上的粒子，当以频率为（E_2-E_1）$/h$ 的光子入射时，会引发粒子以一定的概率，迅速地从能级 E_2 跃迁到能级 E_1，同时辐射一个与外来光子频率、相位、偏振态以及传播方向都相同的光子，这个过程称为受激辐射。当大量原子处在高能级 E_2 上，当有一个频率＝（E_2-E_1）/h 的光子入射，从而激励 E_2 上的原子产生受激辐射，得到 2 个特征完全相同的光子，这 2 个光子再激励 E_2 能级上原子，又使其产生受激辐射，可得到 4 个特征相同的光子，这意味着原来的光信号被放大了。这种在受激辐射过程中产生并被放大的光就是激光。

二、激光所导致危害

激光的波长范围为 180~1000000nm，包括了紫外线到远红外等可见（不可见）波段。激光辐射所导致的损伤主要因热反应、热声瞬变和光化学相互作用所引起的。其损伤程度与辐照源的固有物理参数相关，例如：波长、脉宽、焦斑尺寸、辐照度和辐照量。由于激光所带的能量较高，准直性好，在相当长的距离内，能够保持其固有的高辐照度。因此，激光束可聚焦到一个很小的区域，并可能给眼睛或皮肤带来危害。

1.对眼睛的危害

当激光的照射量达到一定水平时，对人体的皮肤和眼睛会产生不可恢复的危害。在波长范围为 400~1400nm 时，对视网膜的危害最大，该波长段内的辐射可以透过角膜、房水、晶状体和玻璃体，直达含色素较多的组织。当入射激光的大部分能量被色素上皮中的黑色素所吸收（在黄斑区，波长为 400~500nm 范围内的部分能量将被黄斑色素吸收），并把光能转化为热能，就会灼伤色素上皮和邻近的光敏感视杆细胞和视锥细胞。这种烧伤或损伤会导致视力的损失。

2.对皮肤的危害

一般来说，皮肤比眼更能耐受大量的激光辐射。在 400~1060nm 光谱范围的激光辐射，可以使皮肤出现轻度红斑，继而发展成水疱。在极短脉冲、高峰值大功率激光辐照后，表面吸收力较强的组织可出现碳化，而不出现红斑。极强的辐射可造成皮肤色素沉着、溃疡、瘢痕形成和皮下组织的损伤。但激光辐射的潜在效应或累积效应还未被普遍地发现。然而一些边缘的研究表明，在特殊条件下，人体组织的小区域可能对反复的局部照射敏感，从而改变了最轻反应的照射剂量，因此在低剂量照射时组织的反应非常严重。

3.过量光照的病理效应表（表 14-6）

表 14-6　过量光照的病理效应一览表

CIE 光谱区	眼睛	皮肤	
紫外 C（180~280nm）	光致角膜炎	红斑（日光灼伤） 皮肤老化过程加速 色素沉着	皮肤老化过程加速
紫外 B（280~315nm）			
紫外 A（315~400nm）	光化学反应致白内障	色素沉着 光敏反应	
可见（400~780nm）	光化学反应和热所致的视网膜损伤		
红外 A（780~1400nm）	白内障，视网膜灼伤	—	皮肤烧伤
红外 B（1400~3000nm）	房水蒸发，白内障，角膜灼伤		
红外 C（3000~1×10⁶nm）	角膜灼伤		

4. 着火与灼伤的危害

在实施腔内管道激光手术时，应避免管道内出现高氧浓度、氧化气体（氧化亚氮）或甲烷等助燃或可燃性气体，因此，在该类手术中应尽量使用低浓度的氧气或二氧化碳。

三、激光的等级分类

不同的激光所产生的危害程度很悬殊，根据其导致危害的波长、能量及脉冲特性的差异，进行分类，并采取不同程度的防护要求。

1 类：在正常状态下或单一故障条件下是安全的，人员接近激光辐射不超过 1 类可达发射极限的激光器。

2 类：发射波长为 400~700nm 可见光的激光器，通常可由包括泛眼反射在内的回避反应提供眼睛保护。

3A 类：用裸眼观察是安全的激光器。对发射波长为 400~700nm 的激光，由包括泛眼反射在内的回避反应提供眼睛保护，对于其他波长对裸眼的危害不大于 1 类激光器。2 类和 3 类激光产品，只需采取措施防止连续直视激光束。当意外观看到时，瞬间（0.25 秒）照射不认为是有害的，用光学装置（如双目镜）直接进行 3A 类的光束内视观察可能是危险的。

3B 类：直接光束内视是危险的激光器。观察其漫反射一般是安全的。为避免直视激光束和控制镜反射，可以采取：①在受控区内操作激光设备；②防止意外的镜反射；③尽可能使激光束在有用光路末端终止于漫反射材料，该材料的颜色和反射率应使光束位置尽可能对准；④在工作区入口处贴有标准激光警告标记。

4 类：能产生危险的漫反射的激光器，其可能引起皮肤灼伤、也可引起火灾。为使危险降到最小，可以采取以下措施：①非治疗用光路应封闭；②需配备激光防护眼镜，区域内墙面有良好的漫反射性能。

四、特定的安全防护

激光在使用过程中的任何相关人员都可能受到激光的伤害。缺乏防护措施、使用带缺陷的激光设备、方向错误的激光束或不适当的激光控制装置均可导致较高的受伤风险（尤其是对于眼睛），和（或）带来其他不良影响。激光可能是看不见摸不着的，甚至距离的远近关系也不甚大，为了防止这些空间上的射线危害，可从 3 个方面实现防护：①通过提高使用者对激光辐射危害的认识及保持高度的警惕性；②使用防护罩等隔离措施把激光辐射限制在某特定区域内；③使用联锁装置限制人接触到可导致危害等级的激光辐射。

1. 警示标记（表 14-7）

设备的外部警示标记能引起操作者的注意，增加了谨慎操作的可能性。

表 14-7　警示标记

类别	标记要求		
	产品警示标记	窗口标记	档板标记 注：移开档板会受到超过 1 类 AEL 的激光辐射，应有以下标记
1	1 类激光产品	—	—
2	激光辐射； 勿直视光束； 2 类激光产品	—	注意； 打开时有激光辐射； 勿直视光束
3A	激光辐射； 勿直视或通过光学仪器直接观看光束； 3A 类激光产品	—	注意； 打开时有激光辐射； 勿直视或通过光学仪器直视光束
3B	激光辐射； 避免光束照射； 3B 类激光产品	激光窗口； 避免受到从本窗口射出的激光辐射的照射	注意； 打开时有激光辐射； 避免光束照射
4	激光辐射； 避免眼睛或皮肤受到直射或散射辐射的照射； 3A 类激光产品		注意； 打开时有激光辐射； 避免眼睛或皮肤受到直射或散射辐射的照射

注：1. 每台激光产品（除 1 类激光产品外），应在说明标记上注明激光辐射最大输出、脉宽及发射波长，并注明依据的标准及版本日期。
　　2. 如果激光辐射为不可见型式，应注明。

2. 防护罩

除了因功能需要，为了防止人员接触到超过 1 类的激光辐射，可以采取防护罩的型式。对于维护是需要移除的防护罩，如果没有联锁装置，其防护罩需要工具才能被拆除。

3. 高输出风险的激光设备

前面提到不同等级的激光所造成的后果相差悬殊，符合表 14-8 要求类别的激光器，需要增加相应的特殊防护措施。

表 14-8　高危险输出的激光类别

产品类别	移开档板时的可接触发射				
	1	2	3A	3B	4
1	—	—	—	×	×
2	—	—	—	×	×
3A	—	—	—	×	×
3B	—	—	—	×*	×
4	—	—	—	×*	×

注：1. "×"表示高危险输出的激光类别。
　　2. "*"表示如果波长为 400~700nm，内部可接触激光辐射为 3B 类，而且不超过 2 类可达发射极限 5 倍，则不要求安全联锁、钥匙控制器、遥控联锁连接器、激光辐射发射警告。

（1）档板和安全联锁

安全联锁装置是为防止人接触到超量激光辐射的一种装置，当档板或防护罩被打开前，有一联动动作来切断激光的输出。符合以下两个条件时应设计安全联锁装置：

①在维护或正常工作时预定需要移开或拆除的档板。

②移开档板可使人员接触到超过 3A 类辐射剂量的激光辐射。

（2）钥匙控制器

为实现设备能够被授权的人员使用，对于使用表 11-7 中符合"×"的激光设备，医疗机构应指定人员使用，并明确其责任。并专为该人员配备一个用钥匙控制的总控制，该钥匙应能取下，而且钥匙取下后激光辐射必须是不可以触及的。当然，也可以使用磁卡或密码等控制装置来替代。

（3）遥控联锁连接器

为防止意外情况的出现，配备一个遥控连锁连接器是必须的，当连接器终端开路时，辐射不能超过 3A 类的可达发射极限。例如：为了防止在治疗过程中，人员意外进入激光治疗区域，可在治疗区域的门上安装一个连接器，当门闭合时，连接器接通，激光器可以正常使用，当门被部分打开后，连接器被分离，激光输出终止。从而实现对远程控制激光中断的目的。

（4）激光辐射发射指示

在接通电源时，或脉冲激光器的电容器组正在充电时，或确实尚未放电时，应给出一个听觉或视觉的指示信号。为避免指示系统失效而未能起到指示作用，需要有失效保护、冗余或独立的双重警告设计。对于可视指示信号，需要考虑操作人员戴上防护眼镜后能否清晰可见的可能，并且需要考虑操作者在观察指示信号或信息时受到超过 2 类可达发射极限的可能。

①对于使用表 14-8 中符合"×"的激光设备，需要具备准备指示器，当可能接触超过 1 类可达发射极限时，激光准备指示器点亮，并且至少持续 2 秒后超过 3A 类可达发射极限才能发射，以便采取适当的安全防护措施。

②对于使用表 14-8 中符合"×"的激光设备，在输出时应有发射指示器，对于听觉指示器，频率为 2~5kHz，1m 处的最大声压级为 65dB（A）。可调的声提示，最小不能低于 45dB（A）。

③目标直视装置发出的激光光束，波长为 400~700nm，内部可接触激光辐射为 3B 类，而且不超过 2 类可达发射极限 5 倍。对于眼科瞄准激光器，瞄准光必须不超过 2 类可达发射极限。

（5）光束终止器或衰减器

对于使用表 14-8 中符合"×"的激光设备，除了利用切断电源方式来实现激光输出外，还应在激光系统中配备一个或多个激光终止器或衰减器来实现人员接触到超过 3A 类的可达发射极限。

紧急激光终止器必须尽可能快地终止激光输出的发射，以防止对人体的危害。紧急激光终止必须设计成相对独立于其他激光终止系统，其开关必须是红色按钮，并安装在操作者容易看见和触及的位置上。

4. 输出的准确性

激光设备应有指示辐照到人体的工作光束的预置值的指示装置，其输出的实际量值和设定值的偏差不能超过 ±20%。

5. 危险输出的防止

激光设备在工作期间，应对其输出功率相关的电或光进行测量，当监测到输出值和预置值偏差超过 ±20%，应采用闭环或开环系统进行防护。

6. 危险输出举例

（1）大于设定值 2 倍的激光功率被发射，其持续时间超过了 100ms。

（2）脉冲式激光能量的发射，其前一个脉冲激光能量超过设定值 2 倍。

（3）重复脉冲激光能量的发射，其脉冲激光能量接连超过设定值的 2 倍，且持续发射时间超过 100ms。

（4）工作光束的误发射。

（5）工作激光器的关断功能失效。

（6）光闸、防护滤光镜、辐射控制开关、定时器或监测电路元件的故障。

四、设备外的防护措施

激光设备除了设备自身的固有防护装置外，医用激光设备因功能的需要，激光光束会暴露于设备之外，对这些暴露的激光光束需要相应的防护要求。

1. 对眼睛的保护

前面提及激光对眼睛可能造成的伤害，对使用者和患者，为防意外造成伤害，需要采取以下措施。

（1）使用激光防护眼镜（护目镜或眼镜）

除非没有合理可预见的风险，当受到超过最大允许照射量的激光辐射照射时，除了其他控制措施以外，相关人员（包括患者、激光设备操作者、麻醉师、辅助人员和其他人员）必须佩戴专门为所使用激光波长和输出设计的防护眼镜，以用来阻隔合理可预见条件下的达到预期功率或能量的工作光束。当目标区域靠近眼睛时，应谨慎选择患者的眼部防护措施，因为瞄准光束和工作光束的辐照度或辐照量会超过最大允许照射量。此外，由于感觉缺失或镇静作用，保护性反应可能会失效。

激光防护眼镜上应明确标明波长和对应的光学密度。此外，建议采取牢固可靠的方法来标记所需使用的激光防护眼镜，以确保其与所应用的特定激光设备之间建立一个明确的联系。

（2）使用光学观察仪器时的眼睛防护

当使用光学观察仪器，例如：内窥镜、显微镜、阴道镜、裂隙灯以及其他光学装置时，通过目镜进行观察的人员应使用合适的滤光片或特定的光闸，用来降低反射光辐射经视觉通道照射眼睛的风险。对于单目镜而言，还应考虑对未遮光眼睛的保护。

使用电子内窥镜能够解决光学观察仪器反射辐射的问题。但是，由于存在纤维断裂或者光纤从内窥镜取出时仍可能发射激光等风险，仍建议所有在场人员配戴防护眼镜。

（3）窗户要求

对带有窗户的手术室，可以通过临时在房间窗户内侧粘贴或覆盖不透光材料，对窗户外的人员提供适当的保护。对于 CO_2 激光设备或其他可以发射波长大于 4000nm 的激光设备，因为玻璃或塑料能够吸收激光辐射，单玻璃窗可以被认为是一种防护。

（4）反射面

经手术器械等光滑表面的反射可能导致激光束的聚焦从而带来危害，尤其是对眼睛。某些波长和光束形状的 4 类激光经被照射组织的漫反射后也可能具有危害性。为了减小反射激光辐射带来的危害，应考虑以下各项：

①墙壁和天花板的表面或纹理：可以适当的选择墙壁和天花板的表面，从而最大限度降低此类反射。任何颜色的亚光漆可以最大程度降低此类反射。

②房间内的设备：窗户、橱柜、通风口、无菌箱、X 光片观察屏幕、监控显示器、手术室灯等设备都可有光滑的表面。此类发亮的表面可能会意外地反射激光辐射。

注：一般不认为 3B 类激光设备的漫反射具有危害性。如果使用高功率激光，玻璃反射镜可能会破损。

2.对皮肤的风险

虽然激光辐射照射所导致的急性皮肤损伤影响到个人生活质量的可能性较低，但是，应当认识到，皮肤是比眼睛大很多的目标，因此，受到照射的可能性较高。尤其值得关注的是，低于 400nm 波长的激光辐射照射皮肤可能会增加患皮肤癌的风险。

当使用紫外波长的激光设备时，应考虑使用皮肤防护霜，以避免出现红斑。

五、激光设备用标记（表 14-9）

表 14-9 激光设备用标记

序号	符号	出处	含义
1		GB 7247.1：2001	激光辐射危险符号； 符号和边框为黑色，背底为黄色
2	说明文字处	GB 7247.1：2001	警告说明文字框； 符号和边框为黑色，背底为黄色
3	STOP	IEC 60601-2-22：2007	紧急激光终止
4		IEC 60601-2-22：2007	连续工作。激光设备预置的一种工作方式，在这种方式下，照射持续时间由操作者的持续控制来实现
5		IEC 60601-2-22：2007	单次照射。激光设备预置的一种工作方式，在这种方式下，每按压一次开关，设备在给定的持续时间照射一次
6		IEC 60601-2-22：2007	重复照射。激光设备预置的一种工作方式，在这种方式下，每按压一次开关，设备在给定的持续时间间隔进行一系列的照射

续表

序号	符号	出处	含义
7		IEC 60601-2-22：2007	照射持续时间
8		IEC 60601-2-22：2007	重复照射的时间间隔
9		IEC 60601-2-22：2007	特定的脉冲工作方式。这种脉冲工作方式下的激光，与 CO_2 激光的情况一样，增强了切割组织的能力，而且可以取代连续工作方式下的激光
10		IEC 60601-2-22：2007	瞄准光束
11		IEC 60601-2-22：2007	瞄准光束，闪络
12		IEC 60601-2-22：2007	遥控联锁连接器
13		IEC 60601-2-22：2007	光学纤维应用器件
14		IEC 60601-2-22：2007	PRF，脉冲重复频率
15		IEC 60417	设备某一部件的备用或准备状态
16		IEC 60417	设备部件的"ON"状态

第六节　多参数监护仪

多参数监护仪是包含一个以上生理监护单元，设计成以监护和综合诊断为目的，从单一患者处采集信息、处理信息并发出警报的设备。多参数监护仪具体包含那些生理参数的监测没有具体规定，可以具有心电参数、血氧饱和度、有创和（或）无创血压、体温、胎儿监护、CO_2

和麻醉气体监护等全部或部分参数。

多参数监护仪是现代科技发展的典型产物，集微电子、计算机处理技术之大乘，把多个监测生理参数集于一身，实现了微型化，提高了医疗质量，方便医护人员的使用，并大大降低了医疗费用。多参数监护仪能够连续监护患者的生理参数，当监测到某一参数超出预置值时发出警报，提醒医护人员或相关人员，以便及时采取有效的措施。

一、基本结构

多参数监护仪主要组成：①电源供给的网电源模块；②控制和数据处理，发出报警信号的主控板模块；③进行心电参数采集和处理的心电模块；④进行血压测量的模块；⑤进行血氧饱和度参数测量的模块；⑥体温测量模块。其主要结构见图 14-15。

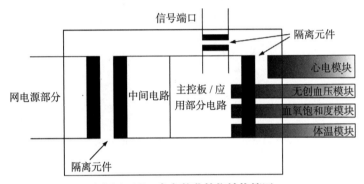

图 14-15　多参数监护仪结构简图

图 14-15 中的 4 组测量模块之间应该进行隔离，其隔离程度以 250V 电压为基准，符合基本绝缘的要求。

二、心电模块

心电模块是多参数监护仪的基本模块之一，主要监测患者的心率和心率参数，为医护人员提供有效的参考信息。

1. 基本原理

人体的组织能规律地释放生物电信号，这些生物电信号能反映组织所处的状态，是健康还是带有某些特定的疾病等。但生物电信号很微弱，例如：电信号较强的心电 QRS 波，波幅为 0.5~1.5mV。为了得到设备能分析处理的信号，心电信号的幅值是不够的，需要把这些信号进行放大，可以使用图 14-16 所示的原理进行。

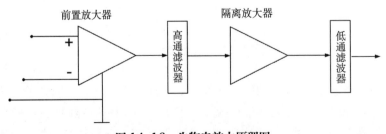

图 14-16　生物电放大原理图

为了得到放大后不失真的心电信号，需要考虑心电模块的抗干扰的能力，如图 14-16 的滤波器。

2.心电模块的特定安全防护

心电模块应用于心脏部分，如果监护的是重症的冠心病患者，很可能需要接触到除颤器释放的电压，所以心电模块必须具有抵抗除颤电压的能力。

（1）安全分类

心电模块应用于心脏部位，其防电击程度应符合 CF 型防除颤的应用部分要求，心电部分与其他部分应进行有效隔离，包括信号电路、中间电路、电源电路、外壳、保护接地、功能接地和其他应用部分。

由于监护设备的采集信号必须是连续的，所以，多参数监护设备应是连续工作设备。

（2）对除颤能量的防护

当除颤器对患者进行除颤放电时，这些外来的电压可能为监护仪带来以下的一些危害：

①外来除颤电压由心电模块传导到设备可触及部件，导致医护人员的意外触电。

②外来除颤电压经心电模块和中间电路传到信号端口，再由信号端口引到与之相连的其他设备，导致其他设备出现故障。

为了验证多参数监护仪的抗除颤能力，可以依照图 14-17 和图 14-18 所示的连接，依次在每一个可能产生危险电压点使用示波器进行测试。测试时监护仪需设定在开机的情况下，当 S_1 转到 B 时，在示波器上出现的峰值电压差不能超过 1V。

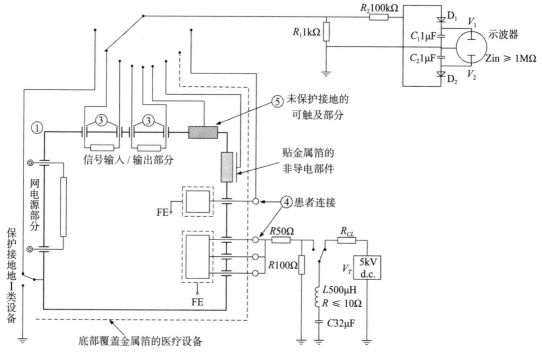

图 14-17　除颤电压能量限制共模试验

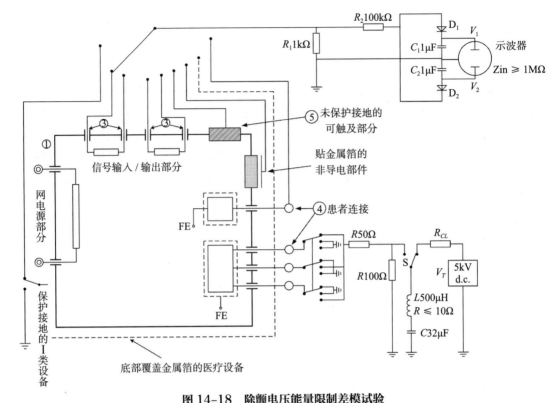

图 14-18　除颤电压能量限制差模试验

注：不使用网电源的 I 类设备，试验时，必须在不接地的情况下进行试验，所有功能接地也需要去除

③使多参数监护设备自身不能正常工作，影响抢救工作的进行。

除颤器对多参数监护仪进行放电后，应在 5 秒内恢复到读出试验信号的能力，信号的幅度不低于正常时的 80%（防除颤试验连接见图 14-19 与图 14-20）。

心电模块应用的多是低压元件，在数千伏的高电压直接作用下，会导致一些低压元件被破坏。为了防止高电压传导到设备内部，在导联线和心电处理模块之间并联能量消耗的元件，现心电模块通用的能量消耗元件为惰性气体放电管。当放电管的两电极上出现高电压（要求必须大于 500V），管内初始电子在电场作用下加速运动，与气体分子发生碰撞，在电子能量较高时，与气体分子碰撞发生电离，即中性气体分子分离成电子和阳离子，电离出来的电子与初始电子在行进过程中不断地继续与气体分子碰撞电离，产生几何级数增加，随即发生电子雪崩现象。管内产生弧光放电，把能量从电能转化为光能，残余的电压一般不超过 60V，再通过钳位二极管等作用，把电压降低到无害等级。

气体放电管具有体积小、功率大、可重复使用、绝缘性好、极间电容小等优点。但也存在一些缺点，例如：放电时延性较长，影响多参数监护仪的恢复时间。

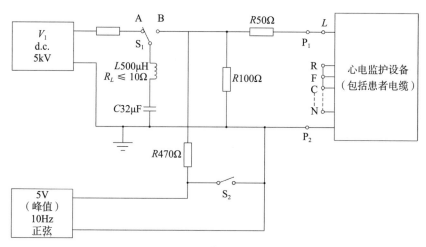

图 14-19 除颤效应的防护

注：P_1 和 P_2 在不同芯的电缆搭配不一，见 GB 9706.25—2005 中表 101

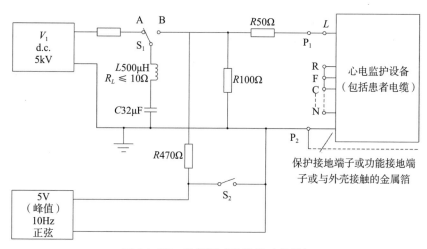

图 14-20 除颤效应的防护（共模）

多参数监护仪在承受除颤电压后，心电电极由于高电压的作用，电极电位与相对平衡的电极电位产生较大的直流偏置，称为电极极化。偏置电位会影响心电模块放大器的正常工作，放大器必须等待偏置电位恢复正常时才能工作，在这段恢复的时间里，可能会造成抢救的误判。为了保证抢救的时效性，在除颤放电后，多参数监护仪的显示必须在 10 秒内可见并予以保持。

（3）对电极和电缆的要求

①电极和电缆在使用过程受到的撞击机率高，对于多参数监护设备来说，除了需要满足医用电气设备部件在受碰撞不会导致危险的产生外，还要具备碰撞后正常工作的能力。

②电缆的使用频次很多，需要考虑弯曲对电缆传导连续性所造成的影响。

（4）耐极化的防护

因温度和生物电等原因，患者的皮肤和心电电极之间会存在电压差，这电压差同样会导致电极极化。主要是由心动电流流过后形成的电压滞留现象，极化电压对心电参数的测量影响很大，经过前置放大器放大后，会出现基线漂移等现象。极化电压一般不超过 300mV，所以心

195

电模块需要承受 300mV 的极化电压影响不会出现性能降低现象。当遇到高于 300mV 极化电压时，漂移不可避免，应设置检测电路来防止在过极化情况下工作，并提示操作者设备出现了极化现象。

三、无创血压测量模块

血压指血管内血液对单位面积血管壁的相对侧压力，即压强。血管分动脉、毛细血管和静脉，其压强差异较大，通常所说的血压是指动脉血压。当心室收缩时，血液从心室射入动脉，此时血液对动脉管壁的压力最高，称为收缩压；心室舒张时，心室停止泵血，由于动脉血管的弹性回缩，血液仍持续向前流动，但压力有所下降，此时的血压称为舒张压。

血压能够反映血液的循环情况，良好的血液循环能够为各组织器官提供充足的能量，维持正常的新陈代谢。血压过低或过高均会引起严重后果，高血压会加速血管壁的老化，导致破裂，引发心脏病、脑中风、肾功能衰竭等疾病产生；血压过低则会导致供养不足等情况，血压消失是死亡的前兆，血压有极其重要的生物学意义。

1. 测量原理

根据袖带感应搏动强弱的波形来计算血压的方法，叫示波法。无创血压的测量一般采取示波法，利用多参数监护设备的血压袖带的压强增大来阻断肱动脉血流，和柯氏音法相似，然后缓慢降压，当有血液流过袖带时，心脏泵血的压力传导到肱动脉时会产生冲击，冲击所形成的搏动随着压力的下降而增大，在平均压时搏动最大，之后逐步降低，直到搏动脉冲消失，根据所检测到的搏动脉冲波形包络，利用相应公式进行计算，得出收缩压、舒展压和平均压。

2. 特定的安全防护

多参数监护仪的无创血压测量是自动循环测量技术的一种，通过外部施加压力方法间歇性测评患者血压。在测量过程中，患者与设备无电气连接，主要风险来自血压袖带充放气过程中所引发的机械危险。

可能出现的主要危害有：①对于新生儿和低龄小儿的测量目标压力过高，这可能会造成瘀青或者骨骼变形；②过长的充气周期会导致外周静脉血管（也可能包括动脉血管）阻滞，同时在较长的测量周期中过高的重复充气频率也会导致静脉阻滞，从而引起静脉血流灌注不良；③在放气周期中可能出现的放气失败，时间不长时，这会使意识清醒的患者感觉不适，但是对于无意识的重症患者长时间的压迫会导致不可逆的肌肉神经损伤。

（1）过压防护

血压测量模块应设计成在正常使用的情况下，成年人模式的最大施加袖带压力不超过 300mmHg，新生儿模式最大施加袖带压力不超过 150mmHg。为防止正常的压力调节方法失效，使患者受到机械压迫，应提供独立于正常的压力控制系统，如机械式过压放气阀。在压力超过 330mmHg 时或在 300mmHg 持续使用 15 秒时必须使放气阀动作，放气阀开放时间不少于 30 秒。一般认为，成年人模式的袖带压力在 15mmHg 以下，新生儿模式的袖带压力在 5mmHg 以下是安全的（图 14-21）。

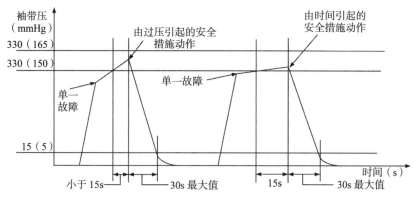

图 14-21　血压模块过压 / 时间防护曲线

（2）压力持续时间

①无论在正常工作情况下还是单一故障情况下，成年人袖带超过 15mmHg 时的持续时间不能超过 180 秒；新生儿袖带超过 5mmHg 时的持续时间不能超过 90 秒。

②在长时间自动模式测量时，成年人患者的袖带压力和新生儿袖带压力超过安全气压时，均应进行至少 30 秒的卸压。

（3）供电电源中断的防护

当血压模块测量时电源被中断，如果压力持续存在，则会导致患者受压。为了避免因电源中断而出现的危害，设备必须能实现：①在袖带已经充气的情况下出现设备电源中断，袖带压力在 30 秒内释放到安全值；②供电网电源中断的情况下，除了符合袖带压力在 30 秒内释放到安全值外，当电源恢复后，所有设置模式不应发生改变，同时激活一个低优先级的技术性报警。

为了满足电源中断放气的需要，可在气体管路中设计一个通电闭合的电磁阀，当电源中断后，电磁阀失去电能而自动打开，实现放气。

（4）血压测量的准确性

血压模块的功能是进行血压测量，其数据的准确性直接影响了医生的判断，对血压测量的准确性应该有一个基本的要求。

①最大平均误差 ±5mmHg。

②最大标准偏差 8mmHg。

血压测量的准确性基于临床检验数据。

四、血氧饱和度模块

人体新陈代谢过程中所需要的氧，是通过呼吸系统进入人体血液，与血液中红细胞的血红蛋白结合成氧合血红蛋白，再输送到人体各部分组织细胞中去。血氧饱和度是血液中被氧结合的氧合血红蛋白容量占全部可结合的血红蛋白容量的百分比，即血液中血氧的浓度，是呼吸循环的重要生理参数。正常人体动脉血的血氧饱和度为 98%，当血氧饱和度低于 94% 是被认为供氧不足。缺氧对人体有极大的危害，如会导致心脏的心肌抑制、心动过缓、血压下降、心律失常、心脏停搏以及影响肝、肾的功能。

1. 基本原理

传统血氧饱和度测量是利用血气分析仪对动脉血进行测量，这是一种有创的测量方式，不适合使用于监护设备。多参数监护仪使用的是一种连续无损伤的光学血氧测量方法。目前多采用脉搏血氧测定法，其原理是利用氧合血红蛋白和非氧合血红蛋白对不同波长入射光的吸收率不同，经特定计算公式得出。基础研究表明，当单色光垂直照射人体，动脉血液对光的吸收量将随透光区域动脉血管搏动而变化，而皮肤、肌肉、骨骼和静脉血等组织对光的吸收是恒定不变的。当以两种特定波长的恒定光 λ_1、λ_2 照射手指时，其吸光度的变化的比值能够反映出血氧的浓度。目前选择入射光波长多采用 660nm 和 940nm。

2. 血氧饱和度的特定安全防护

基于血氧饱和度探测器的工作原理，提出以下一些特定的安全防护。

（1）防液体进入所导致的危险

血氧饱和度探头的可移动区域较大，当使用于 ICU 时意外受到液体泼洒的概率高，所以要求血氧饱和度探头的防进液能力至少符合 IPX1 的要求，在液体泼洒后不出现安全方面危险的前提下，还必须不能影响其测量功能。

如果血氧饱和度探头具有防浸功能，则需要考虑其浸泡于生理盐水后的患者漏电流和绝缘能力是否能达到安全的程度。

（2）机械危险的防护

血氧探头使用一根柔性导线与主机相连，在多参数监护仪使用和转运过程中，探头容易出现碰撞、跌落或粗暴的操作等情况。为了防止因这些情况出现而导致血氧探头受到损伤，探头材料应采用韧性强，具有一定冲击缓冲能力的材料制造。

（3）光辐射

血氧饱和度测量使用了光源，入射光源如果符合激光条件要求，则应参考本章第五节医用激光设备和 GB 7427.1—2001 国家标准的相关防护要求进行。

（4）温度防护

血氧探头把电能转化为光能的同时，也有部分能量转化为热能，使血氧探头温度升高。血氧探头属于长时间使用的应用部分，很可能用于失去知觉的患者。当血氧探头出现温度超过41℃的情况时（假设人体温度为 36℃），则可能产生低温烫伤的风险。如果探头超过 41℃，则应限制其使用时间，42℃时使用时间不能超过 8 小时；43℃时使用时间不能超过 4 小时。并在随机文件中公布相应的使用方法、接触表面的最高温度和测试方法等。

在设计时，需要考虑各种故障条件下可能引起的大量发热，如短路。

（5）电源中断的防护

血氧检测在电源中断后除了不能正常提供检测信号外，不会引发其他的危险，设备应能提供一个中优先级的报警信号。并且在电源中断后 30 秒内恢复电源供应时，之前的设置应不会发生改变。

（6）血氧测量的准确度

血氧测量准确度和灵敏度对临床方案的决定有较大意义，能及时发现低氧血症，提高麻醉和危重患者的安全性，有效预防或减少患者手术期间和急症期间的意外死亡。

①检测范围至少需要满足 70%~100%。一般认为，血氧饱和度低于 90% 属于低氧血症，应采取临床措施，所以在上述范围能够满足临床需要。

②误差不超过 3%。鉴于血氧模拟器与临床实际情况有一定差异，血氧准确度数据的采集应来自临床，使用统计分析后得出。

五、体温模块

温度测量模块也是多参数监护设备常规模块，其利用特定材料在不同温度下的阻抗变化特性来实现。多参数监护仪多使用热敏电阻来监测患者体温，在热敏电阻两侧施加一个脉冲式电源，当阻抗发生改变时，其电压也随之发生改变，利用欧姆定律可以算出阻抗的变化量，再根据物质的温度特性算出温度的变化。

鉴于体温传感器的阻抗大，输出的电压很低，理论上不会产生不可接受的危害，所以对体温模块没有特殊的安全要求。

第七节　可穿戴医疗设备

可穿戴医疗设备是指可以直接穿戴在身上用于治疗、诊断或康复的便携式电子设备。集成芯片技术、存储介质、无线技术的发展推动着可穿戴医疗设备的发展，以生物传感器为核心的穿戴式生物医疗仪器正逐渐引起各界的广泛关注，其生产和应用推进了远程医疗和移动家庭保健系统的发展。

可穿戴医疗设备在软件支持下采集、记录、分析、调控、干预甚至治疗疾病或维护健康状态，可以实时监测血糖、血压、心电、血氧、体温、呼吸频率等人体生理参数或给予人基本的治疗。

可穿戴医疗设备的特点如下：

（1）舒适及便携性

可穿戴设备具有体积小、便于携带且影响患者正常生活运动较小的特点。

（2）可持续性

可穿戴设备一般具有较强的续航功能，可持续采集生理参数 24 小时及以上，并且具有超长待机的功能，方便患者需要时及时启动治疗功能。

（3）易操作性

穿戴设备一般经设定后，患者佩戴期间无需额外进行其他操作功能，或进行简单的操作就可完成采集或治疗的功能，方便用户在家庭环境或无专业人士指导环境下佩戴使用。

（4）智能及可交互性

可穿戴设备可根据采集到的患者生理参数信息，智能分析出给药剂量或治疗输出能量；或者将采集到的信息传送到医疗机构或分析中心，经分析后将结果返回给用户。

一、基本结构及原理

可穿戴医疗设备一般由硬件及软件两部分组成，硬件结构包含生理参数传感器、信号采集芯片、处理器（CPU）、人机交互界面、数据存储模块（如闪光卡、便携式硬盘）、供电模块、信号传输模块（4G、SIM 卡、蓝牙、WiFi 等）、事件提醒按键等。结构见图 14–22。

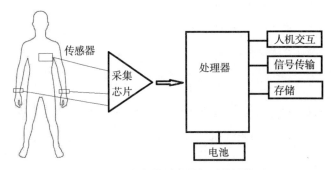

图 14-22　可穿戴医疗设备硬件结构图

软件可分为手机 APP、PC 软件，组成包含数据管理、设备采集参数预设值、数据回放、心电辅助分析、报告管理、系统设置等部分。其结构见图 14–23。

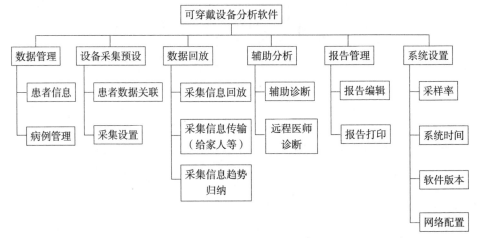

图 14-23　可穿戴医疗设备软件结构图

相比于医疗机构的医用软件，可穿戴式的设备软件人机交互性更强，操作便捷，信息更易理解。

二、特定的安全防护

1.电池防护

由于便携性要求，电池被广泛的应用到可穿戴设备中。因此电池的安全性成为可穿戴产品安全防护的重要部分。电池的防护主要由以下方面组成。

（1）过冲过放的防护

电池的过冲过放可能使电池温度和内压急剧上升，内部隔膜溶化或收拢，形成正、负极材料触碰短路，普遍存在爆炸、燃烧潜在风险，给患者带来不可接受的风险。因此可穿戴设备的电池电路要求具有防止过充、短路、过放等电安全保护功能，在高（低）温等复杂环境下保证电池正常使用。推荐制造商使用通过认证的电池产品。

（2）使用环境的防护

可穿戴设备中使用的电池一般用于家用或户外环境，因此需要考虑到环境温度对电池的影响，碰撞及坠落不发生爆炸或漏液等危险情况。

（3）续航能力

可穿戴设备的续航能力应足以维持设备的正常采集时长，若无法满足采集要求时，需提供低电量提示。

（4）防吞食防护

可穿戴设备有很大一部分的使用场所为家中，因此，电池应设计成使用工具才能更换，防止儿童、宠物吞食。

2. 机械危险的防护

可穿戴设备考虑其使用环境，在机械防护方面需注意以下内容。

（1）意外跌落、撞击的防护。

（2）可穿戴设备可随身佩戴，在患者佩戴过程中存在一定的跌落或撞击的风险。所以要求可穿戴设备具有跌落或撞击的防护措施。从正常使用的位置跌落或意外的与硬物撞击后，外壳应无锐角锋棱等以免划伤患者，无危险液体的溢出，且存储数据无丢失。

（3）压力防护

对患者施加压力的可穿戴设备，如连续无创血压测试设备，应保证其施加的压力及持续时间在患者的可接受范围内，不会产生皮肤、组织受损或长时间阻碍血液循环的危害。

3. 防水和防尘

根据可穿戴医疗设备的使用环境，需考虑不同的防水及防尘能力。包含生活用水的意外泼洒，防雨等防水措施和防止灰尘等外来物对可穿戴设备的影响。

4. 防腐蚀性

可穿戴设备长期佩戴于患者身上，传感器部分与汗液、消毒液等接触会影响信号的采集效果，所以在材料选择方面需考虑耐腐蚀性。

5. 运动干扰

运动干扰是可穿戴产品系统中最为普遍、最难处理的噪声干扰类型，已经成为当前影响可穿戴设备判读准确性与诊断效率最为主要的因素之一。因此要求制造商在设计产品时充分考虑运动伪差对设备信号采集的影响，优化算法，提高信号采集的准确性。

6. 信息安全性

可穿戴设备在使用过程中常涉及数据传输、云端存储、远程诊断等过程。因此存在用户数据安全性、传输数据完整性、系统和应用软件的安全性、网络安全性等安全隐患。要求手机端或远程端软件可通过用户访问控制、使用者权限设置、用户信息脱敏等措施保护用户数据安全。通过数据加密传输等方法保护传输过程的数据完整性。通过版权保护、软件日志、加密狗等措施保护系统和软件的安全性。通过排查网络漏洞、杀毒软件等措施保证网络安全。

7. 信号输入输出口隔离的安全防护

可穿戴设备部分会存在一个数据交互的信号输入输出口，在 PC 隔离出现故障时，可能会导致信号输入输出口处，出现网电源危险电压，因此要求信号口连接 PC 端的同时又能与患者相连的动态心电记录仪，信号输入输出部分同应用部分应有至少一重参考电压为 250V 的 MOPP。若信号输入输出口与 PC 相连时不能同时与患者相连，此情况不适用。

8. 耐极化电压的安全防护

因电极与皮肤之间存在电容，可穿戴设备的采集电极在长时间采集的情况下，该电容因人体皮肤与电极间微弱电荷的叠加，会形成极化电压。此极化电压一般不超过 300mV，极化电压可导致信号在采集过程中出现基线漂移，信号失真等不利影响。因此要求采集生理电信号可穿戴设备需承受至少 300mV 的极化电压而不导致波形失真。

9. 辅助诊断结果准确性

可穿戴设备 AI 软件可能会辅助给出一定的诊断和判断结果。错误的诊断结果会干扰患者判断，或延误治疗时间。所以给出辅助诊断结果的动态心电图系建议经医生确认后的结果才可以反馈给使用者。或 AI 诊断软件需经过临床验证后才能上市使用。

10. 提示功能

可穿戴设备监测系统一般用于连续 24 小时或以上的生理参数监测，在夜间对患者的监护往往会比较薄弱，较为及时准确的提示，会将患者发生危险情况降低。因此一般要求长时间检测患者生理参数的可穿戴设备的监测系统的远程端或 APP 软件具有生理参数超限的提示功能，且提示音应不会造成体力疲劳或影响患者的正常生活。

11. 闭环生理参数控制的安全防护

具有闭环生理参数控制的可穿戴设备，如可控制胰岛素泵给药的连续血糖检测系统，可能因反馈机制的错误操作造成过量或过少注射胰岛素的危害。因此要求闭环生理参数控制的可穿戴设备具有使用者可以设置的控制变量、超出设定值的报警系统的提醒，以及将自动给药切换为主动给药、响应时间准确性的控制等措施，以降低其风险。

第八节　家用医疗器械

家用医疗器械是医疗器械的一种，其安全设计应符合通用医疗器械的要求，同时，由于与在专业医疗机构中的使用人群以及环境不同，例如：电压波动、保护接地质量不良、操作人员专业意识不足等，存在着特殊的安全隐患，制造商应考虑这些特殊的隐患形成的风险并做好安全防护措施。

一、定义

家用医疗器械，即家用医用电气设备（ME 设备）或医用电气系统（ME 系统），是指在家庭护理环境中使用的医疗器械。家庭护理环境并不仅仅指患者住所，而是指患者的住所或患者所在的其他地点，但不包括只要患者出现就有经过培训的操作者在场的专业医疗机构，如医院、诊所等。患者所在的其他地点包括了室内、室外和转移时可运行的医疗器械。其中转移时可运行的医疗器械包括可穿戴的、手持的、附于轮椅上的医疗器械或在汽车、公交、火车、轮船及飞机上使用的可转移的医用电气设备。疗养院通常也被认为是家庭护理环境。但是，家庭护理环境不包括院前转运、院间转运环境。

大部分的家用医疗器械无需处方即可以在药店或网上购买，并且除了制造商提供的使用说明外，无需任何其他指导或预防措施，如血压计、医用体温计、家用制氧机等。

二、特殊风险

家用医疗器械引起特殊风险的主要原因是家庭护理环境与专业医疗机构存在差异，这种差异包括了人员的专业教育、环境的不确定性、保养维护能力、使用方法。

1. 人员的专业教育缺乏

在专业医疗环境中，医疗器械的操作人员一般为经过专业培训的医护人员，而在家庭护理环境中，医疗器械的操作人员比较特殊，患者、操作者可为同一个人，操作人员既可以是患者，也可以是帮助患者的无经验的操作者。教育背景或专业技术能力的匮乏导致无法意识到使用的风险或者在出现风险时无法及时、正确、有效地处理。例如：家用医疗器械的是否处于正常工作状态无法确定，将会导致无法达到治疗效果或者诊断结果错误导致误诊。在医院中使用的医疗器械的使用安全和使用效果，有专业的人员监控，但是在家庭中缺少监控。这也意味着，若患者需要，获得医疗帮助存在较大的时空差异。

2. 环境的不确定性

家用医疗器械与专业医疗机构的使用环境差异较多，主要的差异如下：

（1）供电电源的稳定性。家庭护理环境使用公用电网，电压受电缆、其他家用设备的使用影响较大，电压存在不稳定情况，甚至影响设备的基本性能和基本安全。

（2）保护接地的可靠性。特别是偏远的农村地区，保护接地的可靠性无法得到保障，无法达到防电击的效果。

（3）供水质量无法保障。正常运行需要供水的家用医疗器械，考虑供水中断、水压不稳以及与水质不合格的影响。当水压是家用医疗器械运行的必备条件时，启动其他家庭用水设施可能使水压暂时降低，这些设施包括淋浴器、马桶、洗衣机和洗碗机，水压的下降可能导致家用医疗器械停机，进而触发低水压警报。当水质影响基本性能时，需要考虑供水质量，特别是农村地区，是由于这种环境下的供水可能会受到季节变化的影响，例如：大雨或洪水，以及化粪池、地下燃料储存或农业废物和化学品的污染。水温对于家用医疗器械的基本安全和基本性能有影响时，应考虑这方面的风险，例如：偏远的农村地区可能存在供水的水温问题，特别是冬季。

3. 保养维护能力不足

与专业医疗环境另一个不同的地方在于医用电气设备的维护保养能力的差异。在专业医疗环境中有专业的维护人员，能定期对设备进行定期的维护保养，有效地执行消毒灭菌。而在家庭护理环境中，医疗器械的维护人员和患者可能是同一个人，缺少专业的维护知识，甚至无保养维护能力，对于使用前需要消毒灭菌的医疗器械，未执行制造商提供的灭菌程序很容易引起感染，导致严重的安全问题。

三、安全防护要求

作为医疗器械的一员，家用医疗器械应符合 GB 9706.1—2020《医用电气设备　第 1 部分：基本安全和基本性能的通用要求》和 YY 9706.102—2021《医用电气设备　第 1-2 部分：基本安全和基本性能的通用要求　并列标准　电磁兼容　要求和试验》的要求，宜考虑 GB 4824 归为 B 类的要求。此外，家用医疗器械还应符合并列标准 YY 9706.111—2021《医用电气设备　第 1-11 部分：基本安全和基本性能的通用要求　并列标准：在家庭护理环境中使用的医用电气设备和医用电气系统的要求》的要求。若有对应的安全专用标准，需要符合对应的安全专用标准的要求。

对于医疗器械的风险，需要有对应的措施来降低风险。对于家用医疗器械的特殊风险，则需要对应的措施来进行安全防护，具体的措施如下。

1. 人员的专业教育

考虑使用说明书的易读性强。操作者获取设备使用能力主要通过随家用医疗器械提供的使用说明书方式进行，因此，使用说明书合理设计至关重要。考虑到使用人群一般为非专业人群，使用说明书设计应适当考虑使用人群的教育背景，使用可以理解的语言，适当时增加必要的图片解释，必要时，在使用说明书中增加操作人员需要具备的知识、接受的培训等内容；如果使用了电子版的说明书，必要时还需要增加简要操作说明。注意识别使用人群对于使用说明书的阅读能力，例如：对于老年人可适当考虑使用大字号字体，增加图文。

家用医疗器械宜进行可用性测试，以减少使用错误风险。家用医疗器械由于使用人群并不一定具备专业的知识，因此，需要考虑进行适当的可用性测试，以确保使用性风险降低到可接受水平。可用性风险的测试包括对使用说明书以及用户接口（user interface, UI）测试。在部分安全专用要求中，规定了特殊的可用性风险，例如：在血压计安全专用要求中，可用性测试要求考虑控制器的改变、意外移动、误联的可能性、不当操作或非安全使用的可能性、当前操作模式紊乱的可能性、电能或物质传递过程中产生的变化、置于本标准规定的环境条件中、置于生物物质中；和吸入或吞下的小部件。

2. 环境的不确定性

维持电压稳定性。在医疗器械设计开发阶段，应根据产品的预期用途设计不同的供电电压适用范围，对于家庭护理环境，设计要求假定供电网电压源为零线与火线间的电压以及零 / 火线对地的电压值为标称电压值的 85%~110%，对于预期有效地保持患者生命或复苏功能的医用电气设备或医用电气系统，假定供电网电压源为零线与火线间的电压以及零 / 火线对地的电压值为标称电压值的 80%~110%。

对于需要使用大量液体的家用医疗器械，需要考虑漏液防护。管道接口松动或设备故障都可能导致漏液，进而对房屋造成损害。如果家用医疗器械安装于房屋的上层，漏出的液体可能渗入地板并损坏下层的天花板。建议家用医疗器械使用区域宜有防液体渗漏的设计。地板宜为适宜的防水材料，并易于清洗。因此，不建议使用地毯或木地板。

足够的储存和运输信息。对于需要储存耗材的区域，须常年可达到制造商对耗材产品的储存建议。对于拆开保护性包装后的设备，需要考虑在两次使用间的运输和储存环境条件、连续运行条件，以及对于转移时可运行的 ME 设备则需要考虑环境冲击，除非制造商说明书中进行了规定，否则，按照 YY 9706.111—2021 条款 4.2 的规定进行测试。

水源质量要求。对于水源质量影响设备基本性能时，需要定期对水质进行分析。若水源水质存在季节性变化，或水源来自水井，则需要提高分析频率。

维持水压稳定。水压的下降可能导致用于家用医疗器械停机，进而触发透析设备的低水压警报。如果存在水压不稳定的问题，可在管道上安装一个气囊水箱，使系统在低水压时能够持续正常运行。私人水井供水的家庭可能需要提高井泵的抽水能力，采用更大的井泵或安装增压泵，以确保家庭用水量大时能保持足够的水压。

提供足够的排水系统能力要求。排水系统宜能承载来自家用医疗器械或医疗系统所有组件的最大流量。排水系统宜具有防止虹吸的方法，如废水流中的气隙，避免废水从排水系统倒流至家用医疗器械或排水管道的水处理组件。

Ⅱ类防电击设计。考虑到家庭护理环境的特殊性，除非预期 ME 设备是永久性安装的，否则，应为 Ⅱ 类或内部供电设备，不应具有功能接地端子，这主要是偏远农村以及老的建筑物中的保护接地可能存在质量问题，而在某些国家，如日本和丹麦，保护接地连接在家庭中并不常见，因此，预期用于家庭护理环境的医用电气设备的基本安全和基本性能不能依赖于保护接地连接。如果有应用部分，其应用部分应为 BF 型应用部分或 CF 型应用部分。

F 型应用部分设计。医疗器械的应用部分宜设计为 F 型应用部分。不用 B 型应用部分而仅允许使用 F 型应用部分，是家庭护理环境中合理可预见的危害处境中最实用的风险控制策略，主要是由于：①家庭护理环境中的医用电气设备很可能具备连接附件的网络/数据耦合端口，包括与因特网、电信网络、打印机等的连接口。虽然使用说明书会规定，只有符合适当安全要求的设备才可与该类接口连接，但是我们都知道某些附件没有合适的接触电流限制。F 型应用部分与设备机架隔离，其隔离程度与信号输入输出口处的隔离要求相当。②随着应用部分数量的增加，应用部分接触接地的患者而产生的患者漏电流总量也会随之增加。专业医疗机构中，有医护专员对其进行监督，家庭护理环境可能无法达到这种监督程度。F 型应用部分隔离层将应用部分与地隔离开，因为这种设计可大大减少多种 F 型应用部分到地间的总患者漏电流。

3. 保养维护能力

对于需要专业培训的家用医疗器械，家庭中的患者/协助者宜接受医疗机构的正规培训，学习如何正确操作和维护家用医疗器械。患者和（或）护理助手能理解政策和程序为强制性要求，此外，对这些人员宜配套相应培训计划，包括质量检测、风险识别及细菌问题。

家用医疗器械由于使用环境的差异，存在特殊风险，制造商应充分评估使用环境、使用人群可能存在的风险，采取足够的风险防护措施，以降低风险，保障使用的安全性。

第十五章
控制和实验室用电气设备的安全防护

在医院里，需要使用大量的电气控制设备和实验室用电气设备来实现医疗目的，本章专门提及医疗用途的控制和实验室用电气设备安全防护的要求。

第一节　控制和实验室用电气设备的范围

控制和实验室用电气设备的应用范围很广，医疗用途仅是这类设备当中的一小部分，主要包括以下内容。

一、电气控制设备

是指将一个或多个输出量控制在特定量值的设备，而且每一个量值由手动设置、本地或远地编程，或者由一个或多个输入变量来确定的设备。如各种工业生产设备，在医疗用途的电气控制设备中，主要包括：①各类消毒、灭菌设备；②反渗水处理设备；③非家用医用分子筛制氧设备等。

二、实验室用电气设备

是指测量、指示、监视或分析设备的设备，或者用于制备材料的设备。在医疗用途的实验室设备中，主要包括：①体外诊断（IVD）设备，如血液分析设备、基因分析设备和生化分析设备等；②体外血液处理设备，如血液成分分离机；③医用光学显微设备，如裂隙灯显微镜；④化验基础设备，如医用培养箱、医用离心机、切片机和洗板机等；⑤医用低温、冷藏设备，如医用低温箱、血液制品冷藏箱和冷冻干燥血浆机等。

第二节　与医用电气设备的区别

一、防护目的的区别

要了解其防护目的的区别，首先要了解其适用范围及应用的区别。

1.医用电气设备的适用范围及应用

医用电气设备是为了实现医疗的目的，包括在医院中使用，患者或其家属在医护人员的专业培训后在家里使用，对患者进行诊断、治疗或监护，与患者有身体的或电气的接触，和（或）向患者传送或从患者取得能量，和（或）检测这些所传送或取得的能量的电气设备。也包括用来补偿或减轻疾病、伤疼和残疾的设备。

从上述描述可看出，医用电气设备的应用对象是患者，使用对象是操作者。除了电气设备的常规防护外，医用电气设备要考虑对操作者和患者的防护。

2. 控制和实验室用设备的范围及应用

从本章的第一节可以看出，操作电气控制设备和实验室用设备的人员均是专业人员，如生产技术人员，是专业培训后或需持证上岗。使用 IVD 设备的检验人员，也是培训后，经常使用该设备的人员进行操作。控制和实验室用设备的另一个特点就是，其应用对象不是人或其他生物，而是物品，如给手术刀消毒，或者是一些离开人体的组织样本，在实验室检测过程中，即使对样品产生过量的漏电或其他方面的危害，也仅是损坏样品，不会直接对患者产生危害。所以，控制和实验室用设备仅是对具有一定专业知识的操作者进行防护，没有患者防护的概念。

二、防护措施的区别

明确了适用范围和防护目的的区别，可以导出一些防护理念上差异，至于具体的要求和量值的差异，不一一列出，这里仅提到一些大方向的区别。

1. 增加防电击类型

医用电气设备中，认为Ⅰ类设备、Ⅱ类设备和内部电源类设备的结构才是安全的。在控制和实验室用设备当中，只要使用得当，0~Ⅲ类设备都能实现安全，因为这些设备都可能是在专业人员当中使用。应用在医院的控制和实验室用设备，根据需要，一般设计为Ⅰ~Ⅲ类设备的结构。

2. 防触电的区别

（1）触及电压限值的区别

医用电气设备中，可触及电压需要符合安全特低电压的要求，即达到双重绝缘浮动的 24V 交流或 60V 直流电压。

控制和实验室用设备中，正常状态下，可触及电压的有效值为 33V 和峰值 46.7V，或直流值 70V。规定在潮湿场所使用的设备，有效值为 16V 和峰值 22.6V 或直流值 35V。在单一故障情况下，可触及电压为有效值 55V 和峰值 78V，或者直流 140V；规定在潮湿场所使用的设备，电压限值为有效值 33V 和峰值 46.7V，或者直流 70V。

（2）漏电流的区别

在控制和实验室用设备中，不要求对地漏电流和患者漏电流的防护，因为设备应用于患者区域以外，漏电保护装置动作后不会引起更大的伤害；且该类设备不直接应用于患者。至于接触电流，考虑到操作实验室设备的人员比医护人员更有防护意识，其量值也可更宽松一些。

正常状态下，接触电流的限值为 0.5mA（正弦波）/0.7mA（非正弦波或混合频率电流）/2mA（直流）。单一故障状态下的接触电流限值为 3.5mA（正弦波）/5mA（非正弦波或混合频率电流）/15mA（直流）。

测量控制和实验室用设备的测量网络见图 15-1~ 图 15-3。

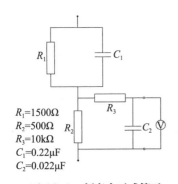

R_1=1500Ω
R_2=500Ω
R_3=10kΩ
C_1=0.22μF
C_2=0.022μF

图 15-1 频率小于或等于
1MHz 的交流和直流测量电路

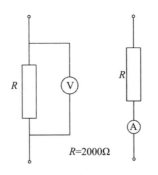

R=2000Ω

图 15-2 频率小于或等于
100Hz 的正弦交流和直流测
量电路

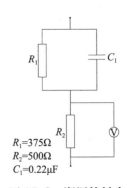

R_1=375Ω
R_2=500Ω
C_1=0.22μF

图 15-3 潮湿接触电
流测量电路

（3）爬电距离和电气间隙的区别

医用电气设备和实验室设备的爬电距离和电气间隙在概念、检测方法上没有多大的区别，主要区别为：

①医用电气设备的爬电距离和电气间隙要求更严格，但容易操作（表 15-1）。

表 15-1　爬电距离和电气间隙

	直流电压（V）	15	36	75	150	300	450	600	800	900	1200	
	交流电压（V）	12	30	60	125	250	400	500	660	750	1000	
相反极性部分间等同于基本绝缘	A-f	0.4	0.5	0.7	1	1.6	2.4	3	4	4.5	6	电气间隙
		0.8	1	1.3	2	3	4	5.5	7	8	11	爬电距离
基本绝缘或辅助绝缘	A-a_1, A-b A-c, A-j B-d, B-c	0.8	1	1.2	1.6	2.5	3.5	4.5	6	6.5	9	电气间隙
		1.7	2	2.3	3	4	6	8	10.5	12	16	爬电距离
双重绝缘或加强绝缘	A-a_2, A-e, A-k B-a, B-e	1.6	2	2.4	3.2	5	7	9	12	13	18	电气间隙
		3.1	4	4.6	6	8	12	16	21	24	32	爬电距离

表 15-1 中，给出了不同绝缘等级和参考电压下具体的电气间隙和爬电距离的数值，一般情况取最高数值，不建议使用插值法，也没有网电源电路和次级电路的数值区分。

②实验室设备的爬电距离和电气间隙在同等的参考电压和绝缘等级下比医用电气设备要求宽松，而且操作上更灵活（表 15-2~ 表 15-5）。

表 15-2　海拔 5000m 内的电气间隙倍增系数

额定工作海拔高度（m）	倍增系数
≤ 2000	1.00
2001~3000	1.14
3001~4000	1.29
4001~5000	1.48

表 15-3　电网电源电路的电气间隙和爬电距离

相线 -中性线电压交流有效值或直流值（V）	电气间隙数值（见注1）mm	爬电距离数值 /mm								
		污染等级 1		污染等级 2				污染等级 3		
		印制电路板 CTI ≥ 100	所有材料组别 CTI ≥ 100	印制电路板 CTI ≥ 100	所有材料组别 I CTI ≥ 600	所有材料组别 II CTI ≥ 400	所有材料组别 III CTI ≥ 100	所有材料组别 I CTI ≥ 600	所有材料组别 II CTI ≥ 400	所有材料组别 III CTI ≥ 100
> 50~ ≤ 100	0.1	0.1	0.25	0.16	0.71	1.0	1.4	1.8	2.0	2.2
> 100~ ≤ 150	0.5	0.5	0.5	0.5	0.8	1.1	1.6	2.0	2.2	2.5
> 150~ ≤ 300	1.5	1.5	1.5	1.5	1.5	2.1	3.0	3.8	4.1	4.7
> 300~ ≤ 600	3.0	3.0	3.0	3.0	3.0	4.3	6.0	7.5	8.3	9.4

注：1. 不同污染等级的最小电气间隙数值是：污染等级 2：0.2mm；污染等级 3：0.8mm。
　　2. 所规定的数值是针对基本绝缘或附加绝缘的，对加强绝缘的数值是两倍基本绝缘数值。

表 15-4　网电源电路外的电气间隙

工作电压（V）	电气间隙（mm）			
交流有效值或直流值	电网电源电压 $U ≤ 100V$，额定脉冲电压 500V	电网电源电压 $100V < U ≤ 150V$，额定脉冲电压 800V	电网电源电压 $150V < U ≤ 300V$，额定脉冲电压 1500V	电网电源电压 $300V < U ≤ 600V$，额定脉冲电压 2500V
50	0.05	0.12	0.53	1.51
100	0.07	0.13	0.61	1.57
150	0.10	0.16	0.69	1.64
300	0.24	0.39	0.94	1.83
600	0.79	1.01	1.61	2.41
……	……	……	……	……
63000	258	258	260	261

注：具体数值见 GB 4793.1—2007 中表 5。

表15-5 网电源电路外的爬电距离

工作电压,有效值或直流(V)	基本绝缘或附加绝缘								
	印制线路板上		其他电路						
	污染等级		污染等级						
	1	2	1	2			3		
	材料组别		材料组别				材料组别		
	Ⅲb (mm)	Ⅲa (mm)	(mm)	Ⅰ (mm)	Ⅱ (mm)	Ⅲa-b (mm)	Ⅰ (mm)	Ⅱ (mm)	Ⅲa-b (见注) (mm)
10	0.025	0.04	0.08	0.40	0.40	0.40	1.00	1.00	1.00
12.5	0.025	0.04	0.09	0.42	0.42	0.42	1.05	1.05	1.05
16	0.025	0.04	0.10	0.45	0.45	0.45	1.10	1.10	1.10
……	……	……	……	……	……	……	……	……	……
100	0.10	0.16	0.25	0.71	1.00	1.4	1.8	2.0	2.2
……	……	……	……	……	……	……	……	……	……
250	0.56	1.0	0.56	1.25	2.2	2.5	3.2	3.6	4.0
……	……	……	……	……	……	……	……	……	……
63000	250	320	250	320	450	600	……	……	……

注: 1. 对于高于630V污染等级3的应用场合不推荐材料组别Ⅲb。

2. 允许使用户爬电距离的内插值。

3. 具体数值见GB 4793.1—2007中表7。

从表15-2~表15-5中可以看出,除了具体的量值有差别之外,实验室设备对爬电距离和电气间隙的要求还增加了对使用时:①海拔的要求;②有电源电路和非电源电路的区分;③有污染等级差异的区分;④有材料组别的区分;⑤可以进行内插值。对于这些细节的要求,使得爬距离和电气间隙的数值更加合理化,在IEC 60601-1的第三版标准中,也参考了这些方法。

(4)电介质强度试验的区别

同等绝缘要求的电介质强度试验有较大的区别,主要体现如下:

①绝缘承受的电流类型:在医用电气设备中,要求绝缘体上承受的试验电压应力至少等于在正常使用时相同波形和频率的电压。在实验室设备中,对固体绝缘,交流试验和直流试验可任选其一进行,只要通过其中之一即可;对于电气间隙,可以按规定选择交流电压、直流电压和峰值脉冲电压进行试验。

②预处理:在医用电气设备的型式试验中,要求在常温进行一遍,在潮湿预处理后进行一遍。对于实验室设备,仅要求在潮湿预处理后进行电介质强度试验,在产品的例行检验,则仅要求常温试验,不必要进行两遍的电介质强度试验。其他的预处理方法均相同。

③同等绝缘的试验量值：医用电气设备的电介质强度试验值见第六章中表 6-3。在参考电压大于 50V 的情况下，同等参考电压加强绝缘的电介质强度试验电压大于 2 倍基本绝缘试验电压值。

实验室设备的同等绝缘强度电介质强度试验电压值较医用电气设备要求低，而且加强绝缘试验电压值仅为基本绝缘的 1.6 倍。具体数值要求参考 GB 4793.1—2007 中表 9。

④试验持续时间：医用电气设备电介质强度试验的时间要求：不超过一半规定值的试验电压开始，10 秒内将电压逐步增加到规定值，然后保持 1 分钟，之后在 10 秒内将电压降到规定值一半以下。

实验室设备电介质强度试验时间要求：电压要在 5 秒或 5 秒以内逐渐升高到规定值，使电压不出现明显的突变，然后保持 5 秒。对例行试验，试验电压在 2 秒内升到规定值，保持 2 秒即可。

⑤电介质强度试验举例：图 15-4 为一个 IVD 设备的绝缘图，其需要进行电介质强度试验的位置见图中字母所示，其相关的绝缘参数见表 15-6。

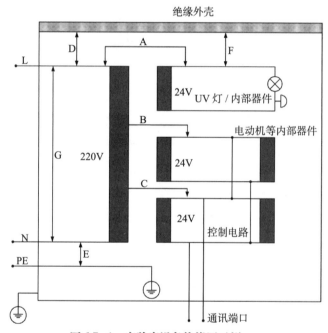

图 15-4　实验室设备绝缘图示例

表 15-6　图 15-4 绝缘参数表

位置	参考电压（V）	绝缘类型	爬距				间隙	试验电压（V）
			PWB（mm）	CTI	其他（mm）	CTI		
A	220V	BI	—	≥100	3	≥100	1.5	1390
B	220V	DI	—	≥100	6	≥100	3	2224
C	220V	DI	—	≥100	6	≥100	3	2224

续表

位置	参考电压（V）	绝缘类型	爬距				间隙	试验电压（V）
			PWB（mm）	CTI	其他（mm）	CTI		
D	220V	DI	—	≥100	6	≥100	3	2224
E	220V	BI	—	≥100	3	≥100	1.5	1390
F	220V	BI	—	≥100	3	≥100	1.5	1390
G	220V	≈BI	—	≥100	—	≥100	—	—

注：设备污染等级为2，在海拔2000m以下工作。

在医用电气设备中，参考电压为220V时，基本绝缘的试验电压为1500V，双重绝缘的试验电压为4000V，比表15-6中相应的试验电压要求高很多。

3. 对防火的要求

在医用电气设备中，对元器件的温升和可靠性要求较为严格，对外壳的防护也有详细的防护措施要求，已经较好地对失火进行了防护，所以具体的防火措施并不用太多。经统计，医用电气设备所导致的失火概率非常低。在实验室设备中，由于结构要求相对宽松，失火的风险有所增加，理应加强对防火措施的要求。

对防火的措施主要有以下3种（图15-5）。

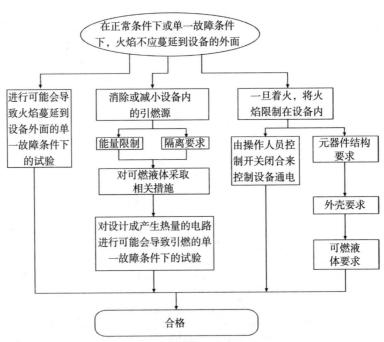

图 15-5 防止火焰蔓延要求的流程图

（1）用元器件的可靠性来实现防火的目的，当元器件在单一故障状态下不会导致失火的危险，可以认为不存在失火的危险源。

（2）用能量的限制或隔离的方式来屏蔽危险源。

（3）如果着火，把着火区域限制在设备内部，不会引起较大的火灾。

三、各类电气产品的主要区别

电气设备的分类可以有多种，常见的电气设备按其功能用途和适用人群，一般可以分为家用电气设备、医用电气设备、音视频设备、IT 设备和实验室设备等。他们之间有区别也有密切的关系。

1. 同一类设备可能有多种用途

很多设备的特定功能，可以有多种用途，甚至超出了类别的范围。如 X 射线机，在医院里对患者进行诊断，是医用电气设备，在机场用来安全检查，属于测量、控制和实验室用电气设备。又如冰箱，在家里存储食品时是家用电气设备，在医院中存储血液样品时是实验室用电气设备。同样的设备，用途不同时需要有不一样的安全防护。

2. 同根同源（图 15-6）

电气设备都是由电气元件组成，这些元件的特性相同或相似的程度很高，差异也就是稳定性和精度等而已，他们所执行的标准基本上也一样（图 15-6）。这几类电气产品都是建立于底层的基础标准之上，到应用阶段才有具体的细分，所以说这些产品都是同根同源。

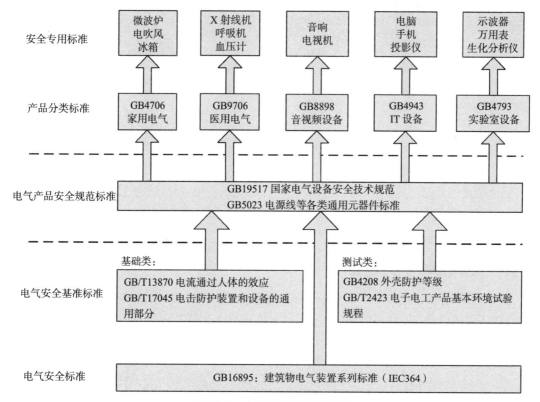

图 15-6 各类电气设备的关系

3.防护的侧重点

既然电气产品最后分成不同的类别，而且有不同的安全防护要求，必有自身的防护重点，这里粗略谈一下各自的防护重点。

（1）家用电气设备

家用电气设备的使用者是普通人，在家中使用，所以其主要保护对象是使用者。但由于普通人定义范围非常广，可以是老年人；可以是小孩；可以是从没有受过文化教育的人；也可以是对电气安全一无所知的人。所以家电设备在防触电、防火和防错误使用等方面有重点要求。

（2）音、视频设备

音、视频设备常在家里、学校、剧院等场所中使用，其特性是刺激人的眼睛和听觉，对功能安全有特定的要求。现在的音、视频设备都是多台设备共同配合才能使用，有强大的通信功能，具有和 IT 设备类似的功能。

（3）医用电气设备

医用电气设备和其他设备最大的不同是引入了患者的概念，所以医用电气设备的安全标准在 IT 和家电设备的基础上，增加了对患者的各种防护要求。

（4）IT 设备

IT 设备应用的范围最广，可能在办公室中使用，也可能在家里使用，侧重点是这类设备都有强大的通信功能，在常规的安全防护中，应增加对通信所引起的危害进行防护。另外，由于这类设备可能被操作的时间很长，如办公电脑，所以，在实际设计中，要充分考虑人体工学的要求。

（5）实验室设备

使用测量、控制和实验室设备的人员均经过严格的培训，所以在安全防护方面，实验室类设备的安全防护要求均比上述几类设备要低一些。

第三节　特定的安全防护

医疗用途的测量、控制和实验室设备中，有三类产品使用是比较广泛的，一是体外诊断（IVD）设备，二是消毒、灭菌设备，三是一些辅助医疗设备，如离心机。本节用这三类设备来探讨实验室设备特定的安全防护。

一、体外诊断（IVD）设备

要对 IVD 设备实施安全防护，应该了解其具体用途。IVD 设备预期用于体外样品检查，这些样品包括来自人体的血液（包括各种体液）和组织样本，其单独或主要目的是为下面一个或方面提供信息：

（1）一种生理或病理状态。

（2）一种先天异常。

（3）确定潜在受体的安全性和相容性。

（4）治疗措施的监测。

从上述 IVD 设备的用途可以看出，其特点是具有测试分析功能，能为医护人员提供具体的定量或者定性的信息。如果数据不准确，会为患者带来负面的影响。由于应用于生物样本的检测，生物样本的可能感染性也会对操作者带来风险。在我国的医疗器械分类目录中，主要的 IVD 设备有以下种类（表 15-7）。

表 15-7　主要的 IVD 设备分类

序号	类型	产品名称
1	血液分析	血型分析仪、血细胞分析仪、血栓分析仪、血凝分析仪、血红蛋白测定仪、血小板聚集仪、血糖分析仪、血流变仪、血液黏度计、红细胞变形仪、血液流变参数测试仪、血栓弹力仪、流式细胞分析仪、血栓止血分析系统、凝血纤溶分析仪
2	生化分析	生化分析仪、电解质分析仪
3	免疫分析	免疫分析仪、酶免仪、半自动酶标仪、荧光显微检测系统、特定蛋白分析仪、化学发光测定仪、荧光免疫分析仪
4	细菌分析	结核杆菌分析仪、药敏分析仪、细菌测定系统、快速细菌培养仪、幽门螺旋杆菌测定仪、细菌内毒素分析仪
5	尿液分析	尿液分析仪
6	血气分析	血气分析仪、组织氧含量测定仪、血氧饱和度测试仪、CO_2 红外分析仪、经皮血氧分压监测仪、血气酸碱分析仪、电化学测氧仪
7	基因和生命科学仪器	医用 PCR 分析系统、精子分析仪、生物芯片阅读仪、PCR 扩增仪

下面以全自动生化分析仪为例进行分析。

1.产品描述

生化分析仪是临床样品分析中应用最广泛的设备之一，全自动生化分析能完成生物化学分析过程中的取样、加试剂、去干扰、混合、恒温反应、自动检测、计算结果和数据处理等。生化分析仪的叫法很多，有按反应装置结构不同进行划分的，可以分为流式、离心式、分立式和干式化学，也有按检测速度进行划分的。无论是那种结构形式，对于特定的安全防护来说，基本上是相同的要求（图 15-7，图 15-8）。

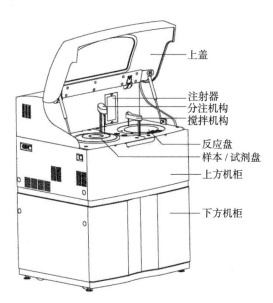

图 15-7　全自动生化分析仪外观结构

（图中标注：上盖、注射器、分注机构、搅拌机构、反应盘、样本/试剂盘、上方机柜、下方机柜）

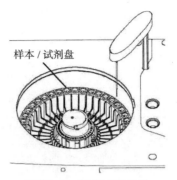

图 15-8　样本和试剂盘

在生化分析仪的内部结构中，可分为液路部分和检测部分（图 15-9），液路部分由机械臂、样品针、吸量器和步进马达组成；检测部分由光源、分光装置（如光栅或滤光片）、比色杯、恒温装置和清洗装置组成（图 15-10）。

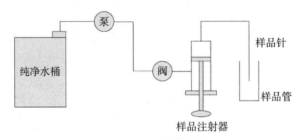

图 15-9　液路部分

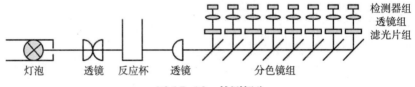

图 15-10　检测部分

2. 特定的安全防护

（1）确保对患者的正确诊断

能否对被测样品得出正确的数据，影响的因素很多。包括设备的安装和使用，这些有赖于培训能否得到很好的实施。如是否有良好的接地环境和具体操作细则等，另外，检验设备的灵敏度、精度、噪音、稳定性、重复性、分辨率和线性范围等是否得到保证。

（2）对操作者的防护

由于生物样本可能带有各种病菌，存在感染操作者等危害。为了防止这些情况的出现，隔离、警示和培训是必要的，要求在显著地方贴上生物危害的警示。

如果正常使用中液体可能会洒落到 IVD 设备中，设备应该设计成防止绝缘或危险带电的内部未绝缘部件变湿，或潜在的侵蚀性物质（如腐蚀剂、有毒的活易燃的液体）与设备部件接触的结果不会产生危险。

如果需要用到有毒物质，对这些可能释放出有毒物质部件应采取独立的防护措施，以免人员触及到这些物质造成伤害。

（3）引入医用电气设备的风险管理理念

虽然 IVD 设备没有直接应用于患者，但其对操作者的风险和错误数据可能导致对患者的误诊，这些和医用电气设备所带来的后果较为相似，所以医用电气设备的风险管理理念适用于 IVD 设备。

二、消毒、灭菌设备的防护

一种能在短时间实现对病毒、细菌等杀灭的方法，也肯定会存在损伤人体机能的风险。消毒、灭菌的方法也很多（表 15-8），由于消毒灭菌的方法差异极大，其安全防护措施也有较大的差异性，这里用使用较为广泛的压力灭菌器作为例子，进行特定安全防护描述。

表 15-8　消毒、灭菌方法及作用机制

消毒、灭菌方法	作用机制
热力消毒与灭菌：分干热（热空气或热惰性其他）和湿热（压力蒸汽）	利用热力来破坏微生物的蛋白质、核酸、细胞壁和细胞膜，从而导致微生物死亡
过滤除菌：分膜式过滤和静电吸附	通过膜的孔径来实现对细菌的阻留。其不能阻留病毒分子型生物
辐射消毒与灭菌：分紫外线消毒和电离辐射灭菌	紫外线的辐射可以破坏微生物的核酸，也可以对蛋白质、酶等物质有一定破坏作用。电离辐射可切断生物体 DNA 中的化学键，并通过产生自由基对生物起化学腐蚀作用的活性分子来破坏微生物

1. 产品的原理和结构

利用高压高温蒸汽来进行热量传输。在给灭菌室输送蒸汽前，采用抽真空的方法来排出灭菌室内存在的空气后，再给灭菌室输送高温蒸汽，从而实现热消毒、灭菌的目的。产品结构见图 15-11。

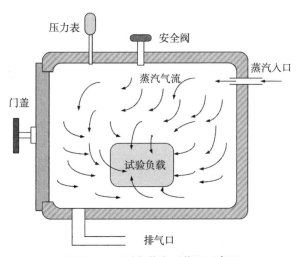

图 15-11　压力蒸汽灭菌器示意图

压力蒸汽灭菌器的结构并不复杂，需要产生高温蒸汽的部件，然后输送到灭菌室，在灭菌室内都是高温高压气体，灭菌完毕后，把这些气体安全地排出灭菌室。为了能充分进行灭菌，充、排蒸汽的动作需要重复若干次。

2. 相关的特定安全防护

对压力蒸汽灭菌器来说，需要特别考虑的是温度、高压气体及门的防护。

（1）温度的防护

在灭菌器的表面，门、盖和周边都是容易被触及的，内部高温传导到外部时，会使触及的人员受到烫伤的危险。为了防止高温出现，需要对外壳进行隔热措施，以使正常条件下达到表15-9温度的要求。并且在单一故障条件下，外表温度也不能超过105℃。

表 15-9 正常条件下灭菌器表面温度限值

零部件	限值（℃）
1. 外壳的外表面	
①金属的	70
②非金属的	80
③正常使用时不可能被接触的小区域	100
2. 旋钮和手柄	
①金属的	55
②非金属的	70
③在正常使用时被短时间抓握的非金属零部件	85

灭菌器内部残余水排出可能会产生烫伤的危险，应该引起注意。

（2）高压防护

压力蒸汽灭菌器是一个压力源，在故障时瞬间释放大量的压力等同爆炸，是安全防护的重点。

①符合压力容器标准要求的灭菌室，需要取得我国压力容器相关的安全认证。

②需要设计一个过压安全装置，当管路和灭菌室内压力超过最大工作压力10%时，释放过大的压力。

③在灭菌室和相关管路中安装压力表，来实际检测压力的变化，这些与安全相关的指示应安装于操作人员容易看到的地方。

④在蒸汽输送或电源意外中断的情况下，不会导致安全系统的破坏。

（3）门的机械防护

门是灭菌器安全防护的重点，因为门是操作者必须触及和活动的部件，门体一般较薄，容易产生泄漏、高温及错误操作等，为了尽可能减少危害，门应该进行符合下面的一些防护。

①门的闭锁和制动机构在单一故障下不会引起可预见的危险，其螺纹部分应耐磨，符合ISO 2901~2904 的规定。

②电动门的防护

——门需要配备一个非自动复位的断路装置，当断路装置触发后，所有其他用于控制压缩气体、蒸汽、流体和密封物质的与安全相关的零部件返回安全条件；要求使用钥匙、编码或其他相关的方法来使断路装置复位。

——当自动门关闭时，可能受阻，当阻力大到一定程度时，如 150N，要设置反向运动程序，以免出现夹伤情况。

③门的联锁

——灭菌室的压力和容积的乘积大于或等于 5000kPa·L 时应设置一个联锁系统在灭菌室内的压力小于 20kPa 之前，防止门的限制压力部分发生部分释放而破坏密封性。

——设计一个程序，在灭菌室中的流体和负载温度低于其在环境大气压中的沸点 5K 之前无法将门打开。

——其他密封容器的联锁装置能保证在流体温度降低到安全值前不能被打开。

——可能存在人进入灭菌室的情况，应进行这样的防护：在灭菌室内设置可操作的紧急断路装置；如果移动了灭菌室内的部分负载物件，门会被阻止关闭。

三、医用离心机的防护

离心机利用物质在离心力场下发生的沉降运动，来实现物质的分离。离心机可以实现生物样品的分离、纯化或制备，是医学和生命科学研究中不可缺少的基础设备。

1.产品的工作原理和结构

混合的悬浮液在巨大的离心力作用下，由于物质的沉降系数或浮力密度的差异，使得这些悬浮的微小颗粒（如细胞、生物大分子等）以特定的速度沉降，从而使溶液中不同物质得以分离，颗粒的沉降速度取决于离心机的转速、颗粒的质量、大小和密度（图 15-12）。

产品要实现离心，就需要实现电动机的旋转，还有一些放置样品的架和相应的门盖等，见图 15-13。

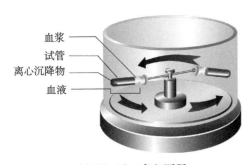

图 15-12　离心原理

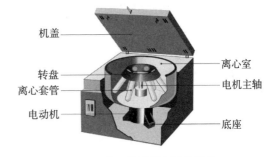

图 15-13　普通离心机的结构

2.特定的安全防护

实验室用离心机与其他设备区别的特别之处就是使用旋转的电机来实现生物细胞等的分离，这里主要的特定防护存在于两个方面：①高速运动部件对人造成的机械危害；②生物污染。可以采取以下的一些具体防范措施：

（1）规范操作的提示

错误的使用和不恰当的维护对带有高能量的旋转部件来说，会造成灾难性的后果，为了减少危害的出现，让人得到提示或良好的培训显得尤其重要。

①对于可由操作者更换的旋转部件，包括转头附近，应表明特定的供应商和型号。因为，

不匹配的部件在高速运转的情况下，可能会产生飞脱或摩擦过度等情况。

②对负载情况的一些说明，如体积和密度等。

③对分离物质限制的说明，因为危险程度不同需要不同防护等级，一台分离机不能分离所有的物质。

④对安装的一些说明，如平面和固定的要求，因为在不平的面上会使运动中的分离机出现危险。

⑤对操作过程中的一些说明，如对分离有毒微生物时更应该有严格的规定。

⑥设备维护的一些具体措施，如清洗过程的安全措施和密封圈的更换方法等。

（2）机械防护

机械防护是离心机主要的防护措施之一，为了防止高速转头产生危害，最好的方法就是把运动部件完全密封在设备内部，但这样不符合实际，操作者还需要对样品进行运转等处理。

①机盖防护：在实际情况中，即使是限制旋转的频率和限制旋转部件的能量都不能实现安全，只能利用机盖的形式来实现对操作者的安全防护，对于高能大型的和能量较小的离心机，机盖的联锁装置要求有一定区别。

——高能离心机：对于运动速度高，转头较大的离心机，在工作时机盖必须保持紧锁，直至旋转组件圆周速率不高于2m/s时才能松开，如果断电，只能是使用工具才能打开紧锁机构。

——低能离心机：由于离心机的使用量大，全部采取紧锁机构来达到安全防护会增加额外的复杂性，但也不会把危险明显减少。对于能力较低的离心机，可以采取更加方便也同样安全的防护措施。低能离心机是指通过对旋转频率（3600r/min）、离心力（2000g）、旋转组件能量（1kJ）和转头直径（250mm）的限制来实现。

对于低能离心机，可用断开电源的方式来替代联锁机构，如使用霍尔原理来切断电机电源。对于机盖轻微打开，但霍尔元件没有动作时，可以通过增加声压级来警示运动部件外露或利用空气流使悬摆物体（如领带、头发等）远离旋转部件。

②外壳的防护：对旋转部件造成的危害，除了使用机盖的联锁等方式来实现防护之外，一些通往离心腔的缝隙也会存在危害。例如：离心机盖上的小孔，人身上佩戴的饰物可以通过它到达内部，从而产生危害，对于顶部的小孔，直径不能超过4mm。对于离心机周围和底部的小孔，要避免人的手指进入，可以用试验指来检验其安全性。

③飞脱零部件的防护：在高速运转的离心机中，可能会产生零部件或碎片飞脱出来的情况，对于飞出来的零部件，如果直径达到1.5mm，即可能产生较高的危险。在密封的盖和壁当中，需要考虑这些飞脱零部件的防护要求。

（3）生物污染的防护

在整个离心过程，包括样品的装载和卸载时都不能造成有害物质逸出，从而导致危害。对于分离微生物的分离机，提倡使用带密封圈的离心管套和转头，密封圈可以阻止液滴和气雾的逸出，以便为工作人员和环境提供充分的防护。但仅仅提供密封圈还是不足够的，因为当密封圈由于磨损而影响密封效果时，还是有危险的存在，应该有关于密封圈和其他相关零部件的进一步的说明。

第十六章
范例及问答

本章主要列举一些具体的例子和问题，有些事例不一定很复杂，但却因其经常出现而容易被忽视，以致造成危害。

第一节 安全设计范例

1. 设备可用性设计 1

【情景描述】

在某三甲医院的急诊部，设备科工程师正进行例行的工作检查。一位护士见到维护工程师，连忙拉住那位工程师说："我科室新购的一台心电图机坏了，连电都通不了。"维护工程师把心电图机接上网电源，打开电源开关，再按控制面板的软开关，完全能够正常使用。

【分析】

原来该心电图机把电源开关设计于电源输入插口下面，完全被电源连接器遮挡住。护士之前所熟悉的心电图机是没有电源开关的，只有控制面板的软开关，她以为所有心电图机都应该是这样，找不到这台心电图机的电源开关也就很正常。但如果事情发生于急救时，后果就会相当严重。

【结论】

产品结构的适用性应该进行风险评估和上市后的调研。

2. 可用性设计 2

【情景描述】

某位妇女带着 10 岁的儿子到医院看望病重住院的女儿，到了病房后，母亲忙着为女儿倒水盛饭。儿子看到病房的电视正放着新闻节目，他拿起床头柜上的无线遥控器走到电视机前想换自己喜欢看的节目，但是无论怎么按电视机都没有反应，而他身后姐姐的病床却忽上忽下的快速运动着。

【分析】

电动病床的无线遥控器增加了患者和医护人员的空间控制距离，但误操作的概率也随着便利性的提高而提高。

【结论】

电动病床的控制不能脱离医生和患者的控制，固定式控制器或带有一定长度的软线控制器是可行的方式。

3.可用性设计 3

【情景描述】

某三甲医院的口腔科，使用了数台进口的牙科综合治疗台，计量检测单位在进行口腔灯亮度检测时，发现没有亮度的调节装置。作为先进的进口设备，他们认为不可能没有亮度调节装置，检查了整台设备，没有发现相关的开关或调节旋钮，询问该科的主任医师，他说从来没有调过亮度，应该是不可调的。护士长说，设备刚安装时培训好像有亮度调节的，但后来忘了怎么开。让设备科人员调设备的说明书，发现说明书资料暂时找不到。打算把这事情押后研究时，发现附近的一台牙科综合治疗台口腔灯悬吊装置上的指示灯和被检设备不一致，被检设备为淡淡的绿色灯光，而附近牙科综合治疗台为淡淡黄色灯光。用手轻轻一摸，指示灯的颜色发生改变，口腔灯的亮度也发生了改变，原来以为是通电的指示灯却是亮度调节的器件（图 16-1 ）。

图 16-1　口腔灯亮度开关

【分析】

这个例子暴露出两个问题：

（1）培训失效。

（2）设计不合理。轻触开关是先进技术，方便了医生的操作，但由于新技术有别传统的技术。在医护人员的意识没有跟上的情况下，产品的超前设计反而影响设备的正常使用。

【结论】

医用电气设备的设计应不能违反人的使用习惯。

4.意外造成过量输出

【情景描述】

某医院的一款中频刺激器，护士反映该产品的输出强度调节器设计不合理，会产生患者意外受到电击的情况。

【分析】

这款刺激器的输出强度调节为机械电位旋钮调节，上一位患者治疗结束后，如果不把强度调节到零位，下一位患者接上电极后，一按治疗输出键就会出现与上一位患者同样强度的电流。当护士不够专心时常出现这样的情况。

【结论】

带有能量输出的设备，在一个治疗程序结束后，启动下一次程序时，应有能量输出值的再确认提示，或自动复位。

5.散热设计不合理

【情景描述】

某三甲医院的医疗康复科，有一台正在使用的超短波治疗仪的背板被拆除，内部的带电电路和短波灯管完全裸露。问及为什么这样使用？医生回答是这台设备购买回来后，发现灯管经常被烧毁，制造商检查发现散热效果不好，就把后盖拆下来散热。

【分析】

这样操作会有两个方面的问题：

（1）医护人员、患者和患者家属触电的风险增加。

（2）在设备附近的人员受到短波辐射的量大大增强。

【结论】

对产生热量较大的设备，应在设计前进行散热效果的评估，采用改善结构或是增加冷却的措施来保障安全。

6. 应用部分的分类有误

【情景描述】

某中医院理疗科的骨伤治疗仪，应用部分有电流等能量输出，属于电刺激类设备，其安全分类为 B 型应用部分。

【分析】

设计人员对应用部分防电击的概念不清楚。

【结论】

对于具有能量输出的应用部分，设计为 F 型应用部分较为合适。因为患者接地是正常状态，B 型应用部分的电流可能与地形成回路，在这种情况下，电流的通路可能发生了改变。

7. 设备自身保护的能力

【情景描述】

上述同一台设备，具有一个磁场输出的应用部分，该应用部分体积约为 10cm × 1.5cm × 3cm 的椭圆，重量约 0.5kg，使用硬质塑料作为应用部分的外壳。外壳没有任何其他的防跌落的措施，也没有任何的提示标记。使用约 1 年时间，已经发现外壳有破裂的现象。

【分析】

这种用软线和主机连接的手持式部件，在使用过程中很容易跌落，医院的硬质地面会造成这些部件的破裂，从而引来伤害。

【结论】

跌落概率较大的设备或者设备部件，其外壳应有较好的防冲击性能，或者使用警告的语言提示使用者。

8. 容易导致误操作

【情景描述】

某三甲医院的一台牵引床，电源开关设在平面的控制面板上，见图 16-2。

【分析】

这样设计容易造成如下的风险：

（1）电源开关位于操控设备的面板上，而且开关高于面

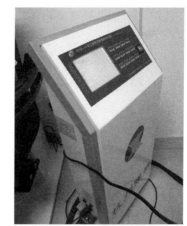

图 16-2 牵引床控制台

板，容易造成误操作而导致电源中断。

（2）控制面板上有很多软开关，绝缘薄膜触压次数多之后会破裂，网电源的电压被触及的可能性增加。

（3）电源开关与电源输出口距离较远，即使适用电源开关切断电源，设备内部还有较长的带电电路，而且这个带电电路一直延伸到控制面板上。

【结论】

建议把电源开关设置在电源输出端附件，减少网电电路在设备内距离及误操作的可能。而且电源开关适用的频次不多，不会影响效率。

9. 电源插头的选择

【情景描述】

检查医院的进口医疗设备发现，很多设备的电源插头符合生产国标准的电源插头，但不适合国内使用，见图16-3。

图 16-3　不符合国标的电源插头

【分析】

图16-3中左边的电源插头，正品型三插结构，国内只有万能电源插座才能顺利插进，而万能插座本身就是不符合我国相关标准的产品。对于经常变换使用环境的设备，则可能出现找不到相应电源插口的可能性。图16-3右边为一台进口的高频手术刀设备的电源插头，检查时发现有些医院没有为该设备配备匹配的电源插座，造成进行手术治疗时设备没有保护接地，常常出现患者皮肤被烧伤的现象。

【结论】

进口设备所用的电源插头，包括电源软电线，必须符合中国相关的标准要求，而且需要取得中国强制性产品认证（CCC）认证。

10. 标记

【情景描述】

在对医院使用中的设备进行检查时发现，其外部标记有应用不恰当之处，见图16-4~图16-6：

【分析】

外部标记是告诉相关人员设备的信息，与安全性密切相关。对外部标记的要求，一般有以下4点。

（1）标记信息的齐全性。

（2）标记的耐久性，包括不容易被腐蚀、脱落和被擦掉，图16-4所示，使用仅2年的外部铭牌外角已经翘起，粘胶的黏性已经失效。

（3）外部标记所用的语言选择。对标准来说，国家标准多是等同采用国际标准，国际标准不会强调使用某种语言。但是真正使用过程中，一些警告性的语句，很多医护人员不能读懂，这就降低了设备的安全性。根据《中华人民共和国产品质量法》的要求，产品名称、制造商、生产地址、警告性说明必须使用中文。图16-5中所示的警告性语句，部分医护人员可能不会马上理解。

（4）符号和文字的颜色的规范性。图16-6所示，文字和底色的反差不大，造成读取信息困难，而且警告性说明不符合国家标准的要求。

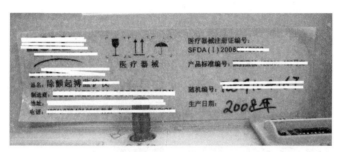

图16-4　外部标记

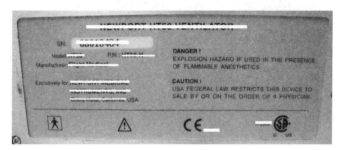

图16-5　外部标记

图16-6　外部标记

【结论】

外部标记要符合3种要求：①法规和标准；②方便操作者观看；③耐腐蚀。

11. 电源软电线弯曲的防止

【情景描述】

大量在使用的医用电气设备的电源软电线输出口没有防护套，见图 16-7。

【分析】

电源软线属于柔性器件，设备在使用时，电源软线与水平面的夹角会比较小；当电源软线不接网电时，在自身重力作用下，会与水平成较大夹角往下垂。使用次数多后，大幅度的弯折会导致靠近设备入口处软线的外部绝缘体出现裂痕和内部导体发生断裂，造成绝缘能力下降，电传导性能不良，发热量增大和保护接地中断等现象（图 16-7）。

【结论】

为了减少电源软线的弯折，可以使用添加软电线绝缘防护套的方式来实现。防护套可以加强该点的绝缘性能，也能减少下垂时和水平面的夹角，从而延长了电源软线的使用寿命（图16-8）。除了电源软电线外，一些带软线的应用部分也应使用软电线护套。

图 16-7　不加软电线　　　图 16-8　使用软电线

防护套的设备　　　　　防护套的设备

12. 熔断器座的选择

【情景描述】

对医院所使用的设备进行检查时发现，有一部分设备使用了图 16-9 中所示的熔断器座。

图 16-9　熔断器座 1

【分析】

图 16-9 所示的熔断器座被打开后，见图 16-10a，手指能触摸到带电部分，带电部分和外

壳之间的爬电距离约为 3mm，不符合带电部分与外壳之间双重绝缘 8mm（2MOOP 时为 4.4mm）的要求。

【结论】

使用图 16-10a 型式的熔断器座不符合安全要求。图 16-10b 熔断器座被打开后，手指碰不到带电部件，带电部分和外壳的爬电距离为 12mm，符合双重防护距离的要求。

a   b

图 16-10　熔断器座 2

13. 软电线的固定

【情景描述】

在对一些设备进行内部结构检查时发现，内部布线凌乱，随意性很大，如某台激光治疗仪的内部结构，见图 16-11。

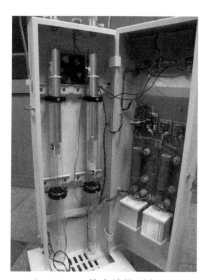

图 16-11　软电线的固定图示

【分析】

图 16-11 中的电线固定多用焊锡固定，焊锡在受热受力情况下的脱落可能性很大，当某一条软线脱落后，电线可能会触及外部的金属部件（注：该设备全部使用金属外壳），就会使外

壳的金属部件带电。

【结论】

如果使用扎带把两条或多条软线捆在一起，即使出现脱落的现象，脱落的软线活动空间受限，触及金属部件的可能性就会降低（图 16-12）。

图 16-12 软电线的固定图示

第二节 使用过程范例

1. 患者、医生和供应商的利益妥协

【情景描述】

某三甲医院的口腔科，进行口腔灯的亮度检测时，发现最高亮度才 4000lx。检查后发现灯罩堆积的灰尘较多，经过清洗后，亮度达到 10000lx，距离行业和 ISO 标准对口腔灯最大亮度 15000lx 的要求还相差比较大。经咨询供应商，供应商说因为医生认为亮度太高，眼睛容易疲惫，建议把亮度降了下来，经与相关的医生核实，情况是真实的。

【分析】

这反映出两个问题：

（1）在日常维护中，没有保持清洁，以致亮度降低了一半以上。

（2）如果在进行口腔手术中，4000lx 是否能满足要求？供应商为了利益，可以满足医生的要求，在这三者当中，只有患者没有话语权。

【结论】

从上述例子可以看出，日常清洁维护的重要性和暴露出标准是否真的合理等问题。

2. 保护接地系统没有保障

【情景描述】

经调查多家三甲医院的保护接地的情况发现，在大城市的大医院用电安全性也不一定能保障。如发现多数医院都存在某些电路没有接地系统。例如：高频电刀没有接地，一些理疗室的电源系统没有接地线。在问及某家三甲医院理疗科主任为什么会出现这种情况，他回答："这个科室的电源后来改装过，请的是外面电工队安装的，我见到插座有三个插口，一直以为是有保护接地的。"

【分析】

不少医务人员对电气设备的安全性缺乏深刻的认识，只要设备能动就认为是正常状态。对于保护接地等较专业的问题，竟不理会。上述例子应引起注意，在设备安装时，检查保护接地系统的连续性很重要。

【结论】

保护接地系统属于建筑物电气系统范围，但供应商在提供产品时，理应检查医院的环境是否与设备相匹配，使用者也应对自己的环境设施有清晰的了解。基于这些基础之上，设备才能得到安全的使用。

3. 脚轮没有被锁定

【情景描述】

在某三甲医院的高级病房，所用的医用电气设备均为品牌的进口设备，在一个监护病房中，发现带车架的监护仪的脚轮没有被紧锁。当时心电电极等应用部分是接在患者身上，如果有人无意碰了车子或地板不平，车子会滑动。

【分析】

缺乏培训。

【结论】

增加培训内容，以达到安全使用。

4. 应用部分的防电击类型匹配

【情景描述】

在某医院对一可进行心脏彩超的超声诊断仪的检查中发现，设备上超声探头端口附近标记了 CF 的防电击程度标记，在超声探头上的标记为 BF。

【分析】

这款设备的设计预期目的是应用于心脏部位，设计的防电击能力也为 CF 型应用部分，但因供应商为降低成本，竟更换了探头，降低了产品的安全性。

【结论】

在采购设备时，需要了解产品的具体用途和安全要求，以免在更换配件后，性能和安全均发生较大改变。

5. 设备受损后继续使用

【情景描述】

某诊所的 B 超设备，在检查中发现 B 超探头已经破裂，受损严重。咨询使用的医生，他们在使用中确实有触电的感觉，但为了节省成本，就继续使用。

【分析】

超声探头受损后，内部的超声耦合材料可能松动，成像效果下降，造成误诊的可能性升高。这台 B 超当时的成像分辨率达不到国家标准的要求。

【结论】

对明显受损的设备，责任主要在使用方。及时更换是唯一办法。

6. 拆除安全防护器件

【情景描述】

某三甲医院的理疗室，检查中发现牵引床没有配备患者解除拉力的紧急按键。查问相关医生，他们说设备是有配备紧急按键的，但认为一般不会出现拉力过大的情况，而且这个带软线的按键容易被摔坏，损坏后要科室负责，所以把这些部件给拆除了。

【分析】

由于牵引的时间较长，医护人员离开控制台去处理其他事情是可能的，当出现牵引力过大时，由于紧急按键这一保护用器件没有安装。失去了患者自身解除压力的最佳选择。

【结论】

涉及到安全的部件不能拆除。

7. 医护人员对设备的过度信赖

【情景描述】

在对某三甲医院的牵引床进行牵引力准确度的检验中，该医院理疗科主任选择了一台他们认为最新的使用频率最高的牵引床进行检验，在牵引力为 200N 以上，设定牵引力和检测的牵引力偏差约 100N，假如设定为 300N，实际的牵引力会到 400N。

询问医生，在治疗中有没有出现过患者感觉不舒服的申诉，他们回答会有一些，但认为情况不严重，应该属于正常事情。

【分析】

医生从来没有怀疑设备的精度有任何问题，因为设定多少，最后数字显示也是多少，认为牵引力非常准确。牵引床使用两年来，没有进行过维修和校正。

【结论】

医生过度相信设备，这也反映出定期维护和周期校正的重要性。

第三节　安全标准问题的理解

本节中所提到的标准均指 GB 9706.1—2020《医用电气设备　第 1 部分：基本安全和基本性能的通用要求》。

1. 可用电器充电的内部电源设备应如何分类？

答：边充电边工作时属Ⅱ类设备，不充电进行工作时属内部电源类。如果设备在充电时不能工作，此时不属于医用电气设备。

2. 电源开关（标记 Ⅰ、0）是否只能用于断开网电源？依据是什么？

答：GB 9706.1—2020 中标记 Ⅰ、0 的电源开关通断符号来源于 IEC 60417-5007 和 IEC 60417-5008，该对符号明确用于网电源的通断。

3. 对于射频治疗仪，考虑应用部分与外壳之间的电介质强度时，因其应用部分输出频率一般为 kHz 或 MHz，按标准其试验电压的频率应等于应用部分输出的频率。实际上并没有那么高频的耐压测试仪，如何解决这个问题？

答：用网电源的频率进行试验，也可以使用直流电压等于交流峰值电压进行试验。

4. GB 9706.1 电介质强度击穿中没有提到"整定电流"（如 IEC 60335 中对整定电流是有要求的），请问目前耐压测试仪击穿的标准是什么？

答：GB 9706.1 中的确没有对"整定电流"的要求，一般检测机构把数值设定为 20mA，主要用于保护耐压测试仪。

5. 无电气连接的应用部分，其患者漏电流和 2MOPP 是否适用？

答：无电气连接的应用部分（如血压计），在不能确定其材料的情况下，患者漏电流和 2MOPP 适用。

6. 电介质强度试验中，设备上的软开关需要闭合？

答：不需闭合。

7. 内部电源类设备，电流反相时需要检测其漏电流？

答：电池的反接主要考虑是否会存在着火或爆炸的危险，对漏电流可认为不构成影响。

8. 如何定义标准条款 9.5 中的飞溅物？

答：飞溅物出现在机械危害一章，主要是指一些机械硬物（如金属块、玻璃片、冰等）飞溅到人体上可能造成损伤，高温的水也包括在内。

9. 标准条款 15.4.6.2 中，旋转控制器的扭矩是否只对有限位的旋钮有要求，对无限位的旋钮不适用？

答：是的，旋转控制器的扭矩只对有限位的旋钮有要求。

10. 标准条款 15.5.3 电源变压器的结构中描述"环形铁芯变压器内部绕组的导线引出线，应有两层套管以满足两重防护措施的要求，并且总厚度至少达到 0.3mm，并伸出绕组外至少 20mm"，这里要求的套管"应有两层套管以满足两重防护措施的要求，并且总厚度至少达到 0.3mm"，那么单层的加强绝缘套管是否也符合要求？

答：不能用"单层符合加强绝缘要求，总厚度至少为 0.3mm 的套管"替换。因为绝缘材料不仅在电应力方面有要求，其机械结构也有要求。虽然双重绝缘与加强绝缘对电击的防护程度相当，但在机械结构上加强绝缘并不是双重绝缘简单的叠加，当受到相同的机械应力时，其受力情况并不相同。

11. IEC 60601-1 与 IEC 60950 的关系？

答：图 16-13 为 IEC 60601-1 的大致结构框图。图中表明，与操作者接触但不与患者接触的部件只须符合 IEC 60950 的要求，称为操作者保护方式；与患者接触的部件必须满足 IEC 60601-1 的要求，称为患者保护方式。

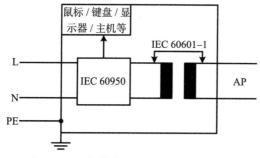

图 16-13　操作者和患者的安全防护要求

12. 温升试验应检测设备部位？

答：温升试验时要测量的部位一般为：应用部分、外壳、易发热的元件（功率＞15W或能耗＞900J）。

以血液透析装置为例：

（1）设备内部的电机可单独进行过载、堵转的绕组温升；暴露在设备外部的电机须和整机一起进行温升试验，试验方法均采用电阻法，绕组温度也可用热电偶测量，但限值应减小10℃。

（2）电磁阀可单独在正常状态和单一故障状态下测量绕组温升。做过认证的电磁阀可免测，但认证的依据须为针对GB 9706.1要求的标准。

（3）设备内的电源变压器单一故障时可单独通过短路、过载测量绕组温升；正常状态下，和整机一起试验。

（4）内部电路的光耦、高频变压器、可控硅、电容、功率二极管、功率三极管、功率电阻等，和整机一起试验。

（5）CPU；虽然GB 9706.1标准中并没有对CPU的温度有规定，但是由于CPU为高速运行元件，其发热量高，因此必须不能超过CPU的额定温度。

（6）可充电电池应分别在充电和不充电两种状态下测量，和整机一起试验。

（7）元件的温升布点图示（图16-14）：黑色点代表热电偶。

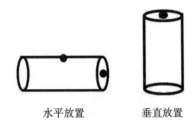

水平放置　　　　垂直放置

图16-14　温升布点示意图

13. 串接在相反极性间和电源线与地之间的电容是否要进行故障试验？

答：网电源相反极性间使用经过认证的X_1、X_2电容或用在低压电路中经过认证的Y_1、Y_2电容不需要模拟元件的单一故障测试。

14. PCB板上的爬电距离和电气间隙如何测量？

答：若PCB板经过认证，则测量焊盘之间最短的距离；没有认证过的PCB，其布线之间的距离也要测量，以检查PCB的绝缘涂层能否达到要求。

15. 设备上电位器应使用什么样的材料？

答：设备上电位器的可触及调节杆最好使用塑料的。如果使用金属杆，应保护接地或用17g的一种方法进行隔离；否则，加网电压在其上，测量漏电流。

16. 除颤器的风险分析？

答：对于除颤器，从防触电的角度来说永远不是安全的，只能在设计上尽量减小触电的可能性，而仍然很难降低到满意的程度。但对比受益与危害，这种风险是可以接受的。

17. 防火（案例）

答：通风装置应使设备内部的氧浓度＜25%，在单一故障状态下这个数值也须得到保证。方法主要有：

（1）采用一个风扇和一个传感器的结构。单一故障状态时，堵转风扇，当氧浓度超标时，传感器须反馈并由设备发出报警。

（2）同时使用两个风扇，并确保独立一个风扇工作时也能使氧浓度 < 25%。

18. 医用无线传输系统（如蓝牙设备）是否认为具有信号传输部分（SIP／SOP）？

答：无线传输技术使两台设备之间无任何电气连接，在故障时不会导致其意外接触外来电压，不认为其有传统的信号传输部分。通常这种设备采用 IEC60601-1-4 医用可编程电气系统来考核其安全性能（如数据传输的可靠性）。

19. 在心电图机的应用部分，装有气体放电管，在进行电介质强度试验时该保护器显然会击穿，请问，是否判该产品绝缘设计不合格？电介质强度试验时可否把该保护器断开？

答：首先，按惯例，该保护器应该取得认证或批准。在此前提下，电介质强度试验时可以将该保护器从电路中断开。

20. 认证过的开关电源（SMPS）还需要进行测试吗？

经过 IEC 60601-1 标准认证的 SMPS，可不单独进行故障试验，在整机测试时，还需要在其输出端过载和短路，理由是独立认证的 SMPS 所处的环境与在设备内所处的环境不一致。

21. 直流电机发生反转情况？

答：（1）定子充磁充反方向（如夹具无定位或防错，经常会出现）。

（2）转子挂错钩（错的机会不大，要不就是大批量了）。

（3）电源线接反。

22. 开关电源变压器次级输出的电压较高时，电压超过 SELV 电路的要求，但开关电源的输出端电压落在 SELV 电路的范围，如何进行判定？

答：可以进行这样的处理。选择实现 SELV 的元件进行开路和短路故障试验，看输出是否会超出 SELV 限值，如果不会超，则输出部分仍判断为 SELV 电路。其实，即使输出不超过 SELV，也仅能把输出端的部分当作 SELV，不是把整个次级电路都当作 SELV。

23. 功率小于 15W 的电路可以免除单一故障试验吗？

答：标准指出在正常状态和非正常状态下，设备的功率均小于 15W 或能耗小于 900J 时，免于进行单一故障测试。由于设备在非正常状态下的功率是不可预测的，因此单一故障的测试是必须的。

24. 关于锂电池和充电器的要求？

答：锂电池容易发生安全方面的危险，因此，锂电池应单独获取相关标准的认证。外部的电池充电器当作附件时，建议单独获取相关标准的认证。

25. 如果制造商规定 SIP/SOP 只能同与设备随附文件中规定要求相符的设备相连时，二次回路与 SIP/SOP 之间的隔离不需单独检验。

26. 功率的测量应考虑在待机状态（stand by）下进行，例如：蓝牙/红外设备，在待机搜索其他设备时，功率将会出现最大值。

27. 温升试验应在设备最大功率点进行，用 4.11 条款所测量的数据（最大功率值）来确定设备的温升是在最不利的状态下获得。

28. 标准条款 8.4.4 的意义是什么？

答：主要是考核高压电容，目的是对维修人员的防护。开关电源的高压电容应有内部标志，断电后仍有三百多伏的直流电压。

29. 防除颤检验的主要目的是什么?

答：主要考核的是次级与应用部分之间的耦合电容。主要的考核点是 SIP/SOP，导联线是否应该用金属箔包绕来测量，还存在分歧。部分认证机构认为可以把整个心电导联看成是应用部分来规避此问题。

30. 开关电源相关试验有那些?

答：（1）吸收电路的中二极管短接，测量吸收电阻的温度。

（2）轮流短接次级半波整流的二极管、滤波电容、过压保护电路中的分压电阻、过流保护电路中的取样电阻，用示波器监测开关电源的输出端，如果输出电压超出 SELV，则判定试验失败。

（3）若开关电源初、次级间跨接 Y 电容（主要形式为 Y_1 或两个 Y_2 电容串联），则要测量其接触电流（假设人触及输出端的情况，漏电流从初级流过 Y 电容经人到大地），测量电路为 MD 一端接开关电源输出端，另一端接大地，结果不得超过容许的接触电流值。

（4）开关电源高频变压器原、副边的绝缘参考电压，应用示波器测量，测量的峰值电压的 1/1.4 倍为有效值。进行电介质强度和爬电距离/电气间隙试验时，参考电压为上述有效值，而不应是网电的电压。

（5）开关电源的短路和过载应在高频变压器输出的整流管端进行，与在开关电源的输出端测试相比，前者更为苛刻，因为前者的试验旁路了开关电源的过流和（或）过压保护电路。

（6）测量开关电源初、次级间的爬电距离和电气间隙时，对次级的元器件往初级方向施加一定的力，这可能使爬电距离和电气间隙降低。对于跨接在 PCB 开槽上的元器件，其外壳不应紧贴 PCB 板，否则增加爬电距离和电气间隙的开槽被认为失效。

（7）热电偶温升布点：电容（整流滤波电容/跨接初次级间的 Y 电容）、高频变压器（骨架和绕组）、PCB 板（开关管散热器焊盘附近）、电源输入/输出塑料端子、光耦、电感、扼流圈骨架等。

（8）球压试验（支撑未绝缘的网电源部件的绝缘材料）对象：扼流圈（choke）的绝缘骨架，变压器的绝缘骨架，电源输入/输出塑料端子等，试验温度为 125℃ ±2℃或使用技术说明书中列出的环境温度（见标准条款 7.9.3.1）±2℃加上 11.1 试验中测量所得的有关部分的温升，取二者中的较大值。

（9）高频变压器应进行变压器的结构检查。

（10）SFC 状态下使外部电网失效应判为不合格，因为此动作可能会使正在治疗其他患者的设备断电。

31. 环形变压器初、次级间爬电距离如何测量?

答：环形变压器初、次级间爬电距离测量的例子见图 16-15。

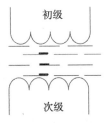

图 16-15　环形变压器初、次级间爬电距离测量的例子
中间虚线为初次级间的绝缘带，灰色粗线为爬电距离的有效路径，实际上是绝缘带的重叠部分

32. 标准条款 8.10.2：绞线用任何夹紧件固定时不应搪锡的意义？

答：这是因为焊锡会随着时间的变化而发生性质的变化，可能导致绞线脱出夹紧件。而且夹紧件与搪锡的导线间可能会出现接触不良。

33. 设备的型式试验要求在变压器过载试验后测试电介质强度。过载试验本身是否能够检验不存在安全危险？

答：单纯进行过载试验不能证明不存在安全危险，如果怀疑绝缘的完整性（有关温度限值），那么应当在过载试验后进行重复的电介质强度试验。

34. 次级电路过电流保护装置是电源变压器二级侧的首个活动元器件。短路试验是在熔断器前面还是后面进行？

答：如果在次级过电流保护装置前存在短路的可能性（即绕组或分离布线之间基本绝缘出现故障），则应在布线从变压器的出口处进行短路试验。

35. 实际上，多数产品的 SIP/SOP 端口都被制造成可使用标准试验指触及，或是带电部分与标准试验指之间的电气间隙和爬电距离达不到基本绝缘。这意味着 SIP/SOP 的带电部分被视作外壳的一部分，所以应测量相应的接触电流。因此，很多现行的标准 SIP/SOP 不能符合该标准的要求。那么，对于（接地）电压不超过 25V 直流电或 60V 直流电的、带可触及带电部件的 SIP/SOP 是否应作出让步？

答：对于操作者来说，如果可以避免操作者与患者同时接触，则接触电压不超过交流 42.4V 峰值或直流 60V 不视为存在危险。在治疗中，同时接触患者和 SIP/SOP 的可能性是非常低的。如果使用说明书指示操作者不得同时接触此类元器件和患者，则具有可触及带电部件以及不超过交流 42.4V 峰值或直流 60V 的 SIP/SOP 是可以接受的。

36. 锂电池一般用于存储器备份。如果此类电池由训练不足的人焊接在原位，则可能有爆炸的危险。

答：IEC 60950 标准有所规定，建议技术说明书应对此作出额外说明以引起重视。

37. 一些设计用于急救车、并从车辆直流电源操作的设备，将电源的负极端与外壳相连。这可否接受？

答：一般情况下，由于车辆的直流电源负极通常与车辆底盘相连，而这一极不能带电。但是，当电源插头或者电源连接器被误接而导致设备外壳承载电源的满电压时，这种可能性仍然存在。也有可能出现电源负极中断，导致接触电流过大。尽管这可以通过保护接地导线加以避免，然后保护接地导线必须承载连续的满载荷电流，但是这种情况并不常见。

38. 未被发现的故障应被视为正常状态（NC）还是单一故障状态（SFC）？

答：如果故障未能被发现（例如：通过周期性检验、维护、自动测试等方式），不得视为单一故障状态。故障检测的时间周期取决于风险分析。

39. 是否允许使用正温度系数装置（PTC）作为保护装置，并且怎样进行过载试验？

答：允许，PTC 依据 IEC 60730-1:2010 中第 15 章、第 17 章、J.15 和 J.17 的相关条款来验证。

40. 随附文件是否能够以 CD-ROM 或电子文件的格式提供？

答：如果用户接受，同意随附文件以电子文件格式提供。但应注意至少有关安全因素的部分应便于在正常使用过程中被查阅，而不需中断临床程序。风险分析将指出是否需要文本以应付紧急情况，如电力供应出现故障。

41. IEC 60601—1 中没有定义手术室。是否每个进行医学干预的房间均可视为手术室？如果是，医院内的多数房间都符合这项定义。这就意味着几乎每一个脚踏式控制装置必须为 IPX8？

答：GB 9706.1—2007 对脚踏开关 IPX8 的等级要求仅仅是"比 IPX7 更好的保护"，在 GB 9706.1—2020 中，在通常不会有液体的地板上使用的设备，因考虑到可能会发生变湿的情况，脚踏开关应至少达到 GB/T 4208 的 IPX1 的要求，而应用于如急救室或外科手术室这些地面上可能出现液体的区域，且含有电路的脚踏控制装置的外壳应至少达到 GB/T 4208 的 IPX6 的要求。

42. 什么叫型式试验？

答：对设备中有代表性的样品所进行试验，其目的是为了确定所设计和制造的设备是否能满足标准的要求。

43. 规格和型号的区别？

答：规格是指同一品种或同一型号的产品按尺寸、重量、功率或其他有关参数划分的类别。型号是指用字母、数字等表示产品型式、规格的一种符号。

44. 对 Ⅱ 类设备，电源线颜色需要如何区分？

答：导线色标的目的是区分导线的作用，为维修安装等用的。Ⅱ 类设备的导线没有相线和中性线之分，所以没有必要使用有固定色标的导线。但应符合 GB/T 5013.1 或 GB/T 5023.1 的要求。

45. 输出频率对外部标记有没有要求？

答：首先要了解输出的目的作用是什么。如果标记不清会导致连接错误，那应该把频率等信息标记出来，如为其他设备供电或部件供电的。例如：B 超设备，超声探头可更换的部件，2.5M 的输出接到 3.5M 的探头就会造成不良后果的，需要进行标记。但其他的一些功能输出，例如：低频治疗仪，输出频率可调，即使不可调，频率与安全相关不大，可以不标记。

46. 电源中断复位，如热疗仪，有热能量输出，是否合格？

答：电源中断后可能存在 5 种状态：①中断后恢复没有了输出；②维持原来的输出；③输出能量变低了（如降到最低档）；④输出能量变大了；⑤更改了治疗模式。标准原文提到"除预定功能中断外，不会发生安全方面的危险"。可以肯定，上述第一种情况标准是强调可以的；对于维持原来的输出则要根据标准的目的，不会发生安全方面的危险进行分析再判断。分析认为，只有最后两种情况才会产生意想不到的危害。

47. 设备电源中断后，应自动解除机械压力。但电动止血带在中断电源后，应否自动解除机械压力？

答：电源中断后应自动解除机械压力，是防止在电源恢复前的长时间里，组织被机械压迫而受到伤害。至于电动止血带，如果是断电后自动解除了压力，血液就会喷射出来，这种情况下解除压力的后果应该更严重。考虑到这些情况可以设计成能由人工解除压力的方式。

这里需要区分，产品的设计的目的是什么，是解除压力更安全还是不解除风险更低？这是设计人员应具有的风险分析能力，标准制定的目的也不是对所有产品进行一刀切。

48. 监护仪的液晶屏是否要求进行强度试验？

答：LCD 等平面显示器不用进行冲击试验（即强度试验），该试验应由 LCD 的单一故障试验下测量漏电流代替。

49. 保护接地阻抗试验要求 5~10 秒试验时间，试验结果是在何时读出？

答：标准要求是 5~10 秒。因为通电时间越长，导线因为发热而导致电阻的增大。主要是考虑到 5 秒时间足够引起熔断器的动作。

50. Ⅰ类设备的接触电流测试为什么要断开地呢？

答：这个也是Ⅰ类设备对地漏电流的量测的意义所在，当地线故障，人体充当了接地回路。

51. 闪络、飞弧和电晕放电这几种现象的区别？

答：（1）闪络与飞弧是同一种，不同的表述，是指两极之间的瞬间放电。

（2）电晕则是发生在一点之上的低电流放电（宏观的点）。

（3）发生闪络或飞弧之前一定有电晕存在，只不过时间很短，还没有达到觉察阶段。电晕也可单独发生。

52. 符合 GB 9706.1—2020 要求的风险管理文档需要考虑哪些方面的内容？

答：符合 GB 9706.1—2020 的风险管理文档需要按 YY/T 0316 要求建立风险管理程序、制定风险管理计划，并识别 GB 9706.1—2020 的危险源（生产和生产后信息除外），并采取足够的风险管理措施来降低风险，建议参考 OD–2044 文件。

53. 关于电压范围的标记问题，GB 9706.1—2020 文中 7.2.6 用了"~"，但该条款引用的国标 GB/T 17285—2009 里面却是用"–"，如何判定？还是按照原文的"~"符号？

答：该问题是编辑性问题，仍使用"–"。

第十七章
电磁兼容

电磁兼容是指医用电气设备和系统在电磁环境中能符合要求运行且不对该环境中任何事物构成不能承受的电磁骚扰的能力。医用电气设备和系统在使用过程中存在发射影响无线电业务、其他设备系统基本性能的电磁骚扰，也在电磁骚扰的环境中，受到来自无线电业务、其他设备和系统的干扰。因此，医用电气设备和系统需要符合电磁兼容标准要求，使得其基本安全与基本性能得到保障。

电磁兼容相关项目分为发射和抗扰度两部分。发射是指设备和系统向周围环境发射电磁能量，包括传导骚扰、电磁辐射骚扰、谐波失真、电压波动和闪烁。抗扰度是指设备和系统抵抗周围环境电磁骚扰的能力，测试项目包括静电放电、射频电磁场辐射、电快速瞬变脉冲群、浪涌、射频场感应的传导骚扰、电压暂降、短时中断和电压变化、工频磁场。本章从试验项目的目的、原理和限值或试验等级 3 个方面简述电磁兼容测试要求。

GB 4824 根据工作原理和使用环境的不同规定了电气设备的分组分类：依据设备是否产生或使用射频能量来确定分组，依据制造商声称的预期使用环境来确定分类，具体定义如下：

（1）设备的分组

——1 组包括除 2 组设备以外的其他设备。

——2 组包括以电磁辐射、感性 / 或容性耦合形式，有意产生或仅使用 9kHz~400GHz 频段内射频能量的，所有用于材料处理或检验 / 分析目的的工科医射频设备。

常见的医用电气设备属于 1 组，例如：心电图机、肌电图机、脑电图机、患者监护设备、超声诊断和治疗设备、牙科设备、输液泵、呼吸机等。只有少数设备属于 2 组，如磁共振成像系统、短波治疗设备、超短波治疗设备、微波治疗设备。

（2）设备的分类

——A 类设备是非家用和不直接连到住宅低压供电网设施中使用的设备。

——B 类设备是家用设备和直接连到住宅低压供电网设施中使用的设备。

A 类设备用于工业环境中，是预期连接到专用供电系统的。如果能提供必要的附加抑制措施，有关部门可以允许在家用设施或连接家用公共供电网的设施上安装和使用 A 类设备。B 类设备的使用环境则不拘于工业环境，还可在家庭、诊所等环境中使用。在电磁兼容测试中，A 类设备可由制造商提出在试验场地或现场测量，B 类设备应在试验场地进行测量。但由于受试设备本身（equipment under test，EUT）的大小、结构复杂程度和运行条件等因素，某些工科医设备可通过现场测量来判定其是否符合标准规定的骚扰限值。

第一节　发射试验

一、传导骚扰

传导骚扰是试验 EUT 在正常工作状态下通过电源线、信号线对周围环境产生的电磁骚扰能量，其测试频率范围主要为 9kHz~30MHz。

传导骚扰测试一般在屏蔽室内进行，测量时需在电源和受试设备之间插入一个人工电源网络。人工电源网络为 EUT 的电源端口测量点提供一个射频范围内的特定终端阻抗，隔离 EUT 与其试验电路上的环境噪声，并将骚扰电压耦合到测量接收机上的网络。

传导骚扰电压限值一般根据 EUT 在电磁环境中的预期用途来确定，也因电源类型、额定功率等因素有不同的要求。在试验场地测量时，9kHz~150kHz 频段未规定传导骚扰电压限值，150kHz~30MHz 频段内的 1 组设备低压交流电源端口骚扰电压限值见表 17-1 和表 17-2。

表 17-1　在试验场地测量时，1 组 A 类设备的骚扰电压限值（交流电源端口）

频段 （MHz）	额定功率 ≤ 20kVA		20kVA ＜额定功率 ≤ 75kVA		额定功率＞ 75kVA	
	准峰值 dB （μV）	平均值 dB （μV）	准峰值 dB（μV）	平均值 dB（μV）	准峰值 dB （μV）	平均值 dB （μV）
0.15~0.50	79	66	100	90	130	120
0.50~5	73	60	86	76	125	115
5~30	73	60	90~73 随频率的对数 呈线性减小	80~60 随频率的对数 呈线性减小	115	105

注：1. 在过渡频率上采用较严格的限值。
　　2. 对于单独连接到中性点不接地或经高阻抗接地的工业配电网的 A 类设备，可应用额定功率大于 75kVA 设备的限值，不论其实际功率大小。

表 17-2　在试验场地测量时，1 组 B 类设备的骚扰电压限值（交流电源端口）

频段（MHz）	准峰值 dB（μV）	平均值 dB（μV）
0.15~0.50	66~56 随频率的对数呈线性减小	56~46 随频率的对数呈线性减小
0.50~5	56	46
5~30	60	50

注：在过渡频率上采用较严格的限值。

表 17-1 和表 17-2 仅提供交流电源供电的 1 组设备在试验场地测量的传导骚扰电压限值，其他类型的 EUT 传导骚扰电压限值本章节不进行介绍。另外，在现场测量条件下，不要求对 1 组 A 类和 2 组设备进行传导骚扰评估。

二、电磁辐射骚扰

电磁辐射骚扰是指设备和系统的能量以电磁波形式发射到周围环境，为评价其是否对周围环境中的设备或系统造成影响，可通过测试辐射骚扰来确认是否满足标准限值要求。

　　电磁辐射骚扰可在开阔试验场地、半电波暗室或全电波暗室进行试验。在开阔试验场或半电波暗室试验时 EUT 应放在地平面以上规定的高度，并模拟正常运行状态来布置。天线按规定的距离放置，调节天线高度，在水平面内旋转 EUT 并记下最大的读数，使直射波和反射波接近或达到同相叠加。这些程序性步骤可以变换，也可以重复，以便找出最大骚扰值。图 17-1 表示在直射波和地面反射波到达接收天线的情况下，在开阔试验场或半电波暗室进行试验的原理图。

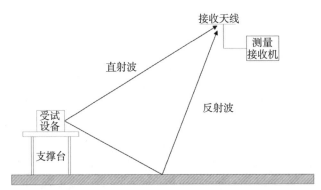

图 17-1　开阔试验场或半电波暗室上直射波和反射波到达接收天线的情况下测量电场强度的原理图

　　A 类设备可在 3m、10m 或 30m 标准距离下进行试验，B 类设备在 3m 或 10m 标准距离下试验。小于 10m 的试验距离只适用于在直径为 1.2m、高为 1.5m 的假想圆柱体测试区域内安装的台式设备或落地式设备（包括电缆）。

　　EUT 的大小，决定了在不同试验场地的最小标准试验距离，也确定了电磁辐射骚扰限值。在试验场地测量时，1 组设备在开阔试验场地和半电波暗室的电磁辐射骚扰限值见表 17-3 和表 17-4。对于试验场地测量的 2 组设备和现场测量的设备，其电磁辐射骚扰限值在此不展开描述。

表 17-3　在试验场地测量时，1 组 A 类设备的电磁辐射骚扰限值

频段（MHz）	开阔试验场或半电波暗室			
	10m 测试距离		3m 测试距离	
	准峰值 dB（μV）	准峰值 dB（μV）	准峰值 dB（μV）	准峰值 dB（μV）
	额定功率 ≤ 20kVA	额定功率> 20kVA①	额定功率 ≤ 20kVA	额定功率 > 20kVA
30~230	40	50	50	60
230~1000	47	50	57	60

　　注：1. 在开阔试验场或半电波暗室测量时，A 类设备可在 3m、10m 或 30m 标准距离下测量。如果测量距离为 30m，应使用 20dB/10 倍距离的反比因子，将测量数据归一化到规定距离以确定符合性。
　　　　2. 在过渡频率上采用较严格的限值。
　　　①该限值适用于额定输入功率大于 20kVA 且与第三方无线电通信设施距离大于 30m 的设备。制造厂必须在技术文件中说明该设备将使用于距离第三方无线电话通信设施大于 30m 的区域，如果无法满足上述条件，应按输入功率小于或等于 20kVA 的限值。

表 17-4 在试验场地测量时，1 组 B 类设备的电磁辐射骚扰限值

频段（MHz）	开阔试验场或半电波暗室	
	10m 测试距离	3m 测试距离
	准峰值 dB（μV）	准峰值 dB（μV）
30~230	30	40
230~1000	37	47

注：在过渡频率上采用较严格的限值。

三、谐波失真

谐波电流是指电网中因输出阻抗及非线性负载等因素造成的额定周期电流频率整数倍的正弦电流。谐波电流过大会转变成骚扰，影响电网的质量，危害严重。如电源波形失真，使电子设备过热、产生振动和噪声，加速老化，缩短使用寿命，甚至发生故障或烧毁。对公共电网中的电子设备进行谐波电流试验，规定其范围内设备的谐波发射限值，为其他设备留有适当的余地，降低公共电网中的谐波污染问题。

谐波失真试验适用于准备接入到电压为 220V/380V，频率为 50Hz 供电系统的设备。图17-2 列出的电路图用于测量单相设备的谐波电流，三相设备谐波电流测量电路图与其类似。

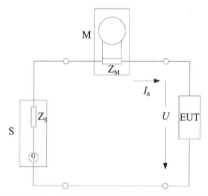

图 17-2 单相设备谐波电流测量电路图

图 17-2 中 S 为 EUT 供电电源，要求为纯净电源，频率和幅度稳定，不会产生额外的谐波，这样才能保证测得的谐波完全是 EUT 产生的。EUT 产生的谐波电流由分流器 Z_M 取样，送入谐波分析仪 M 进行测量分析，谐波分析仪将测得的谐波电流与标准限值进行比较，以确定其是否符合标准限值要求。

四、电压波动和闪烁

电压波动和闪烁是测量 EUT 在接入公共电网后引起电网电压的变化。电压波动反映的是突然的较大的电压变化程度，闪烁反映的是一段时间内连续的电压变化情况。该试验项目适用于每相输入电流等于或小于 16A，预期连接到相电压为 220~250V、频率为 50Hz 的公共低压供电网系统的医用电气设备和系统。

测量电压波动和闪烁的试验电路图如图 17-3 所示。EUT 应按照制造商规定的条件正常运行。试验前需提前进行电机驱动，确保与正常使用时一致。由电源发生器 G 和参考阻抗 Z 组成的供电电源 S 应为设备的额定电压，其试验电压应为单相 220V 或三相 380V，且电源电压总谐波失真率应小于 3%。测量设备 M 将采样值进行测量分析，并与标准限值进行比较，以评价其是否符合标准要求。

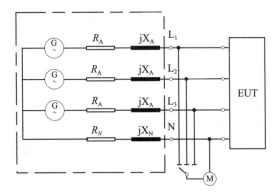

图 17-3　由三相四线制电源引出用于单相和三相电源的参考电路图

第二节　抗扰度试验

一、静电放电

静电放电是指具有不同静电电位的物体相互靠近或直接接触引起的电荷转移的现象。当静电电荷量累积到一定的程度，其击穿能力会导致设备内部元器件损坏、造成设备出现误动作、死机或操作异常等情况。静电放电试验的目的是模拟靠近医用电子设备和系统时发生的静电放电，评估医用电气设备和系统遭受到静电放电时的性能。

静电放电发生器产生的脉冲电流可模拟实际放电过程中的脉冲电流。静电放电发生器简图如图 17-4 所示。R_d 是模拟人体的放电电阻，阻值为 330，表示人体握有某个如钥匙或工具等金属物时的源电阻。C_S 为储能电容，与存在于发生器和周围之间的分布电容 C_d 的电容值共为 150pF，用于模拟人体电容量的储能电容。以上元器件组成的静电放电发生器足以严格地表示现场各种人员的金属放电情况。

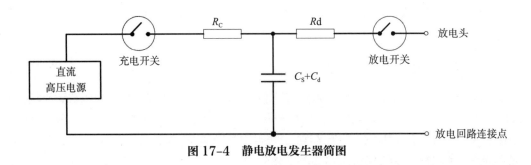

图 17-4　静电放电发生器简图

静电放电发生器产生的电流波形如图 17-5 所示，可看出输出电流波形前沿陡峭，包含的脉冲高频能量极大。放电电流第一峰值的 10% 上升到 90% 所需时间仅 0.8ns，放电过程持续时间可达数百纳秒，电流高达数十安培，对设备造成极大损坏。

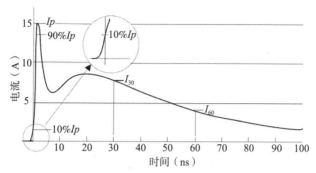

图 17-5　4kV 理想的接触放电电流波形

接触放电和空气放电是 EUT 受到静电放电的两种方法。接触放电应施加于 EUT 的可触及导电部件和耦合平板，空气放电应施加于 EUT 的非导电的可触及部件和可触及部件中不可触及的导电部分。接触放电是优先选择，空气放电一般用在不能使用接触放电的场合中。根据标准 GB/T 17626.2，表 17-5 给出了每种放电方法的试验等级电压，可根据试验等级来检验是否符合标准要求。

表 17-5　静电放电的试验等级

接触放电		空气放电	
等级	试验电压（kV）	等级	试验电压（kV）
1	2	1	2
2	4	2	4
3	6	3	8
4	8	4	15
×	特定	×	特定

注："×"可以是高于、低于或者在其他等级之间的任何等级。该等级应在专用设备的额规范中加以说明规定，如果规定了高于表格中的而电压，则可能需要专用的试验设备。

二、射频电磁场辐射

电气和电子设备在正常工作时，会受到周围环境中各种各样设备电磁辐射的影响。诸如操作维修及保安人员使用的小型无线电收发机、固定的无线电广播、电视台的发射机、车载无线电发射机及各种工业电磁源。随着无线电话及其他射频发射装置的使用显著增加，频率范围的拓宽，应进一步提高电磁场辐射抗扰度的测试要求。本试验目的是建立医用电气设备和系统受到射频电磁场辐射时的抗扰度评定依据，评估设备或系统抵抗周围环境的抗扰度能力。

评估设备或系统在电磁辐射状况下受干扰的程度，需要在特定的空间内建立一定强度的电磁场来进行试验，具体原理图见图 17-6。EUT 应在全电波暗室内进行试验，且在 EUT 与发射天线之间需要铺设吸波材料，以减少室内的反射。射频信号发生器产生的信号应能够覆盖所有测试的频带，并能被 80% 调制深度的 1kHz 正弦波幅度调制。功率放大器用于放大信号（未调制的和调制的）并提供驱动天线达到所需场强水平的功率。场强探头则用来监控试验场强的电平。

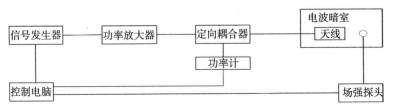

图 17-6   电磁辐射抗扰度测试原理图

在进行射频电磁场辐射抗扰度测试前，需要对场地进行校准。场校准的目的是建立"均匀场域"，确保 EUT 周围的电平充分均匀，保证试验结果的准确性。场校准在无 EUT 的场地上进行，校准完毕只要试验布置不发生改变，该校准是一直有效的。因此记录校准时的试验布置，保证 EUT 每次试验都使用相同的位置。

在射频电磁场辐射抗扰度试验中，非生命支持的设备或系统应在 80MHz~2.5GHz 频率范围内且在 3V/m 抗扰度试验电平上符合要求。生命支持的设备或系统应在 80MHz~2.5GHz 频率范围内且在 10V/m 抗扰度试验电平上符合要求。同时，根据 EUT 的预期用途，试验信号会在表 17-6 规定的调制频率上进行 80% 的幅度调制。预期用于控制、监视或测量生理参数的 EUT 应使用 2Hz 的调制频率，其他所有设备则使用 1kHz 的调制频率。对在 2Hz 调制频率下的 EUT 不必在 1kHz 下附加试验。

表 17-6   调制频率、生理模拟频率和工作频率

预期用途	调制频率	生理模拟频率和工作频率
控制、见识或测量生理参数	2Hz	< 1Hz 或 > 3Hz
其他所有设备	1kHz	不适用

标准 GB/T 17626.3 为评估设备或系统抵抗一定环境的抗扰度，制定了相关试验等级，见表 17-7。

表 17-7   射频电磁场辐射的试验电平

等级	试验场强（V/m）
1	1
2	3
3	10
4	30
×	待定

注："×"是一开放的等级，其场强可为任意值，该等级可在产品标准中规定。

三、电快速瞬变脉冲群

某些设备如电焊机、荧光灯、感性负载的开关操作等会产生由许多瞬变脉冲组成的脉冲群，通过电源端口、控制端口、信号端口和接地端口对设备或系统造成瞬态骚扰。这些瞬态骚扰具有高的瞬变幅值、短上升时间、高重复率和低能量等特点，一般不会引起设备的损坏。但由于其干扰频谱分布较宽，容易造成设备和系统的误动作或死机，进而影响基本性能。电快速瞬变脉冲群试验模拟由许多快速瞬变脉冲组成的脉冲群耦合到电气和电子设备的端口，评估电气和电子设备对诸如来自切换瞬态过程如切断感性负载、继电器触点弹跳等的各种类型瞬变骚扰的抗扰度。

脉冲群发生器经由挑选的电路元件 C_C、R_S、R_m 和 C_d，在开路和接 50Ω 阻性负载的条件下产生一个快速瞬变。U 为高压源，R_C 为充电电阻，C_C 为储能电容，R_S 为脉冲持续时间调整电阻，R_m 为阻抗匹配电阻，C_d 为隔直电容。发生器的电路简图如图 17-7 所示。

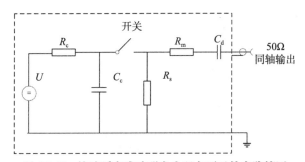

图 17-7 快速瞬变脉冲群发生器主要元件电路简图

数个无极性的单个脉冲波形组成脉冲串，间隔为 300ms 的连续脉冲串组成电快速瞬变脉冲群。当重复频率 5kHz 时，单个脉冲周期 200μs，每一个脉冲串持续时间 15ms。当重复频率 100kHz 时，单个脉冲周期 10μs，每一个脉冲串持续时间 0.75ms。发生器产生的电快速瞬变脉冲群如图 17-8 所示。

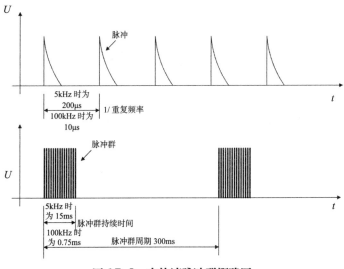

图 17-8 电快速脉冲群概略图

对交流或直流供电的设备和系统，需要进行电快速瞬变脉冲群试验。对无交流或直流输入的内部供电的设备和系统，有超过长度3m的信号电缆和互连电缆以及所有的患者耦合电缆都要进行试验。但设备或系统的患者耦合电缆不直接试验，在电源线和所有其他受试电缆的试验期间则应连上患者耦合电缆。若信号电缆和互连电缆都小于3m，这些电缆则不用进行试验。标准GB/T 17626.4为评估设备和系统受到电快速瞬变脉冲群时的性能，规定了其试验等级，见表17-8。

表17-8　电快速瞬变脉冲群的试验等级

开路输出试验电压和脉冲的重复频率				
等级	电源端口和接地端口		信号端口和控制端口	
	电压峰值（kV）	重复频率（kHz）	电压峰值（kV）	重复频率（kHz）
1	0.5	5 或 100	0.25	5 或 100
2	1	5 或 100	0.5	5 或 100
3	2	5 或 100	1	5 或 100
4	4	5 或 100	2	5 或 100
×	待定	待定	待定	待定

注：传统上用5kHz的重复频率，然而100kHz更接近实际情况。
　　"×"可以说任意等级，在专用设备技术规范中应对这个级别加以规定。

四、浪涌

浪涌是沿线路或电路传播的电流、电压或功率的瞬态波，特征是先快速上升后缓慢下降。其产生的原因有两种：电力系统开关瞬态和雷电瞬态。电力系统开关瞬态分类与以下操作有关：①主网电力系统的切换骚扰，如电容器组的切换；②配电系统中较小的局部开关动作或负载变化；③与开关器件（如晶闸管、晶体管）相关联的谐振现象；④各种系统故障，如电气装置对接地系统的短路和电弧故障。雷电产生浪涌电压的主要原理如下：①直接雷击与外部（户外）电路，注入的大电流流过接地电阻或外部电路阻抗而产生电压；②间接雷击（即云层之间、云层中的雷击或击于附近物体的雷击，其会产生的电磁场）于建筑物内、外导体上产生感应电压和电流；③附近直接对地放电的雷电入地电流，当其耦合到电气装置接地系统的公共接地路径时产生感应电压。本试验的目的是在设备和系统在规定的工作状态下，对由开关或雷电作用所产生的浪涌电压的抗扰能力，以评价设备和系统在遭受浪涌时的性能。

组合波发生器产生的波形可模拟设备和系统在实际工作状态中受到的浪涌电压。根据受试端口类型的不同，有两种不同类型的组合波发生器。连接到户外对称通信线端口使用 10/700μs 组合波发生器，其他情况使用 1.2/50μs 组合波发生器。实验室使用的是 1.2/50μs 组合波发生器。组合波发生器的电路原理图见图17-9，其中 U 为高压源，R_C 为充电电阻，C_C 为储能电容，R_S 为调节脉冲持续时间的电阻，R_m 为阻抗匹配电阻，L_r 为调节上升时间形象的电感。选择不同元器件 R_{S1}、R_{S2}、R_m、L_r 和 C_C 的值，可使发生器产生 1.2/50μs 的电压浪涌（开路情况）和 8/20μs 的电流浪涌（短路情况）。

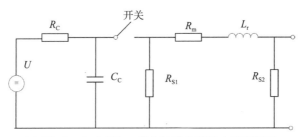

图 17-9　1.2/50μs 组合波发生器的电路原理图

当浪涌直接从发生器输出端来作用时，其波形应满足图 17-10 和图 17-11 所示，具体参数见表 17-9。

表 17-9　1.2/50~8/20μs 波形参数的定义

定义	波形时间 T_f（μs）	持续时间 T_d（μs）
开路电压	$T_f = 1.67 \times T = 1.2$（$1 \pm 30\%$）	$T_d = T_w = 50 \times$（$1 \pm 20\%$）
短路电流	$T_f = 1.25 \times T_r = 8$（$1 \pm 20\%$）	$T_d = 1.18 \times T_w = 20 \times$（$1 \pm 20\%$）

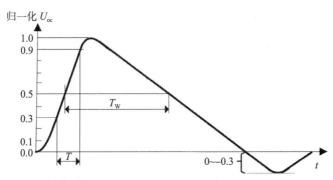

波前时间：$T_f = 1.67 \times T = 1.2$（$1 \pm 30\%$）μs
半峰值时间：$T_d = T_w = 50 \times$（$1 \pm 20\%$）μs

图 17-10　未连接 CDN 的发生器输出端的开路电压波形（1.2/50μs）
注：1.67 为 0.9 和 0.3 阈值之差的倒数

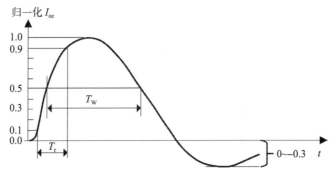

波前时间：$T_f = 1.25 \times T_r = 8$（$1 \pm 20\%$）μs
持续时间：$T_d = 1.18 \times T_w = 20 \times$（$1 \pm 20\%$）μs

图 17-11　未连接 CDN 的发生器输出端的短路电流波形（8/20μs）
注：1.25 为 0.9 和 0.1 之间阈值之差的倒数；1.18 为经验值

施加电压的试验等级和由此产生的浪涌电流的大小对受试设备的响应有直接关系。浪涌电压等级越高，性能丧失或降级的可能性越大。因此，标准 GB/T 17626.5 给出了浪涌试验等级，具体见表 17-10。

表 17-10 浪涌的试验等级

等级	开路试验电压（kV）	
	线 - 线	线 - 地 b
1	×	0.5
2	0.5	1.0
3	1.0	2.0
4	2.0	4.0
×[a]	特定	特定

注：a："×"可以是高于、低于或在其他等级之间的任何等级。该等级应在产品标准中规定。
　　b：对于对称互连线，试验能够同时施加在多条线缆和地之间，如"多线 - 地"。

五、射频场感应的传导骚扰

射频场感应的传导骚扰的骚扰源，通常是来自射频发射机的电磁场，该电磁场可能作用于连接设备的整条电缆。虽然被干扰设备（多数是较大系统的一部分）的尺寸比骚扰信号的波长小，但与 EUT 相连的输入线和输出线（如电源线、通信线、接口电缆等）可能成为无源的接收天线网络和有用信号及无用信号的传导路径。射频场感应的传导骚扰试验方法是使 EUT 处于骚扰源模拟实际发射机形成的电场和磁场中，评估当设备和系统受到射频场感应的传导骚扰时的性能。

试验信号发生器以规定的信号电平将骚扰信号施加给每个设备和系统的输入和输出线，配置包括射频信号发生器、衰减器、射频开关、快带功率放大器、低通滤波器或高通滤波器。以上部件的典型组装可以是分立的，也可以组合为一个或多个测量设备，具体见图 17-12。射频信号源产生的信号应能够覆盖所有测试的频带，并能被 80% 调制深度的 1kHz 正弦波幅度调制。可变衰减器的典型衰减值为 0~40dB，具有合适的频率特性控制试验信号源的输出电平。射频开关的作用是进行 EUT 的射频场感应的传导骚扰试验时，可以接通和断开骚扰信号。宽频功率放大器可放大射频信号源的输出功率。低通滤波器和或高通滤波器可避免干扰某些类型的 EUT。固定衰减器是一个具有足够额定功率的衰减器（固有衰减 ≥ 6dB），是为了减小因耦合装置失配引起的功率放大器的电压驻波比。

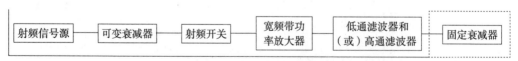

图 17-12　测试信号发生器配置

试验时，在耦合装置的 EUT 端口上设置骚扰信号的试验电平，该信号使用 1kHz 正弦波调幅（80% 调制度）来模拟实际骚扰影响。实际的幅度调制如图 17-13 所示。

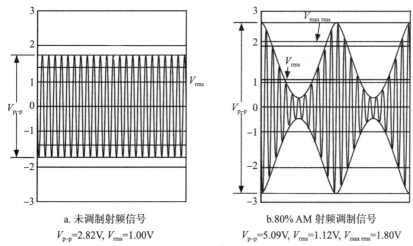

a. 未调制射频信号　　　　　　　　　　b. 80% AM 射频调制信号
V_{p-p}=2.82V, V_{rms}=1.00V　　　V_{p-p}=5.09V, V_{rms}=1.12V, $V_{max\,rms}$=1.80V

图 17-13　试验等级 1 时耦合装置受试设备端口上的开路电压波形

在射频场感应的传导骚扰试验中，非生命支持的设备和系统应在测试频率范围内且在 3V/m 抗扰度试验电平上符合要求。生命支持的设备和系统应在测试频率内且在 10V/m 抗扰度试验电平上符合要求。同时，对每根电缆的注入，根据设备和系统的预期用途，试验信号对调制频率会作相应的要求。预期用于控制、监视或测量生理参数的设备和系统应使用 2Hz 的调制频率，其他所有设备则使用 1kHz 的调制频率。对在 2Hz 调制频率下的设备和系统不必在 1kHz 下附加试验。

标准 GB/T 17626.6 为评估设备或系统受到射频场感应的传导骚扰时的抗扰度，制定了相关试验等级，其试验信号电平见表 17-11。

表 17-11　射频场感应的传导骚扰的试验等级

频率范围为 150kHz~80MHz		
试验等级	电压（e.m.f）	
	U_0（V）	U_0（dB, μV）
1	1	120
2	3	129.5
3	10	140
×	指定	

注："×"是一开放的等级，此等级应在专门的设备规范中规定。

六、电压暂降、短时中断和电压变化

电压暂降、短时中断是由电网、电力设施的故障或负荷突然出现大的变化引起的，电压变化是由连接到电网的负荷连续变化引起的。电压暂降具体表现为在电气供电系统某一点上的电压突然减少到低于规定的阈限，随后经历一段短暂的间隔恢复到正常值。短时中断指供电系统某一点上所有相位的电压突然下降到规定的中断阈限以下，随后经历一段短暂间隔恢复至正常值。这些现象本质上是随机的，为了在实验室进行模拟，可以用额定电压的偏离值和持续时间来最低限度地表述其特征。本试验适用于额定输入电流每相不超过 16A 连接到 50Hz 或者 60Hz 交流网络的设备和系统，目的是评价设备和系统在经受电压暂降、短时中断和电压变化抗扰度的能力。

电源模拟器采用调压器和开关进行电压暂降、短时中断和电压变化，可以由额定电压平缓过渡到变化后电压，其试验原理见图 17-14。电压的跌落、上升和中断可以通过交替闭合开关 1 和开关 2 来模拟。这两个开关不会同时闭合，可以接受两个开关断开的间隔达到 100μs，也可以在与相位角无关的情况下断开和闭合这两个开关。调压器输出电压既可人工调节，也可通过电动机自动调节。

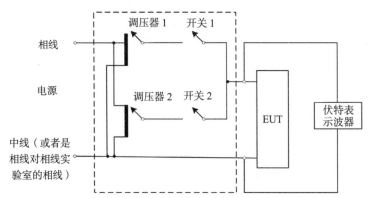

图 17-14　采用调压器和开关进行电压暂降、短时中断和电压变化的试验原理图

根据标准 GB/T 17626.11，与低压供电网连接的设备和系统对电压暂降、短时中断和电压变化的抗扰度试验等级范围见表 17-12~ 表 17-13。

表 17-12　电压暂降试验优先采用的试验等级和持续时间

类别 [a]	电压暂降的试验等级和持续时间（t_a）（50Hz/60Hz）				
1 类	根据设备要求依次进行				
2 类	0% 持续时间 0.5 周期	0% 持续时间 1 周期	70% 持续时间 25/30 周期 [c]		
3 类	0% 持续时间 0.5 周期	0% 持续时间 1 周期	40% 持续时间 10/12 周期 [c]	70% 持续时间 25/30 周期 [c]	80% 持续时间 250/300 周期 [c]
X 类 [b]	特定	特定	特定	特定	特定

注：a：分类依据 GB/T 18039.4。

b："X 类"由有关的标准化技术委员会进行定义，对于直接或间接连接到公共网络的设备，严酷等级不能低于 2 类的要求。

c："10/12 周期"是指"50Hz 试验采用 10 周期"和"60Hz 试验采用 12 周期"。

"25/30 周期"是指"50Hz 试验采用 25 周期"和"60Hz 试验采用 30 周期"。

"250/300 周期"是指"50Hz 试验采用 250 周期"和"60Hz 试验采用 300 周期"。

表 17-13　短期中断试验优先采用的试验等级和持续时间

类别 [a]	短期中断的试验等级和持续时间（t_a）（50Hz/60Hz）
1 类	根据设备要求依次进行

续表

类别 [a]	短期中断的试验等级和持续时间（t_a）（50Hz/60Hz）
2 类	0% 持续时间 250/300 周期 [c]
3 类	0% 持续时间 250/300 周期 [c]
X 类 [b]	X

注：a：分类依据 GB/T 18039.4。
　　b："X 类"由有关的标准化技术委员会进行定义，对于直接或间接连接到公用网络的设备，严酷等级不能低于 2 类的要求。
　　c："250/300 周期"是指"50Hz 试验采用 250 周期"和"60Hz 试验采用 300 周期"。

七、工频磁场

工频磁场是由导体中的工频电流产生，或极少量的由附近的其他装置（如变压器的漏磁通）所产生。设备和系统受到邻近导体的影响，可分为以下两种不同情况：①正常运行条件下的电流，产生稳定的磁场，幅值较小；②故障条件下的电流，能产生幅值较高，且持续时间较短的磁场，直到保护装置动作为止。稳定磁场试验适用于公用或工业低压配电网或发电厂的各种型式的电气设备，故障情况下短时磁场试验要求与稳定磁场的试验等级不同，其最高等级主要适用于安装在电力设施中的设备。工频磁场试验目的是检验设备和系统抵抗工频磁场的能力，评价处于工频磁场中的家用、商业和工业用的设备和系统的性能。

工频磁场试验所需设备有电流源（试验发生器）、感应线圈和辅助试验仪器。电流源为感应线圈提供所需的电流。感应线圈是具有确定形状和尺寸的导体环，当感应线圈中流过电流时，在其平面和所包围的空间内产生确定的磁场。进行工频磁场试验时，应将 EUT 放在感应线圈中部，并在 EUT 3 个互相垂直的方位上进行试验，如图 17-15 所示。若 EUT 尺寸过大，可用一个小感应线圈沿 EUT 的侧面移动，以便探测 EUT 敏感部位

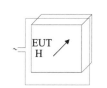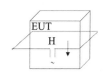

图 17-15　用浸入法施加试验磁场给台式设备

根据标准 GB/T 17626.8，稳定持续和短时作用的磁场试验等级的优先选用范围在表 17-14 和表 17-15。

表 17-14　稳定持续磁场试验等级

等级	磁场强度（A/m）
1	1
2	3

续表

等级	磁场强度（A/m）
3	10
4	30
5	100
×	特定

注："×"是一个开放等级，可在产品规范中给出。

表 17-15　1~3 秒的短时试验等级

等级	磁场强度（A/m）
1	—
2	—
3	—
4	300
5	1000
×	特定

注："×"是一个开放等级，可在产品规范中给出。

参考资料

［1］王质刚. 血液净化学［M］. 第 2 版. 北京科学技术出版社，2003.

［2］杨克俊. 电磁兼容原理与设计技术［M］. 人民邮电出版社，2005.

［3］曾照芳，洪秀华. 临床检验仪器［M］. 人民卫生出版社，2008.

［4］徐康清，肖亮灿. 临床麻醉设备与耗材学［M］. 高等教育出版社，2008.

［5］陈凌峰. 电气产品安全原理与认证［M］. 人民邮电出版社，2008.

［6］王成. 医疗仪器原理［M］. 上海交通大学出版社，2008.

［7］张小东. 主译. 透析手册［M］. 第 4 版. 人民卫生出版社，2009.

［8］郑钧正. 电离辐射医学应用的防护与安全［M］. 原子能出版社，2009.

［9］王晓庆. 医用 X 射线机工程师手册［M］. 中国医药科技出版社，2009.

［10］何飞. 论机械防护策略［J］. 世界劳动安全卫生动态，1992（8）：13–15.

［11］王立明，沈积仁. 关于贯彻高频手术设备第三版国际专标的若干思考［J］. Chinese Joumal of Medical Instrumentation，2005，29（1）：50–53.

［12］段乔峰，张学浩. 关于高频手术设备的高频漏电流的探讨［J］. 中国医疗器械信息，2006，12（8）：47–52.

［13］张忠华. 对保护接地与保护接零的论述的几点异议［J］. 科技信息，2006（11）：53–54.

［14］闫素文，汤洁，张宁，等. 微波辐射防护服对雷达作业人员精液质量影响［J］. 解放军预防医学杂志，2006，24（1）：19–21.

［15］王伟伟，姜彩花，陶海燕. 高频电刀安全问题的探讨［J］. 医学创新研究，2007. 4（8）：23–24.

［16］徐律. 浅析工业企业用电设备保护接地［J］. 工业安全与环保，2007，33（3）：41–43.

［17］张涵铃. 保护接地和保护接零原理理论分析［J］. 中国水能及电气化，2007（8）：56–63.

［18］孙云娟. 电磁辐射的原理及危害［J］. 科技情报开发与经济，2008，18（32）：136–137.

［19］李妮，向力，刘永东，等. 电磁场曝露限值问题分析［J］. 法规与标准，2009，（10）：66–69.

［20］胡秀枋，邹任玲，徐秀林. 高频手术设备安全分析及检测［J］. 质控与安全，2009，30（10）：112–114.

［21］闫超. 保护接地与保护接零应用分析［J］. 企业科技与发展，2009，（2）：65–66.

［22］GB/T 4208—2017《外壳防护等级（IP 代码）》.

［23］GB 4793.1—2007《测量、控制和实验室用电器设备的安全要求　第 1 部分：通用

要求》。

［24］GB 4824—2019《工业、科学和医疗设备　射频骚扰特性　限值和测量方法》。

［25］GB/T 5169.21—2017《电工电子产品着火危险试验　第21部分：非正常热　球压试验方法》。

［26］GB 7247.1—2012《激光产品的安全　第1部分：设备分类、要求》。

［27］GB 9706.1—2020《医用电气设备　第1部分：基本安全和基本性能的通用要求》。

［28］GB 9706.3—2000《医用电气设备　第2部分：诊断X射线发生装置的高压发生器安全专用要求》。

［29］GB 9706.103—2020《医用电气设备　第1-3部分：基本安全和基本性能的通用要求　并列标准：诊断X射线设备的辐射防护》。

［30］GB 9706.202—2021《医用电气设备　第2-2部分：高频手术设备及高频附件的基本安全和基本性能专用要求》。

［31］GB 9706.206—2020《医用电气设备　第2-6部分：微波治疗设备的基本安全和基本性能专用要求》。

［32］GB 9706.212—2020《医用电气设备　第2-12部分：重症护理呼吸机的基本安全和基本性能专用要求》。

［33］GB 9706.213—2021《医用电气设备　第2-13部分：麻醉工作站的基本安全和基本性能专用要求》。

［34］GB 9706.216—2021《医用电气设备　第2-16部分：血液透析、血液透析滤过和血液滤过设备的基本安全和基本性能专用要求》。

［35］GB 9706.219—2021《医用电气设备　第2-19部分：婴儿培养箱的基本安全和基本性能专用要求》。

［36］GB 9706.222—2022《医用电气设备　第2-22部分：外科、整形、治疗和诊断用激光设备的基本安全和基本性能专用要求》。

［37］GB 9706.227—2021《医用电气设备　第2-27部分：心电监护设备的基本安全和基本性能专用要求》。

［38］GB 9706.237—2020《医用电气设备　第2-37部分：超声诊断和监护设备的基本安全和基本性能专用要求》。

［39］GB 9706.228—2020《医用电气设备　第2-28部分：医用诊断X射线管组件的基本安全和基本性能专用要求》。

［40］GB/T 11021—2014《电气绝缘耐热性和表示方法》。

［41］GB/T 12113—2003《接触电流和保护导体电流的测量方法》。

［42］GB/T 13870.1—2022《电流对人和家畜的效应　第1部分：通用部分》。

［43］GB/T 13870.2—2016《电流对人和家畜的效应　第2部分：特殊情况》。

［44］GB 14050—2008《系统接地的型式及安全技术要求》。

［45］GB/T 14366—2017《声学　噪声性听力损失的评估》。

［46］GB/T 16846—2008《医用超声诊断设备声输出公布要求》。

［47］GB/T 16895.2—2017《低压电气装置　第4-42部分：安全防护　热效应保护》。

［48］GB/T 16895.5—2012《低压电气装置　第 4-43 部分：安全防护　过电流保护》。

［49］GB/T 16895.6—2014《低压电气装置　第 5-52 部分：电气设备的选择和安装　布线系统》。

［50］GB/T 16895.22—2022《低压电气装置　第 5-53 部分：电气设备的选择和安装　用于安全防护、隔离、通断、控制和监测的电器》。

［51］GB/T 16895.3—2017《低压电气装置　第 5-54 部分：电气设备的选择和安装　接地配置和保护导体》。

［52］GB/T 16895.7—2021《低压电气装置　第 7-704 部分：特殊装置或场所的要求　施工和拆除场所的电气装置》。

［53］GB/T 16895.10—2021《低压电气装置　第 4-44 部分：安全防护　电压骚扰和电磁骚扰防护》。

［54］GB/T 16895.24—2005《建筑物电气装置　第 7-710 部分：特殊装置或场所的要求　医疗场所》。

［55］GB/T 16935.1—2008《低压系统内设备的绝缘配合　第 1 部分：原理、要求和试验》。

［56］GB/T 17045—2020《电击防护　装置和设备的通用部分》。

［57］GB/T 17285—2022《电气设备电源特性的标记　安全要求》。

［58］GB 17625.1—2022《电磁兼容　限值　第 1 部分：谐波电流发射限值（设备每相输入电流 ≤ 16A）》。

［59］GB/T 17625.2—2007《电磁兼容　限值　对每相额定电流 ≤ 16A 且无条件接入的设备在公用低压供电系统中产生的电压变化、电压波动和闪烁的限制》。

［60］GB/T 17626.2—2018《电磁兼容　试验和测量技术　静电放电抗扰度试验》。

［61］GB/T 17626.3—2016《电磁兼容　试验和测量技术　射频电磁场辐射抗扰度试验》。

［62］GB/T 17626.4—2018《电磁兼容　试验和测量技术　电快速瞬变脉冲群抗扰度试验》。

［63］GB/T 17626.5—2019《电磁兼容　试验和测量技术　浪涌（冲击）抗扰度试验》。

［64］GB/T 17626.6—2017《电磁兼容　试验和测量技术　射频场感应的传导骚扰抗扰度》。

［65］GB/T 17626.8—2006《电磁兼容　试验和测量技术　工频磁场抗扰度试验》。

［66］GB/T 17626.11—2008《电磁兼容　试验和测量技术　电压暂降、短时中断和电压变化的抗扰度试验》。

［67］GB/T 18153—2000《机械安全　可接触表面温度　确定热表面温度限值的工效学数据》。

［68］GB/T 22697.1—2008《电气设备热表面灼伤风险评估　第 1 部分：总则》。

［69］GB/T 22697.2—2008《电气设备热表面灼伤风险评估　第 2 部分：灼伤阈值》。

［70］GB/T 22697.3—2008《电气设备热表面灼伤风险评估　第 3 部分：防护措施》。

［71］GB/T 24353—2022《风险管理　指南》。

［72］GB/T 25000.51—2016《系统与软件工程　系统与软件质量要求和评价（SQuaRE）　第 51 部分：就绪可用软件产品（RUSP）的质量要求和测试细则》。

［73］YY/T 0316—2016《医疗器械　风险管理对医疗器械的应用》。

［74］YY 0455—2011《医用电气设备　第 2 部分：婴儿辐射保暖台安全专用要求》。

［75］YY/T 0467—2016《医疗器械　保障医疗器械安全和性能公认基本原则的标准选用指南》.

［76］YY 0571—2013《医用电气设备　第 2 部分：医院电动床安全专用要求》.

［77］YY 0600.3—2007《医用呼吸机基本安全和主要性能专用要求　第 3 部分：急救和转运用呼吸机》.

［78］YY 0635.1—2013《吸入式麻醉系统　第 1 部分：麻醉呼吸系统》.

［79］YY 0645—2018《连续性血液净化设备》.

［80］YY 0648—2008《测量、控制和实验室用电气设备的安全要求　第 2-101 部分：体外诊断（IVD）医用设备的专用要求》.

［81］YY 0667—2008《医用电气设备　第 2 部分：自动循环无创血压监护设备的安全和基本性能专用要求》.

［82］YY/T 0757—2009《人体安全使用激光束的指南》.

［83］YY/T 1474—2016《医疗器械　可用性工程对医疗器械的应用》.

［84］YY 9706.102—2021《医用电气设备　第 1-2 部分：基本安全和基本性能的通用要求　并列标准：电磁兼容要求和试验》.

［85］YY/T 9706.106—2021《医用电气设备　第 1-6 部分：基本安全和基本性能的通用要求　并列标准：可用性》.

［86］YY 9706.108—2021《医用电气设备　第 1-8 部分：基本安全和基本性能的通用要求　并列标准：通用要求，医用电气设备和医用电气系统中报警系统的测试和指南》.

［87］YY 9706.111—2021《医用电气设备　第 1-11 部分：基本安全和基本性能的通用要求　并列标准：在家庭护理环境中使用的医用电气设备和医用电气系统的要求》.

［88］YY/T 9706.112—2021《医用电气设备　第 1-12 部分：基本安全和基本性能的通用要求　并列标准：预期在紧急医疗服务环境中使用的医用电气设备和医用电气系统的要求》.

［89］YY 9706.272—2021《医用电气设备　第 2-72 部分：依赖呼吸机患者使用的家用呼吸机的基本安全和基本性能专用要求》.

［90］IEC 513：1994《医用电气设备　安全标准的基本内容》.

［91］IEC 60417-1 NORME INTERNATIONALE INTERNATIONAL STANDARD.

［92］IEC 60601-1, Third edition Medical electrical equipment Partied 1：General requirements for basic safety and essential performance.

［93］IEC 60601-2-30：1999《医用电气设备　第 2-30 部分：自动循环无创血压监护设备的安全和基本性能专用要求》.

［94］IEC 60601-2-30《Medical electrical equipment – Part 2-30：Particular requirements for the basic safety and essential performance of automated non-invasive sphygmomanometers》.

［95］ISO 23500-1：2019《Preparation and quality management of fluids for haemodialysis and related therapies — Part 1：General requirements》.

［96］SJ/Z 9030-87《频率范围在 10~300000MHZ 的非电离辐射危害》.